春有百花秋有月,夏有凉风冬有雪。
若无闲事挂心头,便是人间好时节。

——〔宋〕无门慧开禅师,《颂平常心是道》

吴艳茹 著

正念
照进乌云的阳光

Mindfulness

Sunshine Through the Dark Cloud

机械工业出版社
CHINA MACHINE PRESS

我们每个人，都会在生命的某个阶段，碰到大大小小意料之中或意料之外的烦恼、痛楚。同时，我们每个人都有穿越这些烦恼的能力，值得拥有丰盛而愉悦的生活。我们需要的，是学习如何涤荡这些烦恼，让自己获得平静和愉快的能力。正念，是其中之一。

本书作者基于二十几年的临床研究，运用通俗易懂的语言、生动翔实的场景化案例，配套简单实用的14个正念练习音频、3个视频，来帮助读者学习、掌握和练习正念的核心和精华，处理焦虑、压力和抑郁等生活与工作中遇到的情绪问题和痛苦的困境。在本书的引导下，读者能够把正念的理念和练习运用到自己的日常生活中，进行自我觉察和疗愈，减轻和治愈遇到的困苦，收获丰盛而喜悦的生活。

图书在版编目（CIP）数据

正念：照进乌云的阳光 / 吴艳茹著 . —北京：机械工业出版社，2023.5（2025.1重印）

ISBN 978-7-111-73164-1

I. ①正⋯　II. ①吴⋯　III. ①心理学 – 通俗读物　IV. ① B84-49

中国国家版本馆 CIP 数据核字（2023）第 084701 号

机械工业出版社（北京市百万庄大街22号　邮政编码100037）
策划编辑：欧阳智　　　　　　　责任编辑：欧阳智
责任校对：韩佳欣　陈　越　　责任印制：常天培
北京宝隆世纪印刷有限公司印刷
2025年1月第1版第3次印刷
130mm×185mm・12.375印张・3插页・228千字
标准书号：ISBN 978-7-111-73164-1
定价：85.00元

电话服务　　　　　　　　网络服务
客服电话：010-88361066　机　工　官　网：www.cmpbook.com
　　　　　010-88379833　机　工　官　博：weibo.com/cmp1952
　　　　　010-68326294　金　书　网：www.golden-book.com
封底无防伪标均为盗版　机工教育服务网：www.cmpedu.com

隐私保护声明

- 书中分享的正念团体课程学员的感悟及其生命故事,都得到了来访者的书面知情同意,为了保护隐私,都进行了改编。
- 书中有些案例来自个体咨询,成书之前都得到了来访者的书面知情同意,为了保护隐私,也都进行了改编。
- 书中有些案例,是基于作者多年工作中遇到的有共同因素的案例创作而成的。案例中所出现的名字均为化名。

赞誉

在众多正念书中，吴医生此书别具一格、一枝独秀。书中点缀了古诗、国画，讲述着中国人的故事，通过各种正念技术，为都市人切割出一小块时空，切割出独立于红尘的立足之地，聆听心灵伤痛的喘息。正念者如风行水上，不劳力而波涛普遍，内观时间的水珠，延迟为木舟的疤痕，涣时而来，卓然安处中流，行自悦悦他之愿，故能上悦祖考，下悦自心，远悦四夷，近悦群朋，实在是正化利物，举世之所归凭。

——李孟潮，心理学博士，精神科医师

在忙碌喧嚣、充满自体危机感的今日，正念是帮助我们觉察当下、做到身心合一并成为自己主人的一种技术和世界观。艳茹是我的同事，这些年见证她的一路探索，使很多来访者通过正念获得疗愈。这本书是她个人多年实践和体悟的总结，希望更多的人能从中获得启迪。

——仇剑崟，上海市精神卫生中心心理咨询部主任对正念下定义是困难的,"正念不是……不是……也不是……而是……","而是"后面的话一样可疑。本书做了很好的示范,所描述的"一闪而过"的当下体验,读过之后,让我对"困难""可疑"有了新的觉悟。

——吴和鸣,中国地质大学
应用心理学研究所副教授

如果有种状态让你异常痛苦而你又克服不了,可以尝试不排斥、不对抗、不回避,鼓足勇气逐步接近它,进入它,与之相处,最后你是能够穿透它的。虽然每个人接触正念的契机各不相同,但循着正念的原理和可操作的实践方法,都能获得属于自己的真切感受和生命故事。作者娓娓道来,富有诗意的叙述方式必将为你带来一场独特的正念体验之旅。

——张海音,上海市精神卫生中心主任医师,
中国心理卫生协会精神分析专业委员会顾问

我一直视"替代性正念"和"合作性正念"为心理咨询与治疗的核心机制,呼吁每位同行体验一定的正念训练。但长久以来缺乏一本中国人自己写的,足够严谨又不失亲和力的导论,眼下艳茹这本《正念:照进乌云的阳光》近乎完美地解决了这个问题。丰富的实例、善巧的表达、耐心的指导使其具有成为每个人生活中的正念指南的潜质,乐于同各位共同学习。

——张沛超,中国心理学会临床心理注册系统督导师

正念练习是心理治疗中提升心智化能力的一个有效的方法，它来自东方传统文化的智慧，并经过现代科学研究的佐证。正念不仅是一种技术和理论，而且是一种对心身觉察和调控的能力，因此通过修习、锻炼来将其变成自身心理素质才是根本目的。吴艳茹博士的这部著作是中国专业学者在心理治疗中运用传统文化资源的原创作品，展示了在当前的生活背景中如何带领来访者真修实练，提升心身整合功能的工作面貌，是心理治疗理论与实践相结合的示范。

——张天布，中国医师协会心身医学专业委员会副主任委员，中国心理卫生协会精神分析专业委员会副主任委员

（以上推荐人按姓氏拼音排序）

推荐序

学习觉照自心

三年疫情之下,被新冠病毒威胁的人们有了更多独处的时间。恐惧、孤独和压力,让大多数并没有充分思想准备的人感到前所未有的焦虑、紧张、忧郁、无奈。各种心理问题更加频繁而直接地呈现在我们面前,心理工作者在这期间的责任和任务都更重了,也催生了本书的诞生。

本书作者吴艳茹,是资深的精神科医师,同时也是国内为数不多的具备资格的精神分析治疗师,更是当下奋斗在临床一线的医务工作者。在病患多而治疗师紧缺的时候,团体治疗,特别是线上团体治疗,为患者提供了更及时有效的帮助。根源于东方文化的正念治疗成为这期间最受欢迎的治疗方法之一。参加正念团体治疗的患者一起分享的治疗体验,成为本书的重要组成部分。

正如作者所介绍的，"本书以乔恩·卡巴金（Jon Kabat-Zinn）老师开创的正念减压（Mindfulness-Based Stress Reduction, MBSR）课程和约翰·蒂斯代尔（John Teasdale）、马克·威廉姆斯（Mark Williams）、辛德尔·西格尔（Zindel Segal）三位教授开发的正念认知疗法（Mindfulness-Based Cognitive Therapy, MBCT）课程的理念、理论和技术为蓝本，交织了因为烦恼、痛苦与我有缘结识的来访同修者的生命体验故事。这些同修曾在痛苦中挣扎寻找出路，通过正念逐渐学习与痛苦共处并加以转化、学习更好地照顾调节自己、接纳自己并重享生活的快乐与祥和"。作者称参加治疗的患者为同修，柔和的接纳可见一斑。

细观可见整本书的三条线在平行展开。其一，是正念治疗的理论和实践讲解，结构清晰，精细入微。其二，文中相当多的篇幅给了参加治疗的患者所分享的体验，一个个心路历程的呈现，让治疗的理论框架得以丰满和展现，这是该书最出彩的地方。其三，是作者坦诚细述自己学习和治疗的内在经历和感受。治疗师对自己的心灵有多深的探究，决定其对来访者有多深的理解和拯救。作者的深情和智慧是本书的灵魂所在。

西方心理治疗进入中国临床实践已近三十年，虽有蓬勃发展，但合格治疗师的数量没能抵过逐年增加的患者求诊量。心理治疗和心理咨询的行业管理因法规尚未健全，也出现了机构良莠不齐、乱收费的堪忧局面。心理治疗能否抚慰国民心理波折，助力国人心理健康建设，是对广大精神、心理工作者的巨大挑战。本书作者的实践和努力让我们看到了希望。

正念治疗源于中国禅宗。阅读本书，仿佛能看见悠悠数千年之后，历史上曾经滋润过千万知识分子的禅修、正心养身的古老文化再续传承，滋养着当代民众，着实令人欣慰。

境随心转。相信正念治疗可以惠及当今更多民众。

肖泽萍

2022 年 11 月 16 日于上海

前言

俗世生活多烦忧,你我皆然。在压力充斥的现代生活里,在各种不确定性,及由此激发的对人与人、人与社会、人与自然等多重关系的重新思考中,我们如何安顿自己焦躁、沮丧、郁闷之心,维护我们心的清晰、明朗和宁定,如何有信心、有技巧、有智慧地穿越生活的风雨、阴霾或灼热,去迎接和享受蓝天白云、旭日清风的宽广、闲适与美好呢?

正念提供了一条道路。在心理学中,用来帮助我们获得身心健康的正念的本质是开放我们的各种感官体验,带着觉知,与当下的内心生活和现实生活有真切的接触,允许和接纳所有的这些体验。当所有这些体验能够以自身的韵律呈现、被看见、被理解、被消化后,也会自然地流走,我们的生命也由此得到更新。

这并非一条坦途。因为困住我们的,常常是我们努力要去隐藏、压制、回避的各种痛苦体验,或者我们被这些痛苦体验占据甚至淹没，心中悲苦难以排解。越抵抗越顽强，逃避制造新的痛苦；淹没让人沉溺于痛苦难以自拔。在这两种情况下，我们都与真实完整的内心和现实生活失去了联结，而且生活和生命被卡住。我们白白受苦，难以从困扰中解脱，更无法从摆脱困扰中获得心灵的成长与成熟。

趋乐避苦是人的天性。去面对、探索、接纳自己的痛苦、困惑与迷茫、不完美甚至让自己讨厌的部分、平凡与局限；去看到世事无常，许多的人、事不能如自己所愿；去看到人海茫茫，人生漫长而短暂，你很渺小；去看到别人是你的他人，而你也是别人的他人，一生中与你紧密相关的他人寥寥无几，你受苦于你认为的他人的眼光其实很虚妄；去看到你是自己的主人，你需要也只有你能够为自己的生活和生命负起责任。所有这些都需要很大的勇气，过程中会有艰辛甚至流血、流泪的时刻，但这也是一条走向真实、平和与智慧的路。我们都在路上。

本书以乔恩·卡巴金㊀（Jon Kabat-Zinn）老师开创的正念减压（mindfulness-based stress reduction，MBSR）课程和约翰·蒂斯代尔㊁（John Teasdale）、马克·威廉姆

㊀ "正念减压疗法"创始人，马萨诸塞大学医学院荣誉退休医学教授，畅销书作家。
㊁ 英国认知治疗研究的先锋之一，伦敦大学精神研究所的访问教授，他的研究发现被用以发展和评估正念认知疗法。

斯[⊖]（Mark Williams）、辛德尔·西格尔[⊜]（Zindel Segal）三位教授开发的正念认知疗法（mindfulness-based cognitive therapy，MBCT）课程的理念、理论和技术为蓝本，交织了因为烦恼、痛苦与我有缘结识的来访者的生命体验故事。这些同修曾在痛苦中挣扎寻找出路，通过正念逐渐学习与痛苦共处并加以转化、学习更好地照顾调节自己、接纳自己并重享生活的快乐与祥和。愿你的心在阅读中被触动，由此正念的理念、智慧和技术也潜移默化地渗透到你的生命中。

本书共 11 章，分为三个部分。第一部分从第 1 章到第 5 章，为正念之基。在这一部分，结合学员的分享，我对正念的理念和技术做了基本的介绍，邀请大家慢下来，给予自己觉察、审视生活的空间，以便清晰地看到我们周而复始、活在头脑里的忙碌、受束缚的生活状态，从而选择更加适合自己的生活。第二部分为正念改变，从第 6 章到第 10 章。我秉持情绪作用于行为但行为也可以改变情绪的理念，邀请大家理清自己每日生活活动的框架，在日常生活中增加愉悦型活动，在可能的范围内减少消耗型活动，从而更好地照顾自己。接下来，根据正念中的觉知三角（想法、情绪、身体感觉）的框架，通过觉察、面对这三方面的困扰，与之共处，理解和转化这些苦恼，从而给自己的

⊖ 英国牛津大学临床心理学教授，曾任英国医学研究理事会认知和脑科学部门主席。

⊜ 多伦多大学费尔斯通心理治疗学会主席，多伦多大学成瘾和精神卫生中心认知行为治疗部门主任，他与上述三位教授合著的畅销书《穿越抑郁的正念之道》已由机械工业出版社引进出版。

头脑带来清明、给身心带来轻盈。第三部分为正念改变之道，第 11 章将具体介绍帮助应对和转化的各种正念技术。在附录部分，两位参加 MBCT 课程的学员，分享了他们如何通过正念走出困扰的心路历程。此外，这本书还会附上完整的正念修习的音频，以及正念伸展和正念行走的视频。

"蒹葭苍苍，白露为霜。所谓伊人，在水一方。溯洄从之，道阻且长。"亲爱的朋友，因为种种因缘，我的心曾在黑暗中徘徊很久。直觉告诉我，如果要穿越这份苦痛，我得找到生命的源头。即便我认识和体验到那生命的源头就在自己身上，但这阻碍重重且漫长的道，有时还是让我彷徨，不知自己能否抵达目的地，不知何时是个尽头。我很感恩所有的因缘，也感谢自己没有放弃。如果你也在艰难中，请一定不要放弃。无论是能够帮助我们在这个尘世上健康、愉快生活的明媚美好的"伊人"，还是如果有缘，可以帮助我们更上一层楼、超越五感的"伊人"，并不在外面，就在我们自己内心。我很高兴在自己生命的至暗时刻遇到正念。正念助我前行，也愿正念能够助你前行。

一路走来，想感恩和致谢的师友很多，一时难以言表，就让我放在心里吧。在此，我想特别感谢我的来访者，感谢你们的信任，让我与你们一起经历了心灵的幽微奥秘和生而为人的共同的心灵苦难、挣扎、坚韧、力量，以及对爱和真正的联结的永恒渴望……那些分享的例子并不是指向某个个人，也许，你也可以在其中找到自己的影子和共鸣……我也要特别感谢那些愿意把自己分享的文字直接呈现到书里的学员,"如果我的分享能够帮助到更多的人,我很开心"。感谢你们的善良、开放与慷慨。

对于本书,在此我要特别感谢的有两个人。一个是本书的编辑陈兴军。与他的相识是一场美丽的缘分。他在听完我 2021 年 7 月在上海的中国心理学会临床心理学注册工作委员会第七届大会上分享的"正念在心理咨询中的应用"后的第二天,与我交流了撰写、出版这本书以帮助处于烦忧中的人的想法,我们的想法出奇地一致。他和煦、温暖、谦逊,做事高效有序,此书能得以出版,与他、与此因缘直接有关。另外要感谢的是我的正念同修强杉杉女士。每当我完成一章,她都认真地看完,并中肯地给我反馈意见,给第一次写书的我莫大的鼓励与支持。

正念之旅,有路可循,大家在书中都可一见踪迹。有什么捷径吗?我没有找到,如果说有,就是日复一日地修习。就像卡巴金老师一直强调的:"修习,修习,修习!"(Practice, practice, practice!)也许我们在不同的地点、不同的时刻修习着,但我们最终会相会在某地。

我们都在路上!

吴艳茹
2023 年 1 月 6 日
于上海

目录

赞誉

推荐序　学习觉照自心

前言

第一部分　正念之基

第1章　正念助你雨过天晴　3

雨过天晴　3
 命运的奇妙　4
 平静和喜悦的能力　5

何为正念　7
 一品芬芳　7
 正念的定义　8
 现代正念的定义　13
 正念的态度　14
 正念的技术　32

为何要修习正念　35

第 2 章　按下生活的暂停键　39

温柔地给自己一个暂停　39
孤独地转个不停　39
爱自己，从暂停开始　40

STOP　43
STOP 的内涵　43
退一步，海阔天空　45

第 3 章　觉察　51

踏上心灵奇旅的起点　51
什么是觉察　52
看见是改变的开始　54
觉察贯穿整个旅程　56

培育觉察力　58
我们每个人都拥有的宝藏　58
培育觉察力的方法　59

第 4 章　选择　65

目前可能的生活样貌　65
忙碌和疲惫　65
碰壁迫使我们停下审思　66

选择自己的生活　68
生存状态与存在状态　69
对幸福的追求与承诺　78

寻找适合自己的平衡	79

第 5 章 活在头脑里 87

自动导航 88
- 什么是自动导航 88
- 活得像个机器人的解药 96

活在观念里 104
- 画地为牢 104
- 四种束缚自己的观念 105
- 突破限制 113

给头脑一个休憩的空间 115
- 各司其职 115
- 应用我们的身心智慧 115

第二部分 正念改变

第 6 章 给身心一个休憩的空间 121

审视一下日常生活 121
- 日常活动清单 122
- 滋养型活动与消耗型活动 123

给予自己空间 132
- 按下删除键 133
- 给予痛苦情绪一些空间 142

给生活增加点甜味 143
- 愉悦型活动 144
- 存在之美 145

第 7 章　不让想法牵着鼻子走　　149

思绪纷飞　　149
　　分心与汇聚散乱之心　　150
　　脑子闲不下来　　153
想法不等于事实　　157
　　"我一无是处"　　158
　　"我肩负伟大使命"　　161
　　"我怎么会有这么奇怪的想法"　　164
允许　　167

第 8 章　穿越情绪苦海：直面痛苦　　173

俗世生活多烦忧　　173
　　痛苦是日常生活的一部分　　173
　　无常　　175
排忧解烦　　177
　　常见的应对痛苦情绪的方法　　177
　　为何习惯性地逃避痛苦情绪　　183
　　为什么我们会习惯性地逃避痛苦？　　184
抽刀断水水更流　　187
　　"讳疾忌医"　　187
　　逃避和清理不同的情绪伤口的结果　　188
与痛苦共处　　197

面对痛苦情绪很有挑战	197
慈悲	199
如何与痛苦情绪共处	202

第 9 章　穿越情绪苦海：从痛苦到喜悦　218

走出抑郁　219

我抑郁了吗	219
缘何抑郁：丧失和自我攻击	222
抑郁的特征性表现及应对	232
照顾好睡眠	237
微笑抑郁症	241
欢迎被压抑的愤怒	245
哀悼丧失	252
和解与放下	253

化解焦虑：无事一身轻　254

有压力的生活是常态	254
日常生活中的压力及应对	256
秋风秋雨愁煞人	278
在喧嚣世界中获得安宁	283

调伏愤怒的火焰　285

愤怒之下的期待与情感需求	286
改变自己是王道	289
"妈妈，你变温柔了"：焦躁妈妈成长记	291

　　　　　　　　　让愤怒成为建设性的力量　　298

第 10 章　**身体是心灵的殿堂**　　303

　　身体健康是第一大财富　　303

　　身体最忠诚　　308

　　　　身体不说谎　　308

　　　　重视身体的智慧　　311

　　　　倾听身体的信号　　314

　　身得安适　　317

　　　　失眠　　318

　　　　疼痛　　321

　　　　疲惫　　324

　　爱自己，从关爱身体开始　　326

第三部分　正念改变之道

第 11 章　**日常生活中的正念之道**　　331

　　正念饮食：好好吃饭　　332

　　静坐呼吸：心灵 SPA　　335

　　身体扫描：助眠神器　　339

　　正念伸展：身体轻盈挺拔　　342

　　记录对想法、情绪、身体感觉的

　　　觉察：给自己做心理咨询　　345

　　慈心禅：心安处是家　　348

　　正念行走：好好走路　　350

　　湖的冥想：湖底的静谧　　351

　　　　山的冥想：坚如磐石　　354

　　　　生活处处皆正念：繁花盛开的日子　　356

学员分享 / 附录

附录 A　敲开幸福的那扇门　　358

附录 B　正念之旅：从阴暗到明媚的日子　　366

参考文献　　372

后记　　374

第一部分　正念之基

当我们想要前行的时候，需要知道自己此刻在哪里、想去什么地方、要走什么样的路。这并不容易，有些时候，我们以为自己很努力地走了很长的路，却发现一有风雨，还是逃不过自己的心，兜兜转转地回到了原点。

正念是能够促使心灵和整个生活状态改变、转化的前行之道。在第一部分，我从介绍正念的基本的定义、态度、技术开始，邀请大家稍微停下忙碌追逐的脚步，审视一下目前自己的现实和心灵生活状态，根据自己的意愿和现实条件，选择适合自己的生活。我们都有权利也有能力在自己的空间里选择自己的生活。

看见是改变的起点，也是照亮自己、照亮前行之路的光。看见——觉察的能力，是蕴藏在我们每个人身上的宝贵财富。这份能力，需要我们用心培育，才能让或许蒙尘的宝藏熠熠生辉。

叶光苞放
墨亮含绽

第1章 正念助你雨过天晴

> 山重水复疑无路,柳暗花明又一村。
> ——〔宋〕陆游,《游山西村》

雨过天晴

这样的时刻将会来临:
你得意扬扬地
站在自家门口,照着镜子
迎接自我的到来
以微笑欢迎彼此,
并说道,坐这儿,吃吧。

你将会再次爱上这个陌生人——
从前的自己。
斟满美酒,递上面包,把心交还

第一部分 正念之基

其身,给那一辈子爱着你的
陌生人。

你曾因为他人
而忽略了他,他却打心底里懂你。
从书架上取下那些情书、
照片以及绝望的字条,
从镜中剥去自己的形象。
坐下。尽享你的生活。

——德里克·沃尔科特(Derek Walcott),
《爱无止境》(*Love After Love*)

命运的奇妙

吴医生:新年快乐!

衷心感谢能在去年可能是人生中目前遇到的最糟糕的时刻得到吴医生的拯救!最近总体来说非常好,我整个人每个月都在变得更强韧,更有行动力、思维能力,遇到困难时也更懂得识别困难和调整。与我太太、双方家庭的关系变得融洽和充满信任。我突然间结识了很多很棒的朋友,每周都有健康和有一些深度的社交。很少被重复的无意义的思绪困扰。每天都在做正念练习，早上坐在书桌旁开始学习前、中午休息时和睡前。感叹命运的奇妙！一切就像安排好的一样奇妙。

感谢！祝吴医生阖家幸福！

每当收到这样的短信，我心里总是自然地涌起温柔的爱意、温暖、感动，同时，深深地感到自己的工作是有价值和意义的。我也非常感谢，那些源于痛苦、想尝试摆脱痛苦，带着疑惑、期待和信任来到我带领的正念减压课程和正念认知疗法课程的伙伴们，是你们的勇敢（主动投入体验和探索，真切分享自己的苦楚、点滴心得、激荡心灵的领悟），让我彻底感受到正念的理念和技术给烦恼中的人带来的帮助。我也是因为想给自己的痛苦寻找出路，才与正念相遇。因为我感受到了正念之美，我想传播它。于是，今天，我也有动力写下这些文字与大家分享，让正念陪伴更多的人走过阴霾，重拾生活和生命的阳光与喜悦。

> 痛苦也给人打开命运的奇妙之门。

平静和喜悦的能力

我们每个人，都会在生命的某个阶段，碰到大大小小的意料之中或意料之外的烦恼、痛楚。同时，我们每个人都有解决这些烦恼的能力，值得拥有丰盛而愉悦的生活。我们需要的，是学习如何消除这些烦恼，让自己获得平静和喜悦的能力。正念，是方法之一。

吴老师晚上好！我也想分享一下今天的小惊喜！我今天出门吃的晚饭，回家的路上，刮了一点儿风，我快到家的时候突然注意到，那些从栅栏里伸出来的小树杈被风吹得晃了起来，上面的叶子一抖一抖的，我一下子就乐了。突然觉得这棵树还挺可爱的，想着这条回家的路走了无数遍了，以前怎么没发现，我想这也许就是存在状态吧。后来在水果店买了几个橘子，挑的时候感觉橘子都变得好看起来了，圆圆的，颜色好鲜艳，真的是橘色的，上面还有一点儿绿色的蒂……我表达不出大家那些很深刻的感悟，但是我很切身地体会到，通过这几节课的学习，我真的越来越容易获得喜悦感和幸福感了，这是我以前从来没想过的，感觉真的很奇妙。我以前总是想发现生活中的美，但是总觉得很困难，有时候要去刻意制造美，刻意地让自己快乐。现在才发现，原来我可以从生活的点滴中获得一些快乐，这让我很欣喜！我感觉到了我在慢慢改变，真的很谢谢正念和吴老师！之后我也会继续努力，多多在生活中练习！

你是否也曾经和这个分享生活点滴的可爱姑娘一样，苦觅快乐和美而不可得？但是通过正念课程的学习和练习，不经意间，她邂逅了生活中

> 正念是帮助我们获得平静和喜悦的有效途径。

随处可得的美,"我真的越来越容易获得喜悦感和幸福感了"。你也可以,让我们一起来试试吧。

何为正念

一品芬芳

那正念是什么呢?它看起来不那么通俗易懂。我们先来做一个小小的练习吧。

请轻轻地闭上眼睛,感受你的双脚与此刻接触到的任何东西碰触的感觉,把注意力尽量放在呼吸上,深长地呼吸,感受你的每一个吸气、每一个呼气,做八个深长的呼吸。好,阅读到这里,你可以根据上面写的内容进行这个练习啦。

做完以后,感觉怎么样?你的心有没有稍稍平静那么一点点呢?或者,有丝丝蔓蔓的情绪在心间流动吗?或者,是否感觉到自己思绪非常多,很难把注意力集中在呼吸上?或者,闭上眼睛后,你是否会感觉有那么一点点紧张?或者,你还疑惑着:这样做的目的是什么呢?无论出现什么样的情况,都没有关系,这都是你刚刚那一刻的体验,属于你自己的独一无二的体验。

> 踏上正念之旅。

而且,重要的是,你开始了尝试通过正念探索、了解自己,让自己的身心从疲惫、紧张走向轻盈、自在、愉悦。

那止念究竟是什么呢?

正念的定义

现代正念的缘起

正念源于东方佛教修行中的八正道之正念,八正道为:正见、正思维、正语、正业、正命、正精进、正念、正定。正念的意思,就是觉照,即觉察、照见,同时也意味着深入地观察。在2600年前,佛陀首先正式介绍正念。正念最早的文献出处,是佛教的《四念处经》。以正念来观察身、受、心、法,即为四念处。对佛教正念感兴趣的朋友,可以去阅读相关的书籍。

1979年,美国马萨诸塞大学医学院正念减压门诊的乔恩·卡巴金博士把东方禅修的智慧结晶——正念,结合西方医学心理学、神经生理学、心理咨询、团体历程等现代学科发展的经验知识,发展了正念减压(MBSR)八周课程,它是当今入世正念潮流的发端。

完整的MBSR课程总共十次课,历时十周。除了第一课到第八课,还有最前面的介绍课,以及第六课和第七课之间的止语日。第一次为对有意向参加课程的学员开设的MBSR的介绍课。每周的课程都有一个主题。正式的第一课的主题为初"尝"正念;第二课为如何看待压力和痛苦影响了人们的应对方式,而应对方式影响了人们短期和长期的身心健康;第三课是体验活在当下的快乐和力量;第四课是探索正念如何帮助我们识别、减少习惯的条件化反应,从而减少这些反应对身心的不良影响;第五课是觉知自己生活中"卡壳"的地方,学习尊重、允许所有的情绪,发展新的、创造性的对压力和痛苦的有效回应策略；第六课是把学习到的正念减压技巧应用于人际关系中困难场景的沟通；第七课是把正念练习更加充分和个人化地融入日常生活；第八课，结束八周课程，开启新的学习和生活旅程。在第六课和第七课之间的止语日，旨在培育不间断地觉察的能力。每周上一次课，课后每天约有45分钟的家庭作业，内容包括正念的正式修习、每课主题相关内容的资料阅读、有意识地正念地投入到日常生活中等。

从以上的课程简介中我们可以看到，MBSR课程的核心是挖掘内在的身心智慧，学习、探索、发展出更好的方式去面对生活中的压力和苦痛，以消减痛苦、促进身心健康和人际和谐、增进幸福。MBSR目前已成为享誉全球的身心疗愈和健康关爱方式，被广泛应用于慢性疼痛、焦虑症、抑郁症、失眠、高血压、癌症、免疫系统失调等疾病的辅助治疗，也应用于健康、亚健康人士的自我保健和压力管理。

在MBSR的基础上，约翰·蒂斯代尔、马克·威廉姆斯、辛德尔·西格尔三位教授，为了探索如何更好地预防抑郁症的复发，结合认知治疗、行为治疗的理念和技术，开发了正念认知疗法八周课程。

与MBSR一样，完整MBCT八周课程也是十次课，历时十周，每周上一次课。除了八周主题课程，第一次为介绍课，第六课和第七课之间的止语日，用以培育不间断地觉察的能力。第一周课程的主题为觉察与自动导航，有意识地把注意力投向吃饭、身体感觉等日常经验，察觉自己心不在焉地自动完成熟悉的日常任务,从而有意识地去转化自己的体验;第二周为活在头脑里,我们看到自己如何通过头脑固化的思维来体验我们的经验、喋喋不休的念头如何让我们分心并掌控我们对事情的反应,培育直接去觉察、体验不愉悦的情绪和身体感觉的能力,从而不迷失在反反复复的念头中;第三周为汇聚散乱之心,通过有意识地觉察呼吸和身体,帮助我们把心带回并安住于当下;第四周为识别厌恶心,我们看到自己对不愉悦的经验的厌恶和排斥,继而带来新的不适;第五周为允许与顺其自然,我们允许不愉悦的情绪和身体感觉的存在,如其所是地接纳自己现在的样子,厌恶心的力量被减弱,对经验友善的态度反而转化了不愉悦的经验;第六周为想法并不等于事实,我们意识到曾经被认为是事实的、折磨我们的负性想法只是痛苦心境下的产物,并非事实,从而从钻牛角尖的模式中解脱出来,具有更宽广的视角并获得自由;第七周的主题为如何更好地照顾自己,我们识别自己陷入低落、焦虑前的预警信号,在状态、情绪不佳的时候就开始用一些善巧的行动来照顾自己;第八周则为拓展新的学习,我们规划一种更健康、更具自我关怀品质的生活方式。同样地,MBCT每次课程结束后,会有每日约45分钟的家庭作业。就像我们每周到健身房请健身教练帮助指导健身后,每日根据所学自己在家也健身的健身效果肯定优于每周只去一次健身房。通过这样的方式,学员不断深化对正念技术和理念的体验和理解,并逐渐地把正念应用于日常生活。

循证研究证实MBCT对抑郁的治疗有效，与用安慰剂及抗抑郁药的对照组相比，MBCT对预防抑郁的复发有显著疗效。MBCT也被应用于其他情绪问题如焦虑障碍等的治疗，MBCT的生活版用于帮助亚健康人群或健康人群来提升自己的生活质量和心智品质。

> 现代正念是传统东方智慧与西方心理科学的结晶。

六年来，我带的八周MBSR和MBCT正念团体的成员主要是因为各种问题有抑郁、焦虑情绪，失眠，在亲密关系中难以控制愤怒，有各种躯体不适的来访者。他们中的大部分人在参加团体课程的同时是会服用抗焦虑、抗抑郁药物的。但是无论是参加MBSR课程还是MBCT课程的学员，都反馈课程改善了他们心智的品质：提高了觉察力和专注力，能更好地觉察痛苦情绪并与之相处，更能感受平凡生活中的点滴喜悦，能够调节情绪波澜、安定自己，能够更好地照顾自己。

MBCT课程并没有涉及人际沟通主题的内容，但是学员会反馈自己的人际沟通能力增强、亲密关系改善了，其核心在于，当一个人内在稳定、有力量且有能力建设好自己的边界时，不会敏感地把他人的一些行为解读为与自己有关，情绪也不容易受外界波澜的影响。即便他人的言行真的对自己不够友好，也有能力设身处地去为他人考虑，帮助他人化解烦恼，增进亲密关系。

> 这周我女朋友有点儿莫名其妙地对我生气，要是以前，我也会很生气，不理她。后来，我想，她应该不是对我生气，是她压力太大了，她对我生气只是因为她觉得我很安全，把压力释放在我身上。她白天要上班，晚上要写论文，还要照顾她在医院手术的爸爸。当我们通电话的时候，我和她说："没有关系，有我在支持你。"她很感动，也很高兴，说："你比我爸爸可爱多了。"我完全没有想到，我的改变和这句话，让她给我这么高的评价，我也很高兴。
>
> ——林飏，男，工程师，30岁，
> MBCT 课程学员

MBSR 课程并没有包含如何更好地照顾自己这一节课，但是学员也会更好地觉察和预期自己在什么情境中会遇到困难，以关爱的方式照顾自己，并在这个过程中不断提升自己。

> 我一直很害怕上台演讲，在台上我就非常紧张，有时候都有点儿喘不过气来，声音小得大概只有前三排的同学才听得见。我以前在台上从来不敢看下面的同学和老师，连 PPT 都不敢看。我事先要花很多时间把演讲的内容全部背下来。上了 MBSR 课后，如果我需要演讲，在这之前我会先听一遍静坐呼吸的音频，让自己的心平静下来；上台之前再做几个深呼吸，让自己尽可能地平静。我从让自己亲近的同学坐在我容易看到的地方开始，让她们无论

我讲得怎么样都要用微笑鼓励我，我演讲的时候偶尔看一下PPT和同学。演讲完以后，我在座位上继续做深呼吸，让自己平静下来，下了课我又戴上耳机听一遍静坐呼吸的音频。这时候，我的心几乎完全平静下来了。后来我的毕业答辩还挺顺利的，我当时简直乐爆了！现在我在公司做PPT汇报，已经一点儿也没有问题了。

——李襄云，女，研究生，上课时23岁

所以，无论是MBSR还是MBCT，核心都是帮助修习正念的个体，更好地、真切地体验和觉察当下的自己，通过呼吸和身体安住于自己，与压力和痛苦共处，在更宽广的视野下有选择地、创造性地应对自己碰到的艰难，感受平凡生活中的喜悦，照顾好自己，与自己和他人和谐相处。

接下来，我们来看一下，现代语境下的正念，是怎么定义的呢？

现代正念的定义

那，正念究竟是什么？卡巴金博士把正念定义为：正念是有意识、非评判、温和、好奇、善意地觉察当下发生的一切，包括自己身心的状态、变化以及周遭环境中的人和事，核心是培育觉知力，以增进自我理解、智慧和慈悲。

一般来说，清晰的定义也需要一点加工才能和自己的切身生活体验更好地衔接上。请问一下，是否有时候你觉得自己做得不好，心情沮丧、自责？有时候你是否处在"我真的是太糟糕了"的懊悔状态中？这些时候，可能说明你被卷进沮丧情绪和自责思维的旋涡中了，而且之后你还会继续陷进去。这些属于不正念的状态。如果是在正念的状态下，会有一个观察的你，带着善意，好奇地看着自己：哦，我现在感到沮丧、自责，我在评判自己，说自己做得不好、很糟糕。当有一个带着觉知的你正在觉察你此刻的内心活动的时候，你与这个内在状态就有了一定的距离，并且可能因为自己正在受苦而心疼自己，而不是加码继续责怪自己。也许你还会告诉自己：这只是我现在的状态，接纳、体验它就好了，"我很糟糕"这个想法并不是事实。

也许读到这里，再想想生活中曾经经历一些不愉快的事件的过程，你对什么是正念有了一点初步的认识啦！正如杰克·康菲尔德老师所说的，"正念是带着爱意的觉知"。

> 正念是带着爱意的觉知。

我们会继续进行探索，加深对正念的切身理解和体会。

正念的态度

> 今天上午刚开课时，吴老师的第一句话就是"今天是我们课程的最后一节"，听到这句话时，我内心突然顿了一下，但是不容多想就开始了身体扫描练习。当课程结束做完最后一分钟静坐后，看着每个伙伴一个接一个关掉视频（吴老师应该是最后

一个离开屏幕的），突然觉得此情此景像一场落幕的电影，曲终人散，有点失落，但是意识马上又告诉自己，这场电影并没有落幕，反而是刚刚开始，因为课程里的每个伙伴都会带着自己的收获去开启未来新的生活。自己坐在沙发上许久没有起身，回想着自己从最开始第一节课对此正念课程持怀疑的态度，到后来觉得每周六上课都值得期待；书本里前两节内容基本都比较崭新，到后面的课程里有越来越多书本笔记，这真实还原了自己心态的转变，转变的根由就是我获取了自己想要的东西，现在我只是想把自己获取的和大家一起分享。

课程中给我感触最深的三个理念是：

1. 容许/顺其自然

前天一个非常要好的朋友在微信上跟我说，她最近感觉自己有点儿问题，我就告诉她最近我在上正念的课程，针对她说的事情，她每说一些，我就不由自主回复她"容许/顺其自然"这几个字。然后聊到最后，她竟然说她自己似乎意识到了问题出在哪里。此刻我觉得自己似乎真的不由自主地把这些带到了生活中。

2. 念头不等于事实

之前有时候遇到事情，往往随之而来的就是一些不好的念头，这些念头就会把自己带入情绪困扰和躯体障碍；现在有了这个概念，遇到一些事情后，意识真的会告诉自己"念头不等于事实，由它来，任它去"，然后会加入静坐冥想和喜悦式呼吸，念头就会慢慢飘走。

3. 友善地照顾自己

我自己的抑郁障碍来自复合型创伤，我把别人的生命看得很重，会感知别人的痛苦，生怕他们消逝，但是对自己很少有关照和心疼。通过学习，我真的意识到关照和心疼自己是多么重要，自己都不真的爱自己，还怎能去关爱别人呢？

——张磊，男，公司高管，42岁

亲爱的朋友，我们有缘以此书在此相识。也许此刻的你也处在俗世生活的各种烦忧中，希望寻求解决烦恼的途径。你是否想尝试一下正念之道呢？也许你和张磊一样，也是带着疑虑的。这很正常，在我们自己没有切身感受到正念带来的好处之前，总是不确定的。但我想，你也是带有好奇心和尝试一下的勇气的，对吗？那就让我们带着这些，一起尝试开启一段正念之旅。我衷心地希望，正念能够给你的生活带去喜悦和安宁。

在我们开始这个旅程之前，我们先来学习一下正念的态度，即我们在修习正念时，所要秉持的态度。卡巴金博士提出了九个正念的态度：非评判、信任、接纳、耐心、初心、无争、放下、感恩、慷慨。我先来说说每个态度的内涵。

1. 非评判

什么叫非评判呢？在卡巴金老师对正念的定义里，就提到了这个词。从字面上的意思来讲，就是不去做评判。这当然好了，一切都能如实地觉察而不去做评判，那不是达到"不二涅槃"境界了吗？但是对我们凡俗中人来说，这要求也太高了，我们就不为难自己了。

非评判的内涵是，当我们在评判的时候，知道自己在评判。这比不评判要简单一点儿，对吧？但其实也是相当难的。大家仔细去留意一下，你生活中，是否处处都在评判，比如："这道菜真好吃"或"这道菜实在是太难吃了"。当你这样想或这样说的时候，会留意到你在评判吗？我想起2004年我到德国进修的时候，在安姬·哈格老师家做客。她告诉我，她特地订了一道非常好吃的汤送到家里来。我喝完第一口，她对我说："忠实于你自己，不要为了礼貌而勉强自己。"同样是那道菜，对哈格老师来说，就是美味；对我来说，真的是难以下咽。在生活中，我们其实一直都是在评判着的。烟雨江南对有些人来说很诗意，对有些人来说很失意。在生活中，以及你的内心生活中，你是否一直在对自己或身边亲近的人进行评判（特别是负性的评判）而不自知？比如说，你觉得自己挺糟糕的，什么事情都没有做好；你已经很难受了，却还在责备自己为啥要这么难受呢；你觉得老公不够上进、挣的钱不够多；或者，你觉得老公不着家，陪你和孩子太少；你觉得孩子不省心。你是否忍不住在心里、嘴上指责、抱怨？你是否曾停下来反思一下，指责、抱怨给你的生活和你的亲密关系带来什么了呢？通常，我们想好好爱自己、爱身边亲近的人，但往往不经意间，就把刀子扎到自己或想爱的人身上了。

杨溢原来是个开朗的女子，不幸的是，她40岁的时候，被诊断出患了乳腺癌。所幸癌细胞没有扩散，是Ⅰ期，她也及时做了乳房根治术。术后，她开始担忧癌症是否会复发，并因此失眠；接下来，她开始担忧自己会一直焦虑，并谴责自己太脆弱："怎么搞的，我也太经不起挫折了吧？现在得癌症的人很多，而且年轻化了，我已经算好的了，为什么还在担忧呢？""我不会一直担忧下去吧？"在MBCT的正念课上，她说："我原来一直都没有觉得我这是在评判自己，我就在焦虑和自责之间不断地循环。但是当我意识到这是在评判自己，并允许自己担忧时，焦虑和自责反而离开了我。那笼罩着我的乌云慢慢消散了。"

> 非评判是知道自己在评判。

2. 信任

一般来说，我们讲信任的时候，先想到的，都是能否信任他人，但是，在正念的态度里，信任指的是信任你自己拥有足够的资源去应对生活中的困境。我们知道，佛家讲"本性具足"的，而这个本性，是不可言说的，需要在经验层面去体验；而如果要去言说的话，在每个

第1章 正念助你雨过天晴

人的根本层面的本性，是存在的浩瀚之海本身，那里只有存在、深深的安详、宁谧、喜悦与爱，而呼吸，可以通向存在本身。这样说可能有点儿玄虚。当你凝神地只是去感受每一个吸气、每一个呼气时，随着呼吸，你的心、你整个人慢慢地宁定下来，一瞥存在之海的广阔，给你带来了静谧。存在的浩瀚，是我们每个人都共同享有的资源。与此同时，我们每个人的自我，也都有自己的成长力量和资源，尽管在我们身处困境的时候，也许不能那么深切地确定这一点。

现在，请你闭上眼睛，做一下深呼吸，感受一下你的内心，你有这样的底气信任自己吗？答案也许为是，也许为否，也许不清楚；也许很确定，也许不那么确定。是的，当我们在困境中的时候，无助、无能为力、失望、绝望都有可能到来。那时候，我们很难相信自己拥有足够的资源去应对自己所碰到的艰难险阻。无论如何，你现在腔子里还有一口气，你还在想着用什么方法摆脱困境，不是吗？很多道理大家都知道，但是，"就算你懂得世间所有的道理，也过不好这一生"，因为我们过不了心里的这道坎。

这里我分享一下我自己的经历。我从 2013 年开始学习正念，去参加卡巴金和萨奇⊖老师在北京举办的课

⊖ 萨奇·圣多瑞里，教育学博士，马萨诸塞大学医学院正念减压门诊主任。他的著作《正念疗愈力》(暂译名，*Heal Thy Self*)已被翻译为 8 国语言，其简体中文版已由机械工业出版社引进，即将出版。

程——七日身心医学中的正念。当时童慧琦老师建议我去,她告诉我这是一个师资培训课程,以后两位老师可能不会到中国来教学了。其实对当时的我来说,去参加这个课程,我只想给自己的痛苦找一个出口。我依然记得卡巴金老师在课上说,信任你自己,而不是任何大师;无论你经历过什么,你现在都好好地,在这里坐着。关于信任,当我的内在能够触碰到存在的深层浩瀚之海时,我是能在体验层面感受到信任的。但是,更多时候,我感受到的是伤痕累累的自己,在勉力过着一座危桥,我不知道要走多久,不知道自己是否能够到达彼岸。可是,我得往前走,为了我自己,为了我爱的和爱我的人。很幸运,经过漫长幽暗的岁月,我走过了那座桥,尽管回望时,依然心有余悸。在这个过程中,我得到了很多的帮助,我很感恩。如果你、你们也在艰难中,有时不能信任自己,感觉前路迷茫,在此我只想与你、与你们共勉,我们一起努力。只要我们想活着,想活好,那就带着信任或带着对信任的疑虑,在正道上好好前行,尽管旅程常常艰辛。

我们从前面那些受焦虑、抑郁等情绪困扰折磨过的朋友的分享中,也能看到,在风雨中时,他们也不那么确定自己就能走出,但他们的天空,的确是又变晴朗了,甚至遇见了彩虹。毕竟,"飘风不终朝,骤雨不终日",《道德经》如是说,这是千年传承的人生经验和智慧。

> 信任你自己。

3. 接纳

说到接纳，我马上想起2013年萨奇老师在课上讲的话，"Acceptance is to accept things as what they are"——如其所是地接纳人与事物的本貌。心若能包容万物，则一切烦恼都烟消云散。不过我们也没有必要对自己有这么高的要求。接纳让自己不痛快的事、让自己不愉快的人；接纳自己做过的也许被自己或别人认为"愚蠢""错误"的事；接纳自己、伴侣、孩子没有想象中或期待中的那么优秀、完美；接纳父母的种种局限；接纳自己抑郁、焦虑了……接纳是对自己最大的包容，当然也是对别人的包容。但更重要的，还是让自己的心，能够和谐安适。真正的接纳，往往带来心灵的转化。只是，从头脑知道，到心里真正地接纳，往往需要长长的旅程。

英琪是个企业高管，也是两个孩子的妈妈，她因为焦虑症而参加到MBCT团体中。她曾分享："在我的治疗过程中，有里程碑意义的一个心理事件是我接纳自己得了焦虑症，那一刻我感觉到了一种轻松和释然，我就是我，我不完美，我也不需要完美。""我一直都知道要接纳，但是做不到。随着这个团体的进行，好像接纳就自然而然地发生了。"

> 接纳是对自己最大的包容。

4. 耐心

第四个正念的态度就是耐心了。其实，在某种程度上，可以说，正念是对心的培育。心大了，涤荡痛苦的能力也增强了,自然就能够平和、喜悦了。但是我们常常要么小心眼、"玻璃心",要么心受伤了,要么心灵被卡在某件事或者某个点上了。要去洗刷这些痛苦,给心扩容,有时候需要很长的时间,而且有时候我们无法预知要多少时间,因此,耐心就是一个非常重要的品质了。但是当人痛苦时,常常很着急:我能好吗?我不会一直这样吧?我什么时候能好?状态不好或生病,某种程度上也是心灵修复自己并从中成长的旅程。就如同感冒很多时候是你的免疫力下降了,需要休息以重新调整身体的机能一样,感冒好了,免疫力也会提升,至少是对这个病毒的免疫力。耐心是给自己的爱,不给自己限定时间来催逼自己成长。只要方向是对的,日积月累,愚公移山,总会守得云开见月明的。

在我学习心理咨询的路上,有一个很重要的恩师。他原来是一个很成功的创业公司的总经理,一次巨大的意料之外的挫折,把他的心打到了谷底。在痛苦中,他开始思忖离苦得乐之道。尽管这个现实的挫折后来解除了,但是他的人生也因此事改变了航向:他从此致力于让心得到转化

耐心是给自己的爱。

的生命自觉之道。我问他花了多少年放下那件事情,他平静地告诉我:"十年。"

5. 初心

第五个是初心。我想邀请你闭上眼睛,做十个深长

的呼吸，把注意力尽量集中在呼吸上。做完以后，慢慢地睁开眼睛，请站起来，花五分钟的时间，环顾一下你所在的房间，仔细地去看房间中的物件。这个房间大概率是你很熟悉的房间。当你就如同初见一样地细细去欣赏你所处的这个房间的时候，你会发现些什么呢？你是否发现了什么一直在那里但你没有留意过的东西？你是否对司空见惯的东西有了点儿新鲜的感觉？或者你没有发现什么特别的东西。这些都有可能发生。对于以上的所有这些情况，你内心又会有什么感受和想法出现呢？

本质上，我们每天都在重复着同样的东西，就像我们每天都要吃饭、睡觉一样，但是每天、每一刻、每一件事又都是崭新的，这需要我们用心地去留意每个当下。吃是人生第一要事，所谓"人是铁，饭是钢"。不过，你有没有发现，你吃饭的时候，经常不在吃饭：你在看手机、在说话、在想事情……可以说，你没有正念地在吃，也可以说，你没有怀着初心在吃。即便很多小孩爱吃土豆丝，有时也会说，"又是吃土豆丝啊"。葡萄干练习，几乎是所有正念课刚开始时候的标配。大部分学员都会反馈：没想到一颗葡萄干，会带来如此丰富的视觉、触觉、味觉感受，一颗葡萄干带来的清甜、芬芳，葡萄干汁液在口腔中流动所带来的美妙感觉，是平时我们一把一把往嘴里塞葡萄干所无法比拟的。

> 第一次以这么慢的速度去体验葡萄干，跟着老师的引导语一步一步观察、触摸、仔细品尝，平时

不爱吃的葡萄干都变得好吃了一点儿。

第一次发现,阳光下的葡萄干是有一点儿透明的。当我触摸它的表皮时,我觉得它仍然是有生命的,像老人的皮肤那样干、那样皱。我拿起它放到耳朵旁边,听挤压它的声音,我突然有个奇怪的想法,我觉得葡萄干会难受,担心它会不会疼了。葡萄干闻起来没有什么气味。我放进嘴里含着也没尝到什么味,可能就只有一丝丝甜味吧。第一口轻轻咬下去,尝到了酸甜的味道,还有葡萄干特有的香气,混合着唾液,慢慢在口腔里蔓延开了。这是一丝幸福的味道。第二口就更浓郁了,是之前酸甜葡萄味儿的三至五倍,我感到幸福、愉悦。原来我不爱吃的葡萄干也变得好吃了。还有,我竟然感觉我和那颗葡萄干产生了联结,我不确定那是不是情感联结,吃下去我感到很幸福,但也感受到了它的消逝。

——杨琦,女,外企职员,32 岁

学员陈晓是公司职员,35 岁的她在做吃葡萄干练习前说,"老师,我不吃葡萄干的。葡萄干太难吃了"。在我的鼓励下,她接受了这个葡萄干的练习。练习结束后的分享里,她说,"我有个重大发现:葡萄干其实还挺好吃的,原来我并不讨厌它。我想起我青春期的时候,我妈妈一直逼着我吃'葡萄面包',说'葡萄面包'有营养。我很讨厌她这样对我,后来,我就不吃葡萄干了。原来我把对我妈妈的反抗放到和葡萄干较劲上了"。

我们看到，很多的过往遮蔽了我们的双眼。当我们以初心的态度去面对呈现在我们面前的真实事物时，我们可以更加真切地体验这些事物给我们带来的真实的感受究竟是什么，而不是被禁锢在过往的经历所形成的观念之中。通过这些体验、探索性的练习，我们体验的疆界扩大了，更能活在当下，感受到周围事物所带来的美好。下方二维码里有吃葡萄干的练习音频。有兴趣的伙伴可以准备两颗葡萄干去尝试一下，看看小小的葡萄干会给你带来什么吧！

> 每一刻都是崭新的。

注：吃葡萄干练习音频。

6. 无争

让我们来看看无争。无争是一个与我们有目标、有计划、有步骤的做事方式非常不同的态度。在我们做正念练习或者是在生活中保持正念的时候，我们不去期待要发生什么、不去要求自己一定要达成什么，也不抗拒什么，而只是全然投入、如实地体验、

> 只是如实地体验、觉察和接纳所有发生的一切。

觉察和接纳发生的一切。一切都只是那个时刻的自然发生，当我们允许时，这些发生会自然流动。

我来分享一下我的经验。我去了吴医生那边看病（焦虑障碍），从那开始就每天做吴医生介绍的身体扫描练习，至今做了40天了，每天至少保证认真地做一次。第一天做的时候，感觉非常好，听到某些指导语（比如：感受到自己作为一个完整的生命躺着、呼吸着），我感动地哭了；第二天做的时候，一开始感觉蛮好，后面当我听到"身体部位的连接"时，我突然挖掘起自己记忆中的不良画面，并将二者联系起来，心境突然恶化，绝望、紧张、焦虑、恐惧都来了，觉得自己原本就很窄的一条活路被堵上了……当晚就做噩梦了（我之前整个发病历程也是一步步地挖掘自己的回忆，心境一步步恶化，不好的想法越来越多，越来越坏，焦虑一步步加重）；第三天继续坚持做，因为医生说过"接受出现的任何身心现象"，第三天做身体扫描的感觉就没那么坏了；第四天再做，就逐渐接受了不良心境，我也会思维反刍，之前被挖掘出来的记忆里的不良画面也会再次出现，但它好像不能影响我了，我无所谓了……连续做了40天，目前的感觉是没有感觉，好的、坏的、不好的、不坏的都没有。

——李天博，男，IT 工程师，40 岁

7. 放下

放下！我们都想放下那些让我们不愉快甚至痛苦的人或事，也许这也是你为何会买这本书、此刻在看这些文字的原因。我们需要有所坚持，也要放下让我们受苦的执着，放下让我们固囿于自身的评判。放下的英文是"let go"，我自己比较喜欢说，让它流走。红尘中，许多让我们痛苦的、未曾消化的感情、事件，都会以某种形式沉淀在我们的身体、情感池、尘封或新鲜的记忆中，并不时地以各种思绪的形式萦绕充塞在我们的头脑中。我们需要把这些沉淀物、浑浊物洗刷掉，让它们流走，这样我们就可以继续轻装前行了。其实在天博的分享中，我们也看到他在身体扫描时，过往痛苦，以及他所经历的种种情绪、思绪、身体的反应泛起，但是当他能够以接纳的态度、带着觉知去体验这些经历时，这些经历也就慢慢流走了。

在我的工作中，有一个"放不下"的例子，让我印象极为深刻。一对年近50岁的夫妻，妻子实在无法忍受丈夫的猜疑、找碴和喋喋不休了，要求离婚。原因是两个人结婚前，当时还是女友的妻子去年纪相差不大的姨夫家给小姨送东西，上楼待了一个多小时。他当时不愿意陪女友上楼，就在楼下等。但是这一个多小时发生了什么，这二十几年一直在他心里翻腾，也在和妻子的关系中翻腾。妻子不堪忍受其苦，要求他去看病，也要求离婚。你看，这放不下的，多折腾自己，也多折腾身边在乎的人。

这个例子自然蛮极端的。在生活中的确有很多时候，我们脑子知道自己要放下，但是心里过不去，反复在心中纠缠。其实，没有过去的，是这些事情给我们心里带来的各种伤痛：愤怒、悲伤、恐惧、羞耻、遗憾、愧疚……于是，过去的并未过去，还在现在以情绪痛苦、思绪纠缠、身体不适等形式提醒着我们它的存在，需要去关照它，处理它，让它流走，并放下。放下，其实是放过自己，把自己从过去的牢笼中解放出来，走进更广阔的新天地。我想，无争中，李天博身体扫描经历的分享，会给大家很多关于放下的启发。

> 放不下，是痛苦的经历还没有被消化；放下，其实是放过自己。

8. 感恩

感恩是一个自然而然的发生，感恩的时候，我们的心柔软、幸福、洋溢着感激和爱。当我们得到他人的真诚关心和帮助、喜悦、有达成感的时候，比较容易有感恩之情。而日常生活中，有不愉快的时候，感恩会离我们比较远。但请大家记得，即便是在痛苦中，还是会有让人愉快的事情发生，我们需要培育自己感受平凡生活中的快乐的能力。当我们正念地去感受各种事物的美时，我们会比较容易地在平凡中感受到快乐和美，也许感恩也会不期而至。

易茗因为各种不明原因的身体不适，各处就医十几年了,但并未获得好的疗效,她也因此悲伤、沮丧、绝望,经常躺床上,一躺就是一天。她常年服中药。有一次她分享道:"我喝完中药,像往常那样喝水,冲淡一下中药的苦味。喝水的时候,我突然感觉到了甜味,这是以前从来没有感觉到的。我油然地觉得幸福和感恩。"

李海超也是一名咨询师,他曾来学习正念。在正念行走完的分享中,他说:"在走路的时候,我突然感觉到,我有两条腿可以正常行走,这很幸福,我很感恩,平常都以为理所当然,根本没有注意到。"我看到,他说的时候,眼睛是湿润的。

也许,我们来到这个世间本身就是一件值得感恩的事情。当然,也许烦恼中的人会不同意,我自己很长时间也以"红尘中就是历劫而来"来勉励痛苦中的自己往前走。无论如何,感恩是一个不经意的发生,我们不需要等到阳光明媚的时候才体会到感恩的美妙滋味。即便是阴雨天的时候,当我们稍微放慢一下脚步去品尝生活的滋味时,或许它就会不期而至,给我们的生活增加些许甜味和阳光,也让我们的心灵慢慢变得柔软、安然。

> 我们来到这个世间本身就是一件值得感恩的事情。

9. 慷慨

当我们内心富足时,自然而然地会愿意给予,不求回报,这是慷慨。但如果我们痛苦并觉得自己心灵匮乏呢？这时候让我们给予，心里可能就有那么一点儿别扭了，因为这时候，我们也很需要别人的关爱和帮助。这时候的慷慨，就是在我们的能力和意愿的范围内给予。

我们有没有想过，要对自己慷慨一点儿，特别是艰难的时候？"他们的命是命，我的命也是命。"关爱生命，难道不是要先关爱、照顾好自己的生命吗？这慷慨，可以是物质上的善待自己，照顾好自己的身体，也可以是精神上给予自己更多的关爱、理解、照顾，减少工作或者学习负担，给自己更多的外在和内在空间，不让各种责任和义务塞满自己的整个生活空间。不少人可以在物质上给予并在精神上关心、照顾、理解别人，却独独对自己很苛刻，特别是有抑郁倾向的人。

方雪勤从小父母在外做生意，她长姐为母般地承担了很多家庭事务。她继承并加强了来自家庭和地域文化的要强、勤劳和精明的生意头脑。长大后雪勤来上海做生意，很不容易，但是她闯出了自己的一片天地。她不断地为家里的兄弟姐妹、男朋友、亲戚付出，大家向她伸手要钱也觉得理所当然了。她抑郁得很严重了，还撑着继续工作。在朋友的陪伴下来就诊的时候，雪勤一开始还舍不得花时间上正念课来照顾自己："我哪有这个时间啊！"在我的真诚建议和朋友的真心关怀下，她来到了正念课堂，给了自己一个学习好好关爱、照顾自己的机会。在上课的分享中，我们知道了她更多的生命故事，课上的伙伴们给予了她很多理解、支持。雪勤说："生活中很少有这样的地方，可以敞开心扉地说话。"你看，受伤的人一样可以慷慨地给予,而且,在这样的相互给予中,有了更多的对彼此的接纳,团体也有了更强的凝聚力。

雪勤自己也知道为家庭、男朋友付出已经够多了,但是她还是做不到拒绝他们、给予自己更多的空间。她是个生活节奏非常快的人,平时吃饭只用五分钟。在我们止语日进行正念行走的练习时,她无法掌握平衡,所以走不下去,因为那对她来说太慢了。这让要强的她很不能接受。在下一周第七课上课的时候,她笑容满面地说:"我不能接受自己这么大的人了,居然还不会走路。上课回家后我在家里用正念行走的速度走了几个小时;第二天,又在小区里走了几个小时。我突然开窍了,我为什么要累死累活地为别人做这么多事呢?我赚的钱足够我花了,我要休息!"她开始花时间给自己做精致的饭菜,出去旅游,享受原本就属于她的快乐。团体中的伙伴都很为她高兴。我好奇地问她,是什么让她有了这么大的转变?她哈哈大笑,"你也去走几个小时就知道了"。我现在依然不清楚她的这个顿悟和转变是如何发生的,也许是开始正念修习一段时间后量变到质变的结果。无论如何,她可以拿掉那在她心里不断鞭挞她努力为别人付出的鞭子,好好地为自己而活,照顾自己、对自己慷慨,这让我们都为她感到很欣喜。

> 要对自己慷慨一点儿,特别是艰难的时候。

这九个态度虽然是分开来写的,但从上面的介绍中,我们可以看到，这些态度是相互联系的，只是每个态度的侧重点不同而已。

起初，痛苦中的我对正念的态度是有些疑虑的。我的疑虑在于，很多态度，比如信任、接纳、放下、感恩、慷慨等，是通过正念修习等方法使心灵不断成长的结果，我一开始没有办法具有这些品质。我还因此特别咨询了我很喜欢、尊敬的方玮联老师。他说，在我们的心不能够到达的时候，可以接纳此时的不能，但有这个目标；而我们的头脑可以秉持着这样的态度。这给当时的我部分解了惑。现在再回顾这几年走下来的旅程，其实这些态度，并不是有或没有这样非黑即白的状态，而是自己处在不同状态下、在不同的方面是否具备以及具备多少的问题。随着状态的提升、力量的增强、心灵品质的提高，这些态度越来越能够被内化成为自己的一部分。正念态度的培育，是一个终身的成长过程。

> 正念态度的培育，是一个终身的成长过程。

正念的技术

正念有什么具体的技术来帮助处于烦恼中的你雨过天晴呢？

正念有三大技术：静坐呼吸、身体扫描、正念伸展。作为正式的正念修习，这三个技术都可以帮助我们缓解压力、提高专注力、培育觉察力、调节和改善情绪。

技术 1：静坐呼吸

- 找到安顿自己身心的锚点。在静坐呼吸中，我们一般会先去找到对呼吸最为敏感的身体部位，把呼吸与这个部位结合在一起。把关注点落在呼吸与这个部位相结合的位置，让这成为汇聚、安住我们散乱之心的锚点。
- 有意识地把注意力投注到自己要关注的内容上：去允许、识别、关注、标识出自己的念头、情绪和各种身体感觉。
- 对自己的分心（开小差）有所觉察，只是觉察，无须评判和指责自己，并有意识地把注意力再带回到想要关注的内容上。（下方二维码里有静坐呼吸练习的音频，扫码即可开始练习。）

注：静坐呼吸练习音频。

技术 2：身体扫描

在身体扫描的修习中，我们把静止的身体作为安住自己身心的锚点，跟随指导语，把注意力放在不同的身体部位，不断地去觉察、识别、命名、接纳自己的身体感觉。如果发现自己注意力分散，轻轻地把注意力拉回到身体上，继续跟随指导语做下面的练习。（下方二维码里有坐姿身体扫描练习的音频,扫码即可开始练习。)

注:坐姿身体扫描练习音频。

技术 3:正念伸展

在正念伸展的修习中,一开始,我们把运动中的身体作为安住自己身心的锚点。练习时,把注意力尽量集中在动作和身体感觉、身体感觉的变化,以及伴随着这些动作体内能量的流动上。我们把动作放慢一点儿,这样有助于清晰地察觉到自己的每个动作。当然,正念伸展的时候,我们也是有可能分心的。只要注意到了,再把注意力拉回到自己的动作和身体感觉上来就可以。(下方二维码里有八步放松操的练习视频,练习很简单,建议大家先扫码,跟着视频做一遍,然后自己做一遍。)

注:八步放松操练习视频。

大家做完八步放松操后,感觉如何?脑袋一下子松弛了很多?做的过程有没有打哈欠呢?做完感觉自己挺累的?做完大脑很清醒、轻松?或者是否有任何其他的感受?

有没有扫码打开静坐呼吸或者身体扫描的音频修习呢?如果有的话,你的体验又如何?会感觉心静下来了吗?或者看到自己如何心猿意马了吗?静坐修习的过程,每次的体验都不大一样。我们只是观察、允许、接纳所有这些体验,与这些体验共处,不去执着于任何的"好的"或者"不好的"体验。所谓的好与不好,也是大脑的评判。

为何要修习正念

俗世生活多烦忧。我们的心本来就容易或碰到事情后不定、不静、不安、不喜、不悦,而目前我们尚无很好的应对之道;我们的头脑中不时地充斥着各种没有给生活带来任何建设性却可能让人心烦意乱的杂念;我们疲于应付生活任务,追逐一个又一个目标而对日复一日的生活感到厌倦……另外,我们希望能够找到健心之路,让自己内心不断变得强大,可以去应对生活中的风雨并相对平稳地度过艰难的时光,珍惜、享受所拥有的平凡点滴;我们都渴望着健康清净幸福的生活……正念是一条非常好的健心之路,能帮助我们更好地去珍惜、照顾自己,去发现、享受平凡生活中的美好与快乐。

一眨眼,我们的治疗课程也快进入尾声了,在此试着再和大家分享一下自己小小的感悟吧,以此

共勉:

长期的"专业训练"让我不断追求完美和高效,过度依赖和使用认知能力,更相信逻辑分析,认知-情绪-行为是我最常用的应对模式。对我而言,只有认知被说服,才能带来情绪的改变,才会做出行为上的改变。虽然这是非常不灵活和适应性差的模式,却是患焦虑症的我获得安全感和控制感的核心(唯一)途径。长此以往,形成了恶性循环,患病期间试过药物和心理咨询,最终是正念认知治疗帮助我重新学习了让我能终身受益的核心能力:学会如何放松,学会如何关照自己的情绪,学会如何真正活在当下。原来这些从来都不是与生俱来的。通过几周的学习和训练,我也在经历着各种改变:①我开始愿意尝试启动行为-情绪-认知的应对模式。只需要鼓起勇气迈开第一步,哪怕是一小步,哪怕是最简单的正念练习——只是关注自己的呼吸,都能让我的情绪慢慢放松下来,放松后认知的正向转变,是我在情绪糟糕时不能想象和相信的。所以很多情况下,我们的负面认知和想法真的是被夸大和高估的,它们不是事实,我只需要认真体验和感受当下,和自己、环境发生联结,负面情绪就会在不被过分关注时慢慢消退,顿时感觉如同快要溺水的我,终于又可以把头露出水面呼吸了。所以我学会了放下认知至上的执念,相信只有行动起来做点什么,才能打破穷思竭虑的死循环。②尝到了甜头,有了新的信念，万事开头难，接下来就是要循序渐进地不断练习和精进了。在吴老师专业的指导和带领下，我们开始了一系列的正念练习，从关注身体到关注情绪、环境和负面事件，从冥想静坐到日常生活中的正念，大家一起分享和讨论，一起接受和面对，按照各自的节奏慢慢进步，哪怕情绪会有起伏，也怀着初心，友好和好奇地学习接纳和共处。③我相信，从今往后，正念修习，正念生活，会是我生活的重要组成部分，短短8周治疗学习收获的知识和技能，将会是让我终身受益的、最重要的幸福能力，期待正念之路上收获更多的体验、感悟、改变和成长！

——齐瑄，女，行政管理人员，

48岁，MBCT止语日后

开启正念之旅的第一步，需要我们给自己一些时间和空间。如果你一直忙碌不停的话，那就邀请你，给生活按一下暂停键吧。

开启正念之旅需要勇气。愿正念帮助你我获得健康和幸福。

第 2 章 按下生活的暂停键

> 行到水穷处,坐看云起时。
> ——〔唐〕王维,《终南别业》

温柔地给自己一个暂停

孤独地转个不停

在这个内卷、倍速的时代里,你的生活是否也如同《明天会更好》的歌词所描写的那样,"孤独地转个不停"?是否表面上看起来热热闹闹的,有亲人也有朋友,但是心里觉得孤单,觉得没有什么人真正理解自己?是否每天忙忙碌碌的,也不知忙了什么?与此同时,你是否也期盼着明天会更好?但明天,大概率又是匆忙划过的一天。

日复一日、月复一月、年复一年,时光如白驹过隙从我们身上流走。也许有时候我们也会感慨时光匆匆,我们就像在被各种人和事、各种情绪裹挟推赶着往前走；或者我们内心觉得自己停滞甚至倒退了，毕竟，长江后浪推前浪，同龄人中还有领跑者；或者好像没有做多少事，但是脑子就是停不下来。不管是何种情况，我们奔忙着，却感觉自己掌握不了生活的节奏，并为此沮丧、焦灼。有时想，干脆"躺平"算了，但是又不甘心，没法安心"躺平"。也许某天突然发现，不经意间，华发已生，鱼尾纹也悄悄爬上来了……然后，我们更焦虑、沮丧了。怎么办？

> 我们期盼着明天会更好，但明天很可能和今天一样。我今天可以为自己做点什么，让明天会更好？

爱自己，从暂停开始

邀请大家暂停下来！慢一点，暂停下来！给自己的生活一个暂停下来的空间！让我们一起来体会一下，暂停下来之后，我们头顶有广袤的蓝天，街道两边有蓬勃生长的绿树，有旺盛的生命力。

夏青辰是个活泼、优秀的女大学生。从小当学霸的她在大学里参加了各种社团活动，以及一些科技类的国际比赛，成绩依然保持优异。但是高强度的学习和各种活动让她越来越焦虑、抑郁，她甚至都不想上学了。她的情绪反应已经在帮助她给自己的生活按下暂停键了。她减少了一些社团活动，也参加到了MBCT八周课程团体中，给了自己一个停下来"健心"的空间。在一次课上的静坐呼吸练习结束后,她分享了以下内容。

在静坐呼吸中,我把脑海中的念头投放到过去、现在、未来这三个篮子里,好像把纸团扔进废纸篓里。里面写着我编织的故事:引起懊悔、自责、迷惑、沉郁的对过去的思索,引起焦虑、恐惧、迷茫、贪求的对未来的计划。看到一个想法的时候,我给它分类,在心中默念"过去,过去",或者"未来,未来"。当下的想法比较少,主要是关于"现在做得好不好"。

当想法一个个被分类、投放以后,我的头脑渐渐变得清明和空旷,后脑勺到脖子这片区域有一种清凉的感觉。我能够敏锐地觉察到自己的思维模式,看到头脑是怎样在过去和未来的思虑中反复跳跃的,看到想法如何引起情绪波动和身体反应。我好像只是坐在河岸边看着它们,心里知道这一切都在变化之中。

在这清明的空间中,我的内心十分平静和喜悦。我与广阔的当下相联结,看到了当下的真实性与丰富性。我清晰地看到了当下的无限奥秘,不再执着于自己的情绪和想法,转而认识到,自己只是这无常变化之流的一部分。我的心已经准备好了,我允许一切发生。

欲速则不达。

原来,当我们停下来后,可以有这么宽广、深邃、美丽的心灵空间。那,如何暂停下来呢?首先,我想请你轻轻地闭上眼睛,把注意力放在呼吸上,做三个深长的呼吸,越自然、越深长越好;然后,把注意力放在你的身体上,按照你自己的节奏和速度,从头到脚,细致地感受一下你身体的每个部位。如果你愿意的话,也可以扫描下方二维码,开始练习坐姿身体扫描,让你的心智和身体,有一个亲密的联结。

注:坐姿身体扫描练习音频。

做完以后,你有什么感觉呢?

虽然时间蛮短的,但是这样一个暂停,让我的脑子从"一直在想着做什么"或"接下来做什么"中暂时停了下来。把注意力放在身体上,有一种与自己在一起的感觉,接着有了一种安定感,心好像一下子静了下来。

——陈琪,女,大学生,19岁

我每天都很忙,感觉事情一直做不完。我也知道身体应该是累的,但整个人就像打了鸡血一样,感觉不到累。刚才这个练习,让我一下子松了下来,感到身体很疲惫。而且我注意到，我颈部特别酸，大概我每天用电脑的时间太长了。

——丁嵩，男，公司职员，27 岁

对于上面这个小小的暂停练习，相信你有属于自己的独特体验。在我们用心智给自己的身体一个小小的爱抚之后，我们也可以用双手，轻轻地拍一会儿脑袋，然后双手环抱双肩，闭上眼睛，做五个深长的呼吸，感受一下静静拥抱自己的感觉。做完之后，不知你的心，是否会感到些许安然和宁定？

我一直很渴望别人拥抱我，却没有想到我可以拥抱自己。刚才拥抱自己的时候，心里很软也很暖，好像一下子踏实了下来，很有安全感。我的眼睛一下子湿润了，原来我自己就可以爱自己。

> 我们可以拥抱自己，随时随地。

——张磊，男，公司高管，42 岁

STOP

STOP 的内涵

我们刚刚通过在心智上和动作上拥抱自己，温柔地给自己的生活按下了暂停键。接下来，我们来一起学习帮助我们把正念融入生活、照顾好自己、有效解决问题，以及重要且易记的STOP。

什么是STOP？

- S：Stop——停下
- T：Take a few deep breaths——做几个深呼吸
- O：Observe——观察
- P：Proceed mindfully——正念地前行

当我们察觉到自己情绪有不对劲、身体疲惫等负面状态的时候，请记得提醒自己STOP。先让自己把手头的事情暂停下来，或者从有压力、有冲突的情境中暂时离开一下；有意识地做几个深长的呼吸，腾出一个稳定、滋养自己的时间和空间；然后观察自己的情绪、想法，以及身体处于一个什么样的状态，还可以更进一步去考虑你所处的情境，以及情境中的人或事情。当有能力去看清自己的身心状态和周围情境的互动关联后，你就不会被情绪所占据或控制，也不会让自发的情绪化行动把事情搞糟，而是有余力找到建设性的解决问题的方法，带着爱意的觉知推进工作或继续生活。

大概三年前，我在微信里，看到一个高中同学发了一条这样的朋友圈。"辅导女儿数学的时间要到了。提醒一下自己：亲生的，亲生的；深呼吸；就算全部做不出来也没有关系。"我看完以后捧腹大笑，真是做父母的同道中人！

我到现在为止的几次愤怒和崩溃,都和辅导孩子有关,印象最深的一次是把儿子的钢琴书给撕了,后来及时调整策略,给孩子请了陪练老师。我猜,那条朋友圈是我同学之前给孩子补课中几次或多次情绪汹涌、冲突爆发后做的总结、预期,相当于提前给自己做好了方法上和认知上的心理建设。他提到的深呼吸,就是STOP中的有意识地做深呼吸,平静一下自己,以让自己不继续陷在情绪中。

退一步,海阔天空

作为凡俗中人,我们对情绪压力、工作负担的耐受都是有一定限度的。所发生的事情与自己的预期相差太多,工作负荷过大或人际关系紧张,因与关系亲近的人的冲突长久得不到缓解而导致心中郁结积怨,过度劳累……所有这些使得我们内心绷着的弦太紧,现实空间和心灵空间都被塞得满满的。在这种情况下,如果还一味向前,坚持要完成工作、教育孩子或陪伴家人等,那么所做事情常常事倍功半或者事与愿违。如果再碰到一点不顺的小事,很容易情绪崩溃,要么愤怒、悲伤,要么焦躁不安。自己情绪爆发可能伤人伤己,最后还得花更多的时间和精力去收拾残局。大家是否有过这样的经历?如果有的话,怎么办?

> STOP是改变这种状况的法宝。

徐枫是一名中学英语老师,兼任班主任后,因为工作压力大而感到很焦虑，和儿子的相处也出现了问题。"我觉得STOP对我很有帮助。当我自己感觉到累的时候，我就先坐在办公椅上，听着音频做一遍"三步呼吸空间"，做完以后，我觉得会轻松平静很多，也比较有能量，这时候再继续做后面的事情，要顺畅很多。原来累了，也没有感觉到，一天到晚神经都绷得很紧，到家就累趴下了，还要管儿子的功课。在学校里，我还能对学生和颜悦色一些，在家里面对儿子，动不动就不耐烦，有时候还因为小事吼他，我都很讨厌自己这样子，对孩子也很内疚。现在在回家的地铁里，我会站着听一遍身体扫描的音频，虽然效果没有在家里躺着做好，但是也让我神清气爽；在从地铁站到家的路上，我把注意力放在走路上，特别是脚与地面的接触，这让我感觉到很踏实、有力量。到家以后，我明显感觉到状态没有以前那么疲惫了。我发现，这两周的晚上我能够耐心地陪孩子做功课，有时候聊聊天、开开玩笑，和孩子的关系和谐了很多。真心觉得这法子挺有用的！"

大家想想，当你心情比较平和、感觉自己精力比较充沛的时候，是不是做事情也比较顺利？这时候自我感觉比较好，自我掌控力比较强，自我效能有所提高，人际关系也比较和谐。我们何不让这个良性循环转动起来呢？

STOP中的T(Take a few deep breaths)可以是在很短时间内做深呼吸；也可以是花比较

> 照顾好自己的情绪和身体，是解决问题的前提。

短的时间做点滋养自己的事情,比如徐枫女士分享的做三步呼吸空间的练习,或者浇花、看看窗外、洗把脸等任何你喜欢的事情;还可以是花比较长的时间照顾好自己。T的核心是让自己安顿下来,这样你可以从有压力的情境或身心状态中抽身出来,所以有的地方会把T解读为"Take a step back",即后退一步。我们知道,退一步,海阔天空嘛。

吴医生,想和您分享一件最近发生的事情。前两周的一个周五下午,我和家人发生了一些矛盾,争执之后,突然意识到要珍惜自己,特别是在这个关键的节点。因此我没有再和家人正面交锋,就整理了一些衣物独自出门订了酒店,在酒店整整待了三天。除了偶尔下楼散步,就是在房间看看书(包括《八周正念之旅》),想完全放空自己。在此期间,也一直在回想之前已经上过的几次正念课程内容和做过的练习,其间一直告诉自己"容许事情的发生,顺其自然",不要把自己困在其中,也一直提醒自己,有些念头和想法不一定是事实,如果一直关注这些念头和想法,肯定会越陷越深。在这几天里,我也会做一些呼吸和身体扫描的练习。第三天的时候,突然觉得自己清醒了,整个人也放松了很多,慢慢从之前发生的矛盾和不愉快中脱离出来,不好的情绪和想法也随之淡去,于是就回家了。回家后,也没有和家人提起已经发生的事情,又开始了正常的生活。之后自己觉得，如果这个事情发生在以前，自己可能真的会和家人决裂，不会就这么轻易从这个矛盾中走出来。

上周上课的时候，您重新提到，当遇到矛盾和情绪困扰时，可以按下"STOP"暂停键，不要纠缠。因此这件事情对我来说就是给自己按了暂停键，去寻找摆脱困扰的出口。

——张磊

从张磊的分享中，我们看到，他其实已经不只是按下了STOP暂停键，而是完成了整个STOP的过程。在发生矛盾时，他察觉到了自己不对劲的状态，"要珍惜自己"，及时按了暂停键（STOP），离开了有冲突和矛盾的情境。在酒店待了两天以照顾自己（take a few deep breaths），同时也在做一些觉察自己的工作（observe），他提醒自己"想法不等于事实"的时候，意味着他观察了自己的想法，同时能够后退一步，不陷入在想法中，与不愉快的想法拉开距离。第三天，他"突然觉得自己清醒了，整个人也放松了很多，慢慢从之前发生的矛盾和不愉快中脱离出来，不好的情绪和想法也随之淡去"。他观察到了自己的想法、情绪、整个人的状态以及变化（observe）。他回家之后，不再和家人提这个事，继续正常的生活（proceed mindfully），这是照顾好自己以后有了心灵空间后做的一个选择。

也许有人会说，他没有再和家人继续说这个事，但这个事可能还没有解决。可能是的，我们也不知道究竟发生了什么事。但生活中的很多事，特别是家人之间的事，不能毕其功于一役，而是要抽丝剥茧地化解、细水长流地建设，不是吗？这次他照顾好了自己，没有和家人继续争执、让矛盾激化，以至于关系决裂，给了自己空间，也给了家人消化的空间。我相信，这是解决家庭问题的一个好的起点。我们内心安定和谐了，就不会把自己的不和谐散播到环境中，制造更多或更激烈的情绪困扰和人际冲突，让自己和其他人更不痛快。

> 困扰、疲惫时请提醒自己"STOP"。

我们怎样才能够做到提醒自己"STOP"呢？首先，我们需要好好地培养自己的觉察能力。

神性的呼唤
花苞
开始的地方

第 3 章 觉察

> 大学之道，在明明德。
> ——《礼记·大学》

踏上心灵奇旅的起点

大家去看电影《心灵奇旅》吧！我觉得它特别契合我们的主题！看完，我对"活在当下"有了更多的感性认识……

——夏青辰，女，大学生，19岁

2020年很艰难，能经历这场自我探索之旅，是困境中最大的收获。希望小伙伴们都能学会更好地和自己相处。

——姜以欣，女，公司高管，46岁

正念之旅，是一场自我探索的心灵奇旅，而踏上这场旅程的起点，是觉察。什么是觉察呢？

什么是觉察

也许对有些人来说，"觉察"这个词很容易理解；也许对有些人来说，"觉察"有点抽象。不过，没有觉察的状态，我们大部分的人都有。例如，吃饭时刷着手机里的短视频，或者思考手头上的问题，食不知味；上班路上匆匆赶路，思考着一天的工作安排，根本看不到周围的风景；一边听孩子分享班级的趣事，一边陷入自己的思绪，根本就不知道孩子在说什么，不断地用"哦""是吗"来敷衍孩子……有时候，你只是想通过刷一会儿手机休息、娱乐一下，不知不觉，你刷了半个小时、一个小时甚至更长的时间，拖到很晚才睡觉；或者你明明希望晚上早点休息，但是每晚磨磨蹭蹭的，也不知道自己都做了些什么，又拖到很晚睡觉，而且日复一日，周而复始。以上这些，在你身上出现过吗？你是否曾因为这些事情，或者类似的事情烦恼过？

大家不妨停下来想一想，你是否经常生活在一种没有觉察的状态中，而且，没有觉察的状态常常是一种让人烦恼的状态？你是否想改变，却沉溺其中难以自拔？

> 我们经常生活在一种没有觉察的状态中。

那么，怎样又算是一种觉察的状态呢？

吴医生，我终于明白了，你说的觉察，就是指静静地观察、看着自己在经历、体验着什么。

——林莹,女,已退休的行政人员,65 岁

没错,觉察就是这个意思。你早晨起床洗脸的时候,不是想着早饭吃什么、上班会不会迟到,而是感受着手碰触到水流的感觉、双手如何把毛巾拧干、毛巾碰触你的肌肤时你的感觉,这是一种觉察的状态。那觉察为什么如此重要呢?觉察可以给我们的内心生活和外在生活带来我们所期待的变化。

> 我确实有点进步的:比如我以前开车时有路怒症,谁开车让我不爽了,我就非常愤怒,想立刻变道超车去骂他,甚至有时想直接撞他的车。现在发生类似的情况,我有时候可以马上识别出自己产生了愤怒的情绪,当我识别出这种情绪的时候,我反而不生气了。当然,目前能识别出这种情绪只是小概率事件,大多数时候我还是会生气,忘记正念。
>
> ——高松,男,技术管理人员,38 岁

意识到自己愤怒,也就是觉察到自己愤怒了,"当我识别出这种情绪的时候,我反而不生气了"。就像如果你没看见前面有一堵墙,你走着走着一头就撞上去了。但是如果你看见了,自然会停下来,绕道走。所以说,觉察很重要,它是我们正念之旅的起点。

> **觉察,是正念之旅的起点。**

我们这里说的觉察，对应的英文单词是"aware"，是指有意识地注意到，是个动词；觉察对应的名词是觉知（awareness），是指有意识地观察到所有这一切的一种状态，还可以包含接纳、涵容所观察到的这一切之意。

看见是改变的开始

从前面所举的例子里，我们多少能看出，看见是改变的开始，这里的看见，是觉察到、看到的意思。看见的东西，可以很浅显，就像看见前面有一堵墙一样；也可以很广阔、很深邃，就像"见自己、见天地、见众生"一样。

在镜子中看见自己的模样，对大部分人来说，并不难。但是看到自己的情绪、想法，对自己的身体有更好的觉察，并不容易，尤其是当我们受情绪困扰的时候。而看见这些，并与这些让人烦恼的思绪、情绪、身体不适等相处，反而是跳脱出这些纠缠的一条途径。当我们能够去观察自己的思绪、情绪的时候，我们已经与它们拉开了距离。

薛佳宁是个乐观开朗的女性，很不幸的是，她在四十四岁的时候罹患了癌症。不幸中的万幸是，是原位癌，没有扩散，她也及时做了肿瘤根治手术。术后她很焦虑，让她更焦虑的不是癌症复发，而是她为自己担心癌症复发感到焦虑。她因为这样的焦虑而不认可自己。因此，她来参加了正念课程。

在上完第四课（认识自己的厌恶心）后，佳宁说："在学习正念之前，我十分不愿意出门，因为行走时，脑子中的念头和情绪不受控制、此起彼伏，人也被困在各种情绪中。每次走路都要边走边和自己的念头、情绪做斗争，努力摆脱，却陷在情绪的旋涡中，出不来，同时对自己特别失望，不知道自己为什么变成了这样。开始学习正念后，了解到这是心智模式的自动导航，我开始进行正念行走，用心感受行走时的身体感觉，认真观察周围的人和风景，同时对大脑保持觉察。在能及时察觉到有念头产生时，我开始有了成就感，也能把注意力拉回到当下。我现在已经不怕出门走路了，同时理解了活在当下的意义，也开始不再对自己失望。"

感谢佳宁，给我们分享了一个全身心地投入当下的活动，并对自己和周围环境加以觉察，从而从思绪和情绪的旋涡中跳出来的生命故事。我很欣喜，她重拾了对自己的信心和对生活的热忱。见自己、见众生和见天地（认真观察周围的人和风景），给她带来了巨大的改变。

> 正念是全身心地投入当下的活动并加以觉察。

有学员和我分享他们生活中的事和他们的想法、情绪和感受，并坦诚地说出自己抑郁、焦虑等的经历，这让我发现痛苦并不是"我自己出了什么问题"，而是具有普遍性的。我能看到人类共同的苦难，看到我们共同的想法、情绪和反应模式，看到每个人的生活都如此不容易。我本来不爱说出让自己不开心的感受，喜欢伪装成快乐无忧的小姑娘……但我现在很愿意分享，(有时候)我变得开放、正念、慈悲、自由。我希望每一个人都能从痛苦中脱身，我希望为每一个人带去祝福。

——夏青辰

当我读到青辰的这个分享的时候，非常感动。"痛苦并不是'我自己出了什么问题'，而是具有普遍性的……每个人的生活都如此不容易。"这是另一个层面的"见自己，见众生"，而由此生出的慈悲和祝福之心，也让青辰变得更加有爱、更加自由。

> 痛苦并不是"我自己出了什么问题"，而是具有普遍性的。

觉察贯穿整个旅程

公元前六世纪，希腊德尔斐神庙阿波罗神殿门前有三句石刻铭文，其中一句是：认识你自己。柏拉图认为："知识的精髓是关于自我的知识。"而我们正念之旅的一个重要部分，是自我探索。自我探索和成长，是个毕生的旅程，觉察，则贯穿了整个旅程。

在高松分享的对自己愤怒的觉察中，他提道："目前能识别出这种情绪只是小概率事件，大多数时候我还是会生气，忘记正念。"也就是说，我

> 觉察力的培育，是一个持续的过程。

们的觉察力不是一直"在线",需要不断地去培育并有意识地加以应用,否则我们很容易就"忘记正念"或"失念"。所以,觉察力的培育,是一个持续的过程。

苏格拉底将"认识你自己"作为自己思想的基础,并要求诸弟子用毕生精力去研读它。我们认识到的自己,不断地在深化;我们作为生命体,也在不断地成长和更新。因此自我探索,是个终生的旅程。

杨亦萍是个很漂亮的女子,她"善良"到在意识层面"衷心"祝福"劈腿"后抛弃自己的前男友今后喜结良缘、获得幸福;"善良"到设身处地为幼时把自己丢给奶奶照顾、到国外留学后又在外地工作的妈妈着想。对他人不合情理的善良,是对自己的不善良:把愤怒、攻击性都指向自身了。杨亦萍一直过得郁郁寡欢,后来抑郁了。在治疗中,她逐渐能够允许自己的悲伤流露出来,可以心疼自己、为自己哭泣;认识到她对失去重要的关系是多么恐惧,因为这样的恐惧,她的愤怒都被深深地压制住了。在她的幻想中,她必须得表现得乖巧、懂事、善解人意,才不会被抛弃,但事实并非如此。当压在她心里的这些情绪重担逐渐地松动、被体验到、流动起来、被排解出去以后,她内在的力量也在不断增长。她在梦里,开枪打死了前男友;白天幻想自己在狠狠地扇前男友耳光。她对妈妈表达了她的失望和不满。"妈妈没有选择我,而是选择了工作,这不是我的错。""我现在看清了,

> 自我探索,是个终生的旅程。

他是个'渣男',感谢他的不娶之恩。""我感觉自己被更新了。"我看到了她的灿烂笑颜,从心底流淌出来的力量、自信,以及重新燃起的对生活的希望和热情。

培育觉察力

觉察如此重要,我们如何培育自己的觉察力呢?

我们每个人都拥有的宝藏

"我这个人很迟钝的,我行不行啊?"曾经有学员这样问我。我告诉他,你一定可以的。我们每个人都有觉察力,它是我们每个人都拥有的宝藏,我们只需要去培育它、开发它。也许每个人的起点不一样,进展速度不一样,因为我们都是独一无二的个体。也许一开始你还是会带着一些疑虑和不确定,但是不要一开始就否定自己,而是从现在开始,就带着要培育自己的觉察力的意识,用心耕耘自己的心灵花园。世上事有难易乎?为之,则难者亦易,不为,则易者亦难。这一点,我在学开车上体会很深。

我是个方向感很差的人。2011年,因为要去美国西雅图长居一段时间,在那里没车寸步难行,我不得不在国内学开车,拿了驾照。学开车算是我一生学习中最用心的了:笔记本、录音笔、录像机都用上了,因为我想象不出我转方向盘的时候,车轮是怎么转的。教练说:"没见过你这样的。"每次在学车回家的地铁上,我都很沮丧。倒桩停车模拟考要付费,其他人一般是模拟一次,我模拟了五次。好歹我考试全部通过了。到了美国,我又重新练习了很久,才敢自己上路。刚一个人上路的时候,谁按喇叭我都觉得是在嘀我,我又开错了吗?好像没错呀?不管怎样,后来也开到了分娩前四天,直到家人坚决不让我开了,才停下来。

2013年回国后发现,上海车水马龙,出门打车很方便,不需要自己会开车,于是我又不会开了。2018年,行至陕北,当地道路宽阔,人烟稀少,在朋友的鼓励下,我又重新开上车了。回到上海,经过努力,我总算是会在路上开车了,但是不会停车。到了停车场,我都很老实地请保安帮我看一下,就怕撞了别人的车。经常是保安或边上经过的人看不下去了,说:"要不我帮你停吧?"我开心地连连答应。但脸皮总不能一直这么厚,对吧?经过刻意练习,我现在勉强算是会停车了,因此也算是会开车了。我

> 世上无难事,只怕有心人。

在开车上虽然是笨鸟慢飞,但是学开车给我带来的欣喜和成就感,却是最大的。

培育觉察力的方法

我们回到如何培育自己的觉察力这个问题上。

正式练习

本书所附的所有音频,都是帮助大家培育自己的觉察力的非常好的材料。大家可以听二维码里面的音频,

选择在一开始让自己特别有感觉或者感觉比较好的音频，每日一听，长此以往，我可以保证，你的觉察力一定会提升。

苏桦自己开了个公司，总体来说，生活、工作都可以。但是生活中，谁都有些来自过往的或现在的或深或浅的伤痕，也因此，她来到了正念课堂，希望能够对自己有更多的认识并获得成长。在课程开始的时候，她说："我很奇怪，为什么别人都能说清楚自己身体哪个部位感觉不舒服、怎么个不舒服法，我最多能够说哪一大片身体区域感觉不舒服。有一次我阑尾炎发作，我还以为是自己饿了，狂吃了两天。后来和别人说起时，人家说，你这不会是阑尾炎吧？到医院一查，果然是。"她问我，这个课程能帮助她在这方面有所改善吗。我说，只要你跟着课程走，按照要求做，结束时肯定会改善。没想到，两个星期后，她很开心地说："我每天都做身体扫描，特别是早上醒得早，我做完身体扫描又可以睡一会儿。我上课之前摔了一跤，有一大片区域都很疼，也说不上是哪里疼。昨天，我感觉在脊柱的腰部那里，还有些疼痛。我能感觉得这么清晰，这在以前是不可想象的。"我也很为她高兴，说实在的，她对身体的觉察力进步这么快，是在我意料之外的。

觉察力提升，是每个认真进行正念修习的学员的共同感受。

日常生活中的点滴渗透

我们在学习一些新技能或者强化一些技能的时候，

一般需要通过专门的练习来提升。但是别忘了，正念其实是在生活的每时每刻当中的。任何时候，都可以是一个进行正念修习的机会：此刻的阅读、每个呼吸、走路、吃饭、喝水……

关于生活中的正念，我是这样做的。把"正念的态度：非评判、信任、接纳、耐心、初心、无争、放下、感恩、慷慨"这 24 个字设置成我的手机壁纸，只要打开手机，我就能看到，生活中时时刻刻提醒自己保持正念的态度和正念的行动（电脑壁纸同理）；找到自己生活中有哪些时间点容易处于不正念的状态，努力提醒自己记得保持正念的状态。不正念的状态包括不停地追问过去和思考将来，下班了还在不停地分析、思考、担心白天已经做过的工作，不停地想并计划以后的事等。哪些时候更容易不正念：走路的时候？洗澡的时候？坐地铁的时候？坐车的时候？洗脸、刷牙的时候？跑步、健走的时候？这些时间点都是我更会胡思乱想的时候。我具体是这样应对的：走路、健走、锻炼的时候，我会去关注自己的呼吸或者脚底与地面接触的感觉，或者数呼吸，数呼吸可以更好地保持对呼吸的专注；坐地铁、坐车的时候，可以听老师的身体扫描音频，也可以感受自己的呼吸。洗脸、洗澡的时候，我会关注温水、毛巾、沐浴液、洗头膏给自己身体带来的感受，可以是香味，可以是触觉，可以是毛巾热热的舒适感。刷牙的时候,我会把注意力放在牙刷和牙齿的接触上,或者关注双脚站在地上的感觉。生活中的正念是说起来容易,做起来难,难的就是时刻保持、时刻想到正念。

葡萄干练习和日常生活中的正念的转化分享如下。我饭后散步的时候,除了关注呼吸,数呼吸,关注脚底的感觉,还会观察迎面而来的一个个灯柱,观察每个灯柱的特点:亮度、形状、花纹、里面小花的细节。插在不同的灯柱上面的树叶都不同。这和葡萄干练习也差不多。觉察了自己的视觉、呼吸、触觉,专注力和觉察力提升了,这时候就不容易胡思乱想了。

——高松,男,技术管理人员,38岁

高松分享了他是如何在生活中保持正念的,以及生活中的正念给他带来的变化。时刻保持正念的确很难,我们也不需要一开始就对自己要求这么高。我们可以先在日常生活中,提醒自己有意识、正念地去做一件事情:无论是吃饭、走路、洗澡,还是……大家可以先尝试两个礼拜,看看是否会有什么新的体验。

以前我只把吃饭当成补充能量的一种方式,但是当我好好地品尝饭菜的味道的时候,我发现吃饭本身就能给我带来很丰富的体验,很有趣,很享受。而且,当我全身心地吃饭的时候,我发现自己不再有那么多的思绪,头脑清明、放空,整个人很轻松、自在。

——李恒,男,企业家,45岁

当我们有意识地觉察自己、觉察自己的生活的时候，很可能我们会有一个惊奇且令人沮丧的发现：生命如此丰富和广阔，而我们居然大部分的时间活在小小的头脑里。我们是否需要放慢脚步、仔细思量，在生活中做出更有利于长远的健康和幸福的选择，并承诺为自己的健康和幸福负责，用行动切实地实践自己的选择？

> 好好吃饭。

转个不停的生活啊
安得
自在 轻盈

第4章 选择

穷则独善其身,达则兼济天下
——孟子,《尽心章句上》

目前可能的生活样貌

忙碌和疲惫

又一年蓦然回首,
步履匆匆不曾停留。
忙碌的城市,
疲惫而温柔。

这段歌词所描述的生活状态,你熟悉吗?有没有可能你正身处其中而不自知?或者你知道自己是这样子,想调整、改变却难以摆脱?我们的生活状态是否经常是这样的:整个身心为了生活不断奔忙,关注的焦点在一个接一个的外在任务上,往往忽略了生活中存在的许多其他事物，也忽略了自己。也有可能事实上我们并没有做太多的事情，但总是感觉不得闲，似乎有一种紧迫感，心灵空间被各种情绪和想法塞得挺满。

我们大部分人经常处于疲惫的状态，只是我们并不一定能那么清晰地觉察到；或者我们已经意识到了，但是当我们需要为生活而奔忙的时候，我们觉得自己没有机会停下来修整、安顿、照顾身心；或者我们用以休憩的时间，在这个信息时代，被电子产品中的各类碎片化信息占据了？或者，我们尚未有好好照顾自己的意识？或者，我们想好好休息、照顾自己，但还没有找到好的方法？

曾经有一个身强体壮的朋友问我："为什么我周一到周五上班的时候都精神抖擞，但是周末两天却感觉很累呢？"我说，那是因为周末两天你才有时间松懈下来感觉到累。在我做正念教学和培训的经验中，很多学员在课堂上发现："我欠自己好多哈欠"；或者在正念练习的过程中，才体验到身体沉积已久的各

> 我们大部分人经常处于疲惫的状态。

种不适。身体的重要性对每个人来说不言而喻，为什么我们中的很多人，在平时会忽略自己的身体健康呢？

碰壁迫使我们停下审思

我们中国有句古话：不撞南墙不回头。当一切都朝着自己预想的目标在前行的时候，我们往往感觉不到自己的生活状态有什么问题，生活状态包括生活方式、思维

模式、情绪处理方式、人际关系模式等。通常是我们在生活中碰到挫折,特别是挫折大到让我们会丧失自己非常珍惜、渴望的健康、人、事物、关系的时候,我们才会停下来,努力让自己减少痛苦,反观自己的生活,反思自己。

高翔是个科技工作者,也是行业中的翘楚。在公司的一场人事变动中,一直欣赏、提拔自己的领导离职了。新领导的业务能力不如高翔,又不时打压他,高翔也防着新领导给自己出难题。高翔感到很焦虑,同时出现了睡眠障碍、严重脱发等问题,但这些也迫使他一直高速飞转的生活慢了下来。"我以前的生活只有工作,家人也挺支持我的,我的整个家族也以我为荣。但是我为什么这么拼命地工作呢?不断地攻克一个又一个项目,脑子永远在高速运转。我儿子上小学三年级了,我一次也没有接送过他上下学。我下班的时候,他常常已经睡了,我起床的时候,他已经上学去了。我以前周末至少有一天是上班的,另外一天他也不会来找我。有一天我突然感觉到很寂寞、很难过。小时候,我父亲在外打工,我儿子现在和我小时候有什么本质区别吗?有一个可以引以为荣的父亲?这是他需要的吗?我老婆只是需要一个可以引以为荣的老公吗?我现在一边看病,一边在认真思考我的生活。工作十几年来,这是我第一次停下来反思自己的生活。我培养的人都可以独当一面了,我自己现在六点半就回到家了。儿子写完作业,我陪他下下棋、一起运动一下,这让我感觉很温馨。好像我这会儿才真的有了家庭生活,孩子才算有了爸爸,我老婆脸上的笑容也比以前多了。"

亲爱的朋友，如果你现在在生活中碰到了麻烦甚至自觉痛苦，请记住，凡事真的不只有糟糕的一面。痛苦是另一种形式的礼物，它帮助我们打开生活和生命另外的维度，只要我们不让自己白白受苦。上帝为你关上一扇门的同时会为你打开一扇窗。我们不会一直生活在灰暗甚或黑暗中，但我们需要懂得，如何向光而去。正念，会是照亮你心灵的光。

> 痛苦是另一种形式的礼物。

当然，如果我们不需要等到陷入麻烦、痛苦的境地，就能够有意识地反思如何提升和改善自己和他人的生命和生活状态，那更是善莫大焉。

选择自己的生活

> 我每天的日程都安排得很满，似乎就没有停下来的时候。要说真的一刻也不得空吗？那倒也不见得，但总感觉自己处在一个很忙碌和紧张的状态里，就像一直在开快车一样。要说现在生活中有什么紧迫的事情吗？其实也没有。为什么一直这么忙？我自己到底想要什么样的生活？这两个问题，我还真没有想过。
>
> ——高嘉峻，男，工程师，38岁

你想要什么样的生活？在你的条件允许的范围内，你想要以及可以达到什么样的生活状态？你真的仔细想过吗？

有可能，我们想过自己想要的生活：有什么样的工作、挣多少钱、每天工作多少小时;住什么样的房子;有什么样的伴侣;是否结婚、是否要孩子、要几个孩子;有闲暇做喜欢的事情、三五好友……无论我们想要什么样的生活,总体而言,是根据我们的现实条件和追求,让自己过得健康、快乐、有意思。

接下来,我想从生存状态和存在状态的角度,来对我们每个人可能都有的生活状态进行描述。

生存状态与存在状态

生存状态与存在状态下的生活一瞥

我吃饭的时候,无论是自己吃,还是和朋友吃,都会看手机;走路的时候爱听音乐。我觉得要把时间都利用上,结果把自己的脑子塞得满满的,不停地在做事,好像一刻也得不到休息。上周家庭作业是生活中的正念。我们每天都要吃饭,我有一天点了一道菜,其实那道菜很普通,以前的我肯定不会觉得好吃。但是那天我很用心地在品尝那道菜的味道。当我只是投入地吃饭的时候,我感觉到自己很专注,脑子也很轻松,每一口的味道都很丰富、很美妙。我有些诧异:怎么这么好吃呢!顿时觉得很开心。走路的时候,我让自己不要听音乐,并开始注意周围的环境和自己走路时的感觉。有一天傍晚,我看向天空和天上的云彩,天很蓝、很清澈,橙红色的云彩透着亮光,在空中慢悠悠地飘着;空气中飘浮着梧桐叶的清香;阳光洒在我身上,暖暖的。

> 我觉得那一刹那很美，心里一下子很有空间感，脑子也很空，幸福感油然而生。我突然明白了活在当下的意思，原来可以这样简单和自在。
>
> ——范丽莹，女，销售经理，38岁，
> MBCT第二课上的分享

"把自己的脑子塞得满满的，不停地在做事，好像一刻也得不到休息"，这种状态下的生活你熟悉吗？这可以归于一种生存状态下的生活。而丽莹后面分享的吃饭带来的开心和走路时享受天空、云彩的状态，是一种全然活着的存在状态：活着、安住于自己，做事时开放自己的感官——视、听、嗅、味、触等，与自己和周围环境产生丰富而真切的联结。对于这两种生活状态，我接下来会进一步加以描述，丽莹的分享能让大家先对这两种状态有个初步的了解。

> 这个课程在某种程度上改变了我的生活状态。我找到了那种活在当下、顺其自然、为所当为的感觉，心里开阔、松弛了很多。以前的生活似乎总是在不停往前赶。我原来以为自己做了很多事，特别是得了焦虑症以后，觉得每天都被塞得满满的。现在回过头来看，我没有做多少事，就是正常上班、生活、就诊。其实是脑子想太多了。确诊焦虑症以后，脑子就想得更多了，简直一刻也没有停过。
>
> ——范丽莹，女，销售经理，38岁，
> MBCT第八课上的分享

曾经有人问卡巴金老师，为什么我要来参加正念减压课程？卡巴金老师回答说，你希望自己从单纯的生存到生活吗？(Do you want to go from just existing to living？) 在我的理解里，existing 是一种生存状态 (keeping alive) 下的生活，而 living，在这里指的是一种存在状态 (being) 下的生活。

生存状态与物质丰富程度并不直接相关

说生存状态，也许会让人联想到食不果腹、为了活下去而努力挣扎这样一种生活状态。手捧本书的你，大概率已经不用再考虑基本的生存问题了。你的生活，还有可能会是一种生存状态下的生活吗？作为这个星球上最有灵性的生命体，人的存在不只需要物质的满足，还需要满足情感和人际联结、得到尊重、自己的抱负得到施展等精神需求。

在人本主义治疗大师马斯洛的需求层次理论里，人的需求可以简单地分为五个层级：基本的生理需求、安全需求、爱和归属的需求、尊重的需求、自我实现的需求。前三个需求属于缺失性需求，也就是生活的必需品；后两个需求属于成长性需求，简单来说，算奢侈品。

曾经我以为自己物质生活无虞、工作稳定，我依然很努力工作，是为了得到尊重和自我实现。后来，当我对自己有更多的了解以后，我发现，自己内心深层依然生活在前三个需求里：我需要感觉自己优秀，这样内心才会有安全感；优秀来源于比较，而比较永远有不同的评价标准。搞了半天，我内心原来还一直停留在努力获得缺陷性需求的满足上：因为内在的匮乏和不安全感，让我停不下追逐的脚步,所以我的生活状态蛮偏向生存状态下的生活。而我曾经的生活更多地处于生存状态,这与我内心的匮乏有关。当我把目光投向周围的世界、周遭的人的时候,我发现,像我这样的人其实还真不少:在欲望和比较的推动下奔忙,忽略了内心真正的需求和自己真正应该承担的责任,比如照顾好自己,培养、照顾好孩子……

> 很多人现在的生活更多地处在生存状态下,这与内心的匮乏有关。
> 你也在欲望和比较的推动下奔忙吗?

我明白了快乐并非来自欲望的一时满足和感官的短暂刺激,而是源于内心的平静、安然。我发现自己在摆脱了惯常的反应模式、看到了自己长久以来的困惑和悲伤后,感到自由和快乐;我发现在追求欲望的满足之后,随之而来的却是空虚、无能、自恨、焦虑和痛苦。

——夏青辰

上了这个课之后,我开始去区分欲望和需要。欲望常常是在和别人的比较下的追求和索求,满足了,我也会感到快乐。但是这种快乐很短暂,新的欲望又会产生,永不止息。而为了实现欲望,我经常生活在压力、烦恼和不足中。仔细想想,我真正的需要,其实没有那么多,而且我大部分也都已经拥有了；而有些需要很简单，比如我想十一点之前入睡，有更多的睡眠时间。但以前十一点的时候，我总想着要看看论文、书。一工作大脑就兴奋，过了十二点大脑皮层更兴奋，就睡不好了。结果，这么简单的一个需求，四五年都没有实现。我是医生，我对自己的健康都不负责，却一直叮嘱我的病人保持健康的生活习惯，说来也好笑。现在我十一点半之前就会去睡，生活真的轻松自在了很多。

——如歌，女，医生，40岁

诚然，如果是在食不果腹的情况下，的确需要为了在物质上能够存活下去而努力奋斗。但是现在生活中的实际

> 正念可以帮助我们把生存状态下的生活逐渐转化为存在状态下的生活。

情况是，很多人的痛苦与实际需要的物质生活条件是否充足没有关系。很有钱的人的生活也是紧张地在生存状态下奔忙，达到小康水平的人也可以活得悠然自得。如果内在的匮乏感让我们外在的生活更多地处于生存状态，通过正念不断浇灌我们内在生命的种子、滋养我们的内心，生存状态下的生活可以逐渐转化为存在状态下的生活。

生存状态下的生活和存在状态下的生活的比较

接下来，我从外部生活和内在生活的角度，谈谈这两种生活状态的区别。

（1）外部生活

	生存状态	存在状态
生活方式	目标导向的生活模式，注重结果；达成结果后立即投入到下一个目标的追逐中；屏蔽掉目标之外的事物，或者无暇关注目标之外的事物；为了目标可以牺牲自己的健康，以及为了给家人提供好的物质生活为由牺牲生活为由牺牲与家人、朋友相处的时间	既注重目标，也关注达成目标的过程；开放地觉察目标之外的事物，与周遭环境保持联结；会关注自己和他人的更广泛的需求，包括身心健康，对温暖和关爱的关系的投入、建设和维护
对生活的态度	日复一日，乏味无趣	鲜活、带着好奇与初心，觉得有很多未知和值得探索的事物和空间
生活的样貌	被一件又一件的事情推着走，忙碌不停，经常觉得"迫不得已"；以惯性完成熟悉的日常任务	有意识、有选择地做事；在日常生活中，开放自己的视、听、嗅、味、触五感，对做事情的过程保持觉知，体验到完成事情本身的乐趣
与自己的关系	把自己工具化，不会有意识地安排自己的休闲娱乐等自我照顾的活动，会不自觉地陷入一些补偿性的行为来"照顾"自己；比如过量进食，不时沉迷于手机游戏等	尊重自己作为人的需求，有照顾自己的意识和相应的行动，有意识地安排自己的闲暇等的娱乐活动
与身边的人的关系	任务导向，缺乏深度情感联结	会关注对方的情感、兴趣等方面的需求，建立牢固的情感联结
与周围环境的关系	"装在套子里的人"，与任务之外的周围环境缺乏联结	保持与周围环境中的人、事、物的联结，感受存在中的丰富性、变化

(2) 内在生活

	生存状态	存在状态
内在生活时间	活在对未来的计划、幻想、期待、忧虑、沮丧或者对过去的懊悔、痛苦或欢乐的追忆中——活在他处	活在当下
对经验的感知	通过过去的经验或者知识所形成的概念来对当下的体验进行判断	通过开放视、听、嗅、味、触五感,以及自己的情感,全身心地投人到生活中,获得直接的生命体验,并与生活建立真实、密切的联结
对想法的态度	把想法当作事实	把想法当作因境遇产生的心理事件,想法并不等于事实
对情绪的态度	回避、推开、逃离痛苦的情绪体验,不能耐受自己或他人的痛苦,或者反而被痛苦所纠缠	接纳所有的情绪体验,把痛苦当作生命体验当中丰富的生命体验的一部分,允许其自然地来、自然地去
对衰老、重疾、死亡的态度	回避这些生命的自然进程和无常,不敢、不能或不愿意在心理上面对,考感这些生命议题	能够面对这些生命议题,认识、接纳生命的短暂和无常,由此更加珍惜生命
对生命的接纳	对自己、他人、周遭环境、内心常常生活不太满意的状态里,自己"应该如何"的标准,内心冲突多或者容易与他人产生冲突	如其所是地接纳自己、他人、周遭环境,生活的本来貌,自我和谐也与环境相和谐

请你花时间仔细反思一下,你现在的生活更偏向于什么样的状态?邀请你拿出笔,基于上述外部生活和内在生活的六个方面,勾选出你更偏向的一种状态。

	偏生存状态	二者兼有(比较平衡)	偏存在状态
外部生活			
生活方式			
对生活的态度			
生活的样貌			
与自己的关系			
与身边的人的关系			
与周围环境的关系			
内在生活			
内在生活时间			
对经验的感知			
对想法的态度			
对情绪的态度			
对衰老、重疾、死亡的态度			
对生命的接纳			

根据上表所列的内容,大家可以对自己的生活进行反思并进行大致的归类,大家发现了什么呢?

如果只是从外部表现来看,生存状态下的生活和存在状态下的外在生活,都一样是在做事情、进行人际交往,似乎看不出什么根本的区别。但是做事情时的内在生活状态,也就是我们的心智品质——生存状态下的心智品质和存在状态下的心智品质,有着本质的区别。而心智品质，影响了我们整个生活的品质。我们从正念课堂上许多学员的分享中也可以看到，从做事情的角度来看，他们外在的生活没有什么大的变化，但是他们的心智品质改变了，这带来了整个内在生活的改变，并且促使外部生活品质得以改变。

亲爱的朋友，我们通过此书在这里结缘，我想很可能的原因是你碰到了困扰，自己难以解决，希望这本书能够给你一些启发或方法，有助于你走出困境。在这里谈想要什么样的生活，有点远水救不了近火之嫌。诚然，从排忧解难的角度出发，正念的技术对大家而言见效更快、更实用；如果从长远的幸福的角度出发，认真思考我们自己想要什么样的生活，是有必要的。不过，这二者不是截然独立的，而是交融在一起的。对大部分人而言，一开始是从正念的技术中获益：改善睡眠、调节情绪、提高注意力和觉察力等；正念的理念也逐渐渗透到自己的观念、生活中：自我照顾、想法不等于事实、顺其自然、活在当下等。慢慢地，通过学习正念的技术和理念，在与压力和痛苦的相处和转化中，学员们的价值观、生活方式等发生了更有助于身心健康的改变。

如果说到我们想要的生活，考虑的维度是有什么样的工作、住什么样的房子、和什么样的人结为伴侣，正念并不能直接在这方面帮助到我们。但是如果你想要的生活，是从

> 所有正念修习的本质，在于对存在状态下的心智的培育。

生存状态更多地转化为存在状态，或者在二者之间取得更好的平衡，那走上正念之旅，就是走在转化的旅程上了。这个转化，更关乎我们的心智状态；而所有正念修习的本质，在于对存在状态下的心智的培育。

对幸福的追求与承诺

如同之前很多正念课堂上的学员的生命经验所呈现的，在存在状态下的心智，更容易体验到当下平凡生活里的喜悦和幸福，即便生活中依然存在艰难与压力。亚里士多德曾经说过，人的行为的终极目的就是幸福。诺贝尔经济学奖获得者安格斯·斯图尔特·迪顿（Angus Stewart Deaton）在2008年、2009年对45万美国人进行了调查，以研究美国人的收入如何影响其主观幸福感。研究发现，收入与主观幸福感之间是有关系的，但是当年收入超出7.5万美元后，不同收入个体之间的主观幸福感就没有那么大的差异了。当一个人在吃、穿、住上的基本需求得到满足以后，收入增加对幸福感的影响很小。1938年，哈佛大学由乔治·瓦利恩特（George E.Vaillant）和谢尔顿·格鲁克（Sheldon Glueck）主导的对724名年轻男性超过75年的纵向研究的结果发现，给人带来健康幸福生活的，并非我们很多人孜孜以求的金钱、权力、成就、名望，而是爱、良好的伴侣、家人、朋友和社会关系。幸福的人知道自己真正想要什么，能够有更多的选择，更加积极地去解决问题，珍惜所拥有的、看淡求不得的。

正念是一程自我探索的修心之旅，也是抵达内心之爱的路。自我理解、智慧慈悲之人，与自己和谐，也与他人、周遭环境和谐。愿我们都能更好地了解自己真正的需求，走在帮助自己和所爱之人获得健康、幸福的路上，并承诺为此付出持之以恒的努力。

我在工作中发现，很多受各种苦恼甚至痛苦情绪困扰的人，在与别人的相处中，很为对方考虑，而且重约守诺。但是他们却对自己的需求、自己的健康、如何照顾自己、如何让自己过得舒适开心考虑甚少。即便知道，也常常会因为工作、他人的需要等"更加重要的事情"而压缩照顾自己的空间。"我对别人的生命看得很重，会感知别人的痛苦，生怕他们消逝，但是很少关照和心疼自己。通过学习，真的意识到关照和心疼自己是多么重要，自己都不真的爱自己，还怎么能去关爱别人呢？"类似的情况，大家熟悉吗？作为一个成年人，为自己负责，照顾好自己，是我们每个人的首要责任，不知大家同意吗？如果你同意的话，那就给自己一个承诺：承诺为自己的身心健康和幸福负责，并坚定地行走在能帮助自己获得健康和幸福的道路上。

> 我们对自己的健康和幸福要有所承诺。

寻找适合自己的平衡

当我不那么忙，没有紧急的任务要完成的时候，我就比较能静下心来，正念地投入到日常生活中，也会感受到自己和自然有更多的联结。比如，我洗澡的时候，感受水流在身上流过，就像溪水流过身体；认真吃饭的时候，我仔细品尝各种食物的滋味，也会体会到自己与五谷、阳光雨露的联结。这些时候，我会感觉到平静和幸福。但是如果我忙碌起来，我还是忍不住在吃饭、走路的时候想事情。要是任务马上要交，我就会一头栽到工作中，正式的正念修习都没有时间做，更做不到在日常生活中保持正念。这种情况小伙伴们有吗？大家是如何处理这样的情况的？

——蔡云瑶，女，财务，30岁

课堂上所有的小伙伴都有这样的情况。我想除了开悟圣者，作为凡夫俗子的我们，无法时刻保持在觉察的正念状态，我们也无须这样要求自己。正念帮助我们放慢脚步、安住于自己和当下，这需要你腾出时间和空间给自己，有意识地加以觉察。凡尘中，我们总有能预期或突如其来的压力事件和忙碌状态，我们要集中精神去达成目标，有时甚至疲于应对。在这种状态下，保持正念比较困难。在前面的生活状态的选择里，我们的三个选项分别是偏生存状态、二者兼有（比较平衡）、偏存在状态。对我们大部分人来说，本来就没有完全的生存状态或者完全的存在状态，我们都要根据自己的需求、所处的实际情境，找寻适合自己的平衡。

正念可以帮助我们把生存状态下的生活逐渐转化为

存在状态下的生活，不过首先需要我们对自己的健康和幸福做出承诺，并付出持之以恒的努力。就如同你想长期拥有好身材，不是坚持两个月（注：MBSR 八周课程和 MBCT 八周课程都是持续两个月左右）的饮食管理和健身就可以了。修心和健心，也是一项持续终身的承诺和行动。

正念是如何帮助我们不断提升自己的觉察力，让我们有更多的自我理解、智慧和慈悲，让我们的生活状态更多地偏向于存在状态下的生活的呢？卡巴金老师一直强调修习，特别是正式的正念修习的重要性。种子需要不断浇灌、培育，才能长成参天大树。我记得这样一个小故事：一个人要练力气，他师傅就让他天天抱着一只刚出生的小猪上下楼，小猪日渐长大、长肥，他的力气在这个过程中不知不觉地也就变大了。我们的心，也会在这日复一日的修习中变得宽广、深厚而有弹性，并不断地延伸到自己的日常生活中。

在我的经验中，在上 MBCT 八周课程的时候，大部分的人会认真上课，课后也认真完成每天约 45 分钟的作业，这些人从课程中的获益最大。在我的课程中，在接近三十分钟的身体扫描练习的过程中睡着了，也算是完成作业了。坚持修习的困难更多的是在课程结束后。好了伤疤忘了疼，是人的共性。当我们不痛苦的时候，生活中总是有这样或那样的诱惑，这样或那样的责任要去承担，这样或那样的事要去完成。简言之，总是有其他更重要的事情要做，没有时间修习或者忘记了。但是的确那些长期坚持修习的人，在个人生活、生命成长、人际生活方面，从正念中获得了最为长远、深刻的帮助。我们通常不会忘记吃饭，因为不吃饭，饿了就没有能量，满脑子想的都是吃的，啥事也干不了，啥也不想干。重要的事情，我们一般是不会忘记的。所以，有没有时间去做正式的正念修习，更多的是在于这件事情在你的日程表中的优先级如何。

> 有没有时间去做正式的正念修习，在于你的选择。

现在正念修习已经和吃饭一样，变成了我的生活的一部分，或者说，正念是一种生活方式。我课间休息的时候，会做一下头部放松八步操，我还把这个教给了我的同事。中午在办公室小躺椅上一边听身体扫描音频，一边休息，这样一整天精神都挺好。每天晚上睡前做一遍三步呼吸空间，这样把一天的事情、情绪都整理了一遍。我的家人、朋友都觉得我的精气神比以前好了很多，人也开朗多了。我和儿子的关系也改善了，我没有像以前那样焦虑、担心他的学习，也不再担心人家说，你自己当老师，怎么儿子的学习都管不好。我放下之后，他自己反而挺自觉的，这学期学习成绩进步很大，人也懂事很多。我以前也一直知道要过好自己的日子，不要太多干涉青春期的儿子，但就是不放心、做不到。我也不知道自己怎么就真的从心里接纳了、放下了，也许这就是一个日积月累的过程吧。自己心安了,就接纳、放下了。

——周华,女,教师,MBCT课程后一年

也许还会有朋友说,我想做,但是没有条件:孩子在家我要管他,没法安心做,等等。我想起在我的正念课堂上,

> 日复一日的正念修习会给我们的生活带来长远而深刻的帮助。

那时还没有新冠疫情,学员都是到医院来上地面的课程。曾经有一个妈妈,说每天晚上都是她陪孩子,两岁多的孩子离不开她。我鼓励她来上课,看看孩子会有什么反应。她上完课回家,发现她孩子好好的,孩子没有哭闹不休,表现出离不开妈妈。她开始反思,是不是自己离不开孩子、离不开孩子对自己的需要。我想说的是,如果要说没时间、没条件,永远都能找到没时间、没条件的理由。但理由永远只是理由。

这里我想分享生活中两件很触动我的事情。一件是,从我家到去接孩子放学的路上,7年来,我都会看见一位大叔光着膀子在街边专注、快速地跳绳,身上八块腹肌清晰可见。冬去春来,年年如此,这位大叔7年来也一直未见老。我很感慨,我一直嗟叹自己没有时间和条件锻炼身体,其实也就是为懒惰找的借口。真正想锻炼,哪里一定要上健身房,更重要的是自己的选择和自律。

另一件事是,我很喜欢各式的绿植,在微信朋友圈

里看到朋友家阳台上养的各种明媚鲜妍、苍翠的花花草草，我很羡慕。我心里想着，以后如果换房子，也要换个有大阳台的，可以好好养花。直到有一天我看到了下图里的风景，心里大为触动：这些花草的园丁，就这样给自己、给他人创造了一个小花园，自怡怡人。

愿我们都能给自己创造条件，培育我们每个人心灵花园中的种子，让我们心中的芬芳、宁静与蓬勃生机也有机会绽放。

以前即便阳光普照，我看过去的天空也是灰暗的；现在即使天空是灰暗的，我看过去的天空也是蓝的。

——邹璞，女，教师，40岁，

MBCT课程第八课上

亲爱的朋友，之前你从生存状态和存在状态的角度对自己当下的生活进行审视、评估和反思的时候，有没有发现：生存状态下的生活，非常多的时刻，是活在头脑里的？在第 1 章正念的态度"初心"中，我举了陈晓吃葡萄干的例子。她在青春期和妈妈的抗争内容之一为是否吃"葡萄面包"，从那时起，她认为自己是不喜欢吃葡萄干的，"葡萄干太难吃了"。但是在课堂上，在她不吃葡萄干近二十年之后，她真切地去品尝葡萄干以后说，"我有个重大发现：葡萄干其实还挺好吃的，原来我并不讨厌它"。这就是生存状态中典型的根据头脑中的观念来对事物做出判断，而非真切地去体验它的一个例子。大家想想，在你的生活中，是否也有这样的情况？是否吃葡萄干不会影响我们的生活，但是是否真切地去体验生活并根据现实的情况做出适应性的调整，会影响我们的生活品质。接下来，我们一起来看一下，我们是否有，以及又是如何活在头脑里的。

第 5 章 活在头脑里

> 长恨此身非我有，何时忘却营营。
> ——〔宋〕苏轼，《临江仙·夜归临皋》

唐宋八大家之一、豪放派词人的代表、美食家苏轼曾发出过如此感慨。凡尘生活中的我们，难免会有追名逐利之心；我们的行为，也难免不被名利所驱使甚至绑架。追逐名利之心，与上进心、不断提升和完善自己的生命质量、为社会服务发挥自己的价值，是结合在一起的，也是我们努力前进的动力之一。活在头脑里，是一种生活状态，其核心，还是在于一个人的心智状态。本章以这句词作为题记，一是因为我们的心智难以管理自己的身心反应，时有身不由己、心身分离之意；二是因为追逐名利，是奋发向上的动力之一，也是从小家庭、社会文化沉淀于我们心中的观念：小时候成绩要优秀，考取好的大学，长大成人后，要有好工作、良好的经济收入，还要觅得好伴侣，养育好孩子——这是很多人心中美好生活的模板。这自然没有什么错，但是如果固化地认为美好的生活就是走这样一条路，则很容易给生活带来麻烦。而我们头脑中种种固化的观念，也容易给自己的生活设置重重障碍。接下来，我们可以更仔细、更清晰地觉察一下：我们在生活中，有多少时间、在多大程度上是活在头脑里的？活在头脑里，又给我们的生活和生命带来了怎样的束缚？

自动导航

什么是自动导航

> 我今天特地一个人到饭店里吃了一顿饭，这样就没有人打扰我了，我可以好好吃饭了。我看了一下周围的人，一个人吃饭的都在看手机；两个人或两个以上一起吃饭的，都在聊天；带着孩子吃饭的，都是一边喂孩子，一边往自己嘴里塞，好赶紧填饱肚子。我心里想，我平时不是一直都这样吗？
>
> ——邹琪，女，文员，37岁

久入芝兰之室而不闻其香，久入鲍鱼之肆而不闻其臭。当我们都身处一种生活状态并久居其中时，很可能会对其无感，不觉有何不妥。也许也不会去想，是否有另一种可能性：更有意识地带着觉察力投入当下，让日常的活动更加有趣和有滋味，让生活更加自在丰富。

请大家留意一下，从早晨起床后的穿衣、洗漱、吃早饭、通勤，到中午吃饭，再到晚上下班回家、准备晚餐和吃晚餐、洗澡等，这些构成日常生活的基本框架的活动，你有多少时候是把心思用在它们上面，投入其中的？还是你在做这些事情的时候，你的心思基本不在上面，脑子一直在转着别的事情？再仔细想想，是否大多数时候你也没有想出特别有建设性的成果，脑子空转了？

如果你的工作、学习内容对你来说是新的、比较有挑战性的，你需要把心思专注其中才能完成；如果面对熟悉的、有点程序化的工作，你是否也是一边工作，一边想着别的事情？

自动导航这个词，是否会让大家觉得陌生？看到这个词会让大家先想到什么呢？会不会有些人先想到的是高德地图、百度地图或者汽车上的导航系统呢？在这些导航软件上，只要我们输入出发地和目的地，选择出行方式，软件就会根据所储存的数据库，自动、快速地给我们规划出路线。我们只要根据程序所规划出来的路线走就可以，不用费心地去找路。这些应用程序，给我们的生活带来了很多便利。但如果这路，是我们每个人自己的人生路呢？

在孩子还没有强烈、强大的自主意识的时候，大部分的父母出于对孩子的爱，都会根据自己的人生阅历和眼界，有意识或不那么有意识地给孩子规划他们的人生路，或者至少帮他们铺好人生路的基石、建构理想生活的蓝图。事实上，如何去挖掘、培养孩子的自主性、主动性和创造性，比培养、训练孩子某些方面的技能要困难很多。父母替孩子做的规划就像植入孩子心中的导航程序，它会自动地给孩子的人生进行导航。在孩子的自主意识没有那么强的时候，这个人生自动导航系统还能运行良好。但是当孩子长大且自主意识增强时，很可能会对自己的人生感到迷茫。在我的工作中，碰到不少大学生、一些高中生、成年人在人生的某个阶段，忽然对自己为何要努力学习、努力工作感到困惑，感觉自己是"被安排着"或"被推着"往前走，内心对自己究竟想做什么、怎么样的生活对自己来说是有意思、有意义的感到很困惑，并为此沮丧、抑郁。苏格拉底曾经说过，"未经审视的人生，是不值得过的"。我们每个人在人生的某个或某几个阶段，或多或少都会思考或重新思考自己的人生路，并根据自己的现实条件和意愿，做出自己的选择。也许这个选择与原来的路一致，也许有些偏离，也许大相径庭。无论是什么路，经过自己的审视、选择而走的人生路，与由原来被"植入"的导航软件所规划的人生路有着根本的区别：自主选择人生路的这个人将主动为自己的人生承担起责任，清醒地活。

> 未经审视的人生，是不值得过的。

如果这路是从地铁出站口走到你工作的地方，或者从你停车的地方走到你经常去的地方，大家想想，你走路的时候，心思在走路上吗？绝大部分人的心思在别处。一般情况下，我们在想别的事情。因为这条路我们非常熟悉，如何从 A 地到 B 地，就像程序一样已经深深地刻在我们的脑袋里了。自动导航，就是心不在焉地按照既有的程序自动化地完成熟稔任务的模式。完成这些任务的步骤和要求，就像程序一样已经被写进我们的大脑甚至整个身体中，我们可以像机器一样完成它们。而且，就像机器只是按照预设的模式程序化地完成这些目标任务那样，我们的关注点也只有目标任务，对完成这些任务的过程没有觉察，对任务之外的周围环境，也没有留意。我们的生活，被削减成完成一件又一件的任务，变得干瘪、无趣。有时候，我们半开玩笑，说自己活得像机器人。这种状态和机器人执行任务，有什么本质区别吗？人工智能迅猛发展，机器人不止是在野外、工厂、仓库作业，它已经进入我们的日常生活。2021 年夏天，我在酒店里碰到了下图中把外卖送到我房间里的"机器人小哥"，当时还是感觉蛮新奇的。和任何新鲜的事物一样，机器人在不远的将来，会逐渐以各种形式参与到我们的生活中来。

> 自动导航，就是心不在焉地按照既有的程序自动化地完成熟稔任务的模式。

我大概有百分之九十的时间,是以自动导航的模式完成日常生活中的活动,不论手里在做什么,脑子都在想别的事情。好像一直以来都是这样子,我没有注意到,也没有觉得有什么不妥。但其实在这些时间里,脑子基本也是在瞎想,没有什么有成果的产出。

——夏莫,女,心理系研究生,20岁

启动自动导航的模式,貌似能让我们少花心思在已经熟稔的事情上,更充分地利用我们的时间和精力做"更重要"的事情,比如丽莹说的"刷手机""听音乐",或者夏莫说的"想别的事情",其实却剥夺了我们更充分、完整地投入当下的能力,也剥夺了我们享受当下活动的丰富性和精彩的能力。当丽莹只是用心吃饭、专心走路的时候,却从普通的饭菜中体会到了未曾发现的美味、从周围环境中看到了生活中一直被忽略的美景,体验到了活在当下的自在和幸福。

大家可能会发现,我举的例子里,经常有吃饭的例子,为什么?主要是因为大家经常没有真的在吃饭,这个现象太普遍了。"饮食男女""民以食为天""人是铁、饭是钢""一日三餐"……吃饭是我们最重要且必不可少的日常活动之一,也是我们获取能量的最重要的来源之一。"花了一两个小时买菜做饭,十五分钟吃完,收拾个半小时。真是又累又无趣。"投之以桃,报之以李。当我们提醒自己有意识地投入到做饭的过程中,用心品尝饭菜的形色香味时,饭菜给我们提供的惊喜和乐趣,很可能出乎我们的想象。我们孜孜以求的快乐就在身边,在每日的茶米油盐中,并不只在达成目标的远方。

快乐就在身边,并不只在达成目标的远方。

自动导航的行为模式,还可能把你带到坑里。你是否有时候会想,哎呀,累了,刷刷手机放松一下吧?短时间刷刷手机里一些有意思的东西,对不少人来说,的确是放松自己的好方法。但是对有些人来说,刷着刷着,半个小时、一个小时甚至更长的时间过去了。你本来抱怨着休息时间不够,但刷手机时间过长或过于频繁,给你带来的,更多的是放松,还是消耗?如果是消耗,你可以带着觉知有意识地停止没有必要的消耗型活动吗?这些时间,你是否可以有意识地用来做一些真正可以滋养你的活动?

> 我晚上刷手机,常常要刷到十二点半以后才睡觉。我知道自己睡觉时间不够,要早点睡觉,但是第二天还是这样,总是把自己搞得筋疲力尽。总觉得一天到晚在为工作、为别人奔忙,到晚上了,可以留点时间给自己。等其他人都睡觉了,我就会不由自主地拿起手机开始刷。刷的时候脑子不怎么在状态,也谈不上有多愉悦和放松,看的东西大部分都挺无聊的,但就是这样一分一秒地刷下去了,直到累得刷不动了。有时候我都想把手机给砸了。
> ——郭云峰,男,公司职员,42岁

郭云峰想给自己一点休闲的时间和空间,结果不由自主地刷手机消耗了自己和自己的精力。在你身上,是否有类似的事情发生呢?你有没有发现,经常看手机让你挺容易分心的?你真的需要那么频繁地看手机吗?真的有很多信息要那么及时地知晓并回复吗?你看的内容,有多少是你真的需要获取的知识或信息?有多少真的让你感到放松和愉悦?你频繁地看手机,是否也是一种自动导航的行为呢?

阅读到这里,也许你会对自动导航和分心感到有点混淆。我依然以看手机为例来说明这二者的区别吧。一开始，你感觉自己看短视频、在手机上玩游戏等，可以放松一下紧张的神经，属于休闲娱乐活动，而手机触手可及，于是你的大脑中植入了玩手机可以放松的观念。当你想休闲娱乐的时候，如果你是有意识地安排一定的时间刷手机、看自己喜欢的视频、打游戏等，这并非自动导航，而是有意识的自我照顾的行为。但是像郭云峰这样不由自主地拿起手机不停地刷的行为，是自动导航。他固有的观念告诉他，刷手机可以放松自己。这个观念把他自动地带到刷手机的行为中，因此，这是一个自动导航的行为，并不是他有意识地选择并投入其中获得乐趣的行为。他并没有从中获得真正的乐趣，更多是逃避、不想"为别人而活"。当他碰到有挑战的工作的时候，也会不由自主地拿起手机。"一开始只是想放松一下，但是刷手机的时间太长，最后工作总是不能按照进度完成。"郭云峰从小到大是个认真负责、上进的人，对家庭付出很多，工作上被认可。"我觉得自己这样的生活很没意思，不值得，都在为别人而活。"郭云峰这个阶段的手机成瘾，是他在原来的自动导航的人生之路上感到迷茫、重新寻找自己的人生之路的一个"中转站"。"时间精力都用在别人身上，还不如浪费在我自己身上。"

郭云峰刷手机的时候，"脑子不怎么在状态"，这是一种分心或者开小差。就像我们走路的时候，脑子在想别的事情，对于走路这件事，脑子在想别的事情，就是分心。分心的本质是你的注意力并没有投入在你正在做的事情上。只不过，在我们以前的概念里，做我们认为重要的事情不专心,才会被认为是分心。

> 我发现,自从上了正念课,我看手机的时间明显减少了,也没有那么容易被手机分心。
> ——唐倩,女,心理治疗师,31岁

不知不觉地消耗你的精力、让你分心的事情不一定与手机有关。这里以手机为例,是因为手机或其他电子产品的功能越来越强大,但是也越来越消耗精力甚至占据了很多人的日常生活,而不只是给我们提供了便利。"一机在手,天下我有。"有手机为伴,可以消解、掩饰人际交往中的孤独、尴尬和退缩,但也可以使得人际疏离问题变得严重。而真正的人际联结,是人与机器人的本质区别之一。

> 真正的人际联结,是人与机器人的本质区别之一。

活得像个机器人的解药

"每天早上闹钟响起,我不情愿地起床,快速地洗漱、更衣、吃早餐,匆匆地奔向地铁站、上班。上班做的事情对我来说都是重复性的劳动了,也没啥意思。下了班,我赶紧去接上晚托班的儿子回家。回到家,在'叮咚买菜'上购买的菜也到了,晚饭一个小时搞定,然后吃晚饭。晚饭后一边陪孩子写作业一边刷手机,哄他睡觉后,都已经过了十点了,我洗洗弄弄完,就十一点半了,睡觉。这就是我现在的生活,天天如此,日复一日，像机器人似的，没意思透了。"一次朋友聚会上，秦莉抱怨到。

"还不如机器人呢，机器人没烦恼，你我还烦恼多多，牢骚多多。"舒洁揶揄到。

日复一日，有点机械地重复着相似的生活内容，觉得生活中没有什么新鲜感，对生活也没什么热忱。但是也忙忙碌碌的，总有事情要去完成，像陀螺一样不停地在转。你的生活是否也这样？如果是的话，是什么让生而为人的我们，活得跟机器人似的？我们怎样可以不活得跟机器人似的，让自己富有生命力，有滋有味地生活着？

探索内心的星辰大海的愿望和途径

汽车机器人已经能完成自动驾驶并被投入使用，在将来会越来越渗透到我们的生活中。人类棋手，被Alpha Go秒杀。人类最强大脑，完败于人类研发的人工智能。如果只活在头脑里，那我们还真的是不如机器人。生而为人的我们，与高度智能化的机器人，有什么本质区别？

我们有鲜活而又有限的生命，有作为人的意识，有情、有爱、有牵挂，还有需要调节与涵养的心智，来实现作为人的潜能。人类探索、征服外在星辰大海的梦想和脚步从未止息，我们是否也可以多花点时间和精力去探索自己内心的星辰大海，活出生而

> 正念是打开内心的星辰大海的钥匙。

为人的精彩？但首先，我们需要了解、调节与涵养自己的心智，否则我们很可能会被自己的心智所操控，机器人似的奔忙不休，并陷入各种情绪困扰。正念，是打开内心的星辰大海的钥匙，也是了解、调节与涵养心智之道。

了解我们心智的运作模式

"老师，我在做静坐呼吸的时候，发现自己思绪非常多，一直开小差，经常要提醒才能回到您的引导语上。这正常吗？"刚开始上课的时候，学员雅倩问。

"请问有多少人有这样的情况？请举一下手。"我问。

全班 14 个学员都举了手，我也举了手。

思绪纷飞是我们处于生存状态的心智的特征之一，只是平时我们的注意力主要投注在外部事务和活动上，没有觉察到而已。

处于生存状态的心智，还有哪些其他的特征呢？

- 我们追求新鲜感，对重复的内容感到乏味、无趣。从早晨起床到晚上睡觉，在相当多的时间里自动导航地完成熟悉的生活任务。我们的心智难以投入到当下的任务中，做 A 的时候想着 B，于是一刻又一刻地错过当下的生活。大家反观一下自己的生活，是否如此？
- 我们心里一直挂念着自己要达成的目标，并且常常生活在对远方的期待中，一直在往前奔、向上攀爬，很难停下来欣赏一下身边的美景。达成目标后，很快会得陇望蜀。
- 我们常常期待自己比实际的要优秀，经常苛责、评判自己，不经意间，也会去苛责、评判与自己相关的亲近之人。
- 我们希望自己是快乐的，不由自主或有意地回避、压制、隐藏不快乐，甚至不允许自己痛苦。在生活的某个时刻，却因为遭到这些被压制的不愉悦的情绪的反噬而烦恼，难以排解。
- 遇到令人烦忧之事时，控制不住地钻牛角尖，在头脑里反复思虑，前怕狼后怕虎，左思右想，踟蹰不前。
- 我们对社会上的人、事应该是怎么样的，有自己的期待，坚持认为自己的期待是合理且正义的。如果实际发生的与我们的期待相左，我们容易感到沮丧、愤怒、担忧。

如前文所述，生存状态下的心智运作模式有 7 个特征，不知正在阅读的你占了几个？生存状态下的心智运作模式，并不能简单地说不好。为什么呢？

我们每个人，多少都是在被比较和被期待中成长的。为了生存，我们努力让自己符合期待，似乎这样我们才有活下去的资格和空间。渐渐地，这些期待变成了我们对自己的期待，成了我们自己的一部分。因此，我们常常生活在头脑对远方设定的目标的追逐中。

在我的个人经验里，从小到大所接受的学校教育中，并没有课程教我如何调节与涵养自己的心智以更好地照顾自己、与自己的负性情绪相处。我的父辈在成年前及成年之后的相当长的一段时间里，现实的物质生活是匮乏的，要为生计而努力奔波。能够让我吃饱穿暖、供我读书，已经是他们努力给予我的爱的表达了。后来，在我的人生和临床经验中发现，我这样的情况，在30岁到50岁的人群中，还是蛮多见的。所以，我们中很多人的心智，是没有得到过培育的，虽然我们接受了很多的知识、技能教育。

因此，生存状态下的心智模式，是一种没有被好好培育过的、为了适应曾经的生存条件而发展出来的心智状态。它帮助我们度过我们记得或不记得的艰困时期。不过，现在这种心智模式给我们的现实生活和心灵生活带来了烦恼。现在物质条件不缺，对精神生活的要求提高了，大家希望自己的心灵能够成长、活得开心一点。如果你已经有孩子了，会希望能够给下一代提供更高质量的爱，更好地照顾、陪伴、养育下一代。毕竟，我们自己没有的东西，也给不了孩子。所以，我们现在有条件也有意愿改变自己，让自己快乐，也给周围的人带来快乐。本书的目的，在一定意义上是帮助有缘的读者从生存状态下的心智模式中，逐渐培育存在状态下的心智模式，并逐渐在这两种模式之间获得适合自己的平衡点。我也在这条改变的路上，与你同行。

接受重复是常态

重复让人厌倦。容易让我们跟机器人似的自动导航地完成任务的,常常是重复的、熟悉的事情。不过,仔细想想,人的一生,无非吃喝拉撒睡。维持人的生命的基本也是根本性的活动,本来就是不断重复的。大部分人生命中四分之一到三分之一的时间在睡眠中度过,睡眠是必需的,也是重复的。支撑生活前行的基本生活内容,就是不断重复的,对吗?我们生活中的重心:工作或学习、与家人相处、养育孩子,有些内容是前行的,也有相当一部分内容是重复的,是吗?让自己有活力和热忱地生活着,而不是像机器人那样程序化地完成每日的任务,这是你我都期待的,对吗?我们怎么做到呢?

初心为药

回到我在第 1 章中谈到的正念的态度之一:初心。以初心,全然投入到你的日常活动中,这是改变机器人似的生活状态的药。一开始,只要每周以这样的态度认真做一两件事情就可以。也许你可以在自己一定会注意到的地方贴张小纸条,提醒一下自己。

因为新冠疫情,我们的课堂改成了线上课堂,大部分学员都在自己非常熟悉的家中的房间上课。MBCT 第三课一开始,有一个简短的看的练习:花 6 分钟的时间,很仔细地去看你

> 在我们所习以为常的环境或活动中,可能蕴藏着丰富的宝藏等着我们去发现、去品味。
> 以初心,全然投入到重复的日常活动中。

所在的房间里有什么。邹琪分享："我刚才在看空调,这是我十几年前买的。我一直以为它就是白色的,从来没有看到正面是有横的条纹的;我还注意到,在我的床头挨着的墙面上,有我女儿五六岁的时候在这里给我们贴的很多贴纸,她现在十四岁了,但是这么多年,我好像一直没怎么注意到这些贴纸。刚才看的时候,女儿五六岁时的可爱模样又在脑海里浮现了出来,我觉得很开心。"

用新鲜、有挑战性的事物滋养、提升自己

虽说真情如陈酿,越久越醇厚,但是人一方面有喜新厌旧的天然倾向,另一方面也有探索新鲜事物、拓展提升自己的渴望。无论是与大自然在一起、养花、运动、找新的美食,还是给自己设定一个可及的、有挑战但压力不太大的目标等,每个人都可以在生活中切身地体验、寻找可以滋养自己、让自己感觉到有活力和愉悦的事物,让自己的生活变得有趣、有滋味。

> 我的生活一直满满当当:忙碌的医生的工作,两个上小学的孩子。老公比我还忙,四个老人不生病,我就很感谢了。还好有阿姨,但阿姨毕竟是阿姨。长期这样生活,真的让我精疲力竭,但是又得撑着,连生病都没有条件,实在不能想,一想就沮丧万分。别人看你挺好的,可我真心觉得自己过得就像机器,不停地在转。那天我值班,处理完几个病人后,感觉自己的脑力和体力几乎都被榨干了。吃晚饭时已经蛮晚了,我想,就好好吃顿饭吧。我

一口一口地吃，仔细咀嚼，品尝着菜肴的丰富味道，就连平常不大爱吃的米饭，我都能尝到独有的米香，弥漫在口腔里美味无比。而且第一次在吃饭的时候，我感觉到了自己与食物的联结，而这种联结，又带给我稳定和踏实感。我留意到，当我用心在吃的时候，我脑子里的想法也自动停止了，头脑很清明、轻松，甚至有点空灵之感。吃完饭，我到病房外散了一会儿步，初秋的夜晚，刚刚好的微凉，软风拂过脸庞，像是在被温柔地抚触，带着草木的芬芳和淡淡的桂花的沁脾香味。我感受着脚踩着路面的感觉，看着地上散落的形状各异的落叶，觉得当下的一切都那么美，力量感又回到了我身上。很意外地邂逅了一个美丽的夜晚。

——如歌

当我们以上天所赋予我们每个人的感官（味、嗅、视、听、触等）、以初心全然投入到日常生活中，与自己、周遭的环境进行真切的互动与联结时，同时以生而为人所具备的觉察力，有意识地对这一切加以觉察，我们会发现：原来机器人般干瘪的生活，开始变得生机盎然、富有诗意。这样的心智品质会逐渐渗透到你我的生活中，只要我们真的有这个意愿。因为生而为人，我们都有这样的潜质。

> **正念帮助我们把机器人般干瘪的生活变得生机盎然。**

活在观念里

画地为牢

这是我刚才在微信朋友圈,看到朋友发的一张照片和她发图片时的感受和心情。砧板上的南瓜,散发着纯净、清甜、清新的味道……朋友感受到幸福和美好,也把这份美好传递了出去,传递到了我这里。即便是平淡乏味的切南瓜、准备午餐的过程,也可以如此美好、清新、幸福……

趋乐避苦乃人之常情。我们都希望自己是开开心心的。大家不妨想一想,你在什么情况下,会感到快乐?比如吃美食、旅游、发工资、完成一项有挑战的工作、孩子开心的时候、阳光和煦、和家人关系融洽……

每个人的答案可能不大一样,但也许有一个共同的特点,我们都会给自己的快乐限定条件:当……的时候,我感到快乐。而这些时刻,通常和外界状况符合我们预期的条件有关。

的确,当这些条件被符合的时候,我们的快乐是油然而生的。但是,是否这些条件是快乐的必要条件呢?如果没有这些条件,我们的心情是否也可以明静呢?是否我们也可以在切南瓜、准备午餐这样的日常活动中,体会到生活是如此幸福和美好呢?我们的心智给快乐限定了这些条件,是否也给自己画地为牢了呢?

四种束缚自己的观念

除了我们给怎么获得快乐限定条件,我们脑子里是否也有一些固有的观念,比如自己要达成什么目标、应该怎么解决问题、其他人应该怎么样,等等。诚然,这些观念是在我们过去的生活中形成的,也陪伴、帮助我们走到了现在。但是,这些观念是否也束缚了我们呢?

我在课堂上引导学员做吃葡萄干练习,一般给每个学员发两颗葡萄干,让他们选择其中的一颗,并去留意选择时的内心过程。在练习后的分享里,杨晓云说:"我选择了那颗比较干瘪、难看的葡萄干,把好的留了下来。我发现生活中,我都是把好的先留给别人。"听她说完,蒋珮兰流着泪说:"谢谢晓云,你把我感觉到但是又一下子说不清楚的东西表达了出来,我也是这样。"范瑶听完非常诧异:"我都是把好的先给自己的,所以我也是先挑好的那一颗。原来还有人不是这样子啊。"薛婷也很诧异:"还有人是先挑好的给自己啊!我也是先挑的不好的那一颗。"

我们看到,在选择哪颗葡萄干这个细节里,反映了一个人内在的某种固有的观念。这个观念,在过去的生活中对我们有保护、引领作用,也许现在,依然有一定的保护作用或适应性。但是如果我们囿于头脑中这些固有的观念,它们会给我们的现实生活和内心生活带来限制。

我把常见的给我们带来困扰的观念归为以下四类:

- 固执地认为自己应该达成什么目标。
- 固执地认为他人特别是亲近的人应该是怎么样的。
- 固执地认为应该如何对待事物。
- 固执地认为应该如何处理问题。

其中,前三类可以概括为固着的对己、对人、对事的看法,第四类则是固着的应对之道。

固执地认为自己应该达成什么目标

今年高二的杨芷辛从小学到初中成绩优异,"几乎都是班级前三"。芷辛考上非常好的市重点高中后，周围强手如林，一开始，成绩中等偏上，芷辛很失落。初中好友，无一同校，大家学习都很忙，联系渐少，芷辛很孤独。她在高一的时候就和爸爸妈妈提出要看心理咨询师，爸爸妈妈觉得她坚强一点、适应了就好，这是可以用意志力克服的。芷辛觉得爸妈不能理解自己，与父母的沟通开始变少。在成绩下滑和人际孤独的双重压力下，芷辛从不喜欢上学、害怕上学到拒绝去学校，最后提出要休学。父母急了，带她到精神科就诊，这时芷辛已经抑郁了，而且频繁出现轻生的念头。芷辛被悲伤、自责和孤独所笼罩，清秀的脸庞已经失去了往日的神采。她缅怀初中的美好时光："因为成绩优异，老师、同学都喜欢我。在现在的班级里，我一点存在感也没有。"

这样的故事在我的工作中经常出现，我想，像芷辛这样的心理历程，很可能以不同的版本在不少高中生、成人心里上演着。芷辛虽然嘴上说，知道周围的同学都很优秀，自己成绩不能像原来那样拔尖了，但是心里还是期待、幻想着通过努力，可以凭着优异的成绩，再次被众星捧月。奈何周围的同学不仅优秀，努力程度一点也不亚于芷辛。芷辛的期待落空了，整个高一在心情阴郁中度过，高二抑郁了。

单从学习上说，芷辛在这所学校即便成绩中等偏上，考上一所不错的大学也绰绰有余，如果把心态摆正、发挥好的话，考上名牌大学也是有可能的。更何况，高中的主要任务的确是学习，但生活远远不只是学习，良好的人际关系也是生活的重要内容。芷辛可以在新的环境里交到新的朋友，不需要以成绩优异为前提。但是"进班级前三、被众星捧月"这个在之前9年的生活中形成并被不断强化的目标成了她的执念，最后这个与新环境不相适应的目标成为束缚她的牢笼，她天天生活在期待的目标与现实之间的巨大落差中，直到最后被压垮，无法上学，动了轻生的念头。

> 不适切的目标不能提供向上的引导，更像是牢笼。

固执地认为他人特别是亲近的人应该是怎么样的

"我不可能把干面包变成奶油面包，但干面包是生活的必需品。"陈潇莹无奈地感慨。她骨子里是个敏感、浪漫、细致体贴、多思多虑的女子，她丈夫则是比较大男子主义的"直男"。"你怎么这么神奇，我想什么、感受些什么，你一下子就知道了。"她丈夫在情绪感受力上很迟钝。"你是顶尖的，但是我是低于平均水平的。"她丈夫对两人的婚姻生活是满意的："我们很互补，可以合作得很好。"但是潇莹感觉很孤独，她希望和老公有一些更深的心灵联结，不过她说："我很清晰地跟他说十句，他能听懂一句，就很不错了。"两个人性格上的差异使得八年间冲突此起彼伏，潇莹一直期待丈夫能够有所改变，最后两个人都很挫败和沮丧。"我怎么改变也达不到你的标准，我就是我，我不想有什么变化了，你也别指望了。"丈夫愤怒宣告。

这场婚姻关系大战，对夫妻二人都是极大的损耗，曾经共同构建的牢固的关系纽带，不断被撕扯，断而不断、难断。最后，潇莹在经历了无数次失望甚至绝望后妥协了。"我想要这个家。他是爱我的，我心里也有他。只是他表达爱的方式，我没有那么喜欢。而我需要的，对他来说真的很困难。""我悲伤地接纳了遗憾。当我放下对老公的要求以后，真的感觉海阔天空。我会困在这些冲突中八年之久，实在有点不可思议。说来也是执念，我执着地想改变他，最后却弄得伤痕累累。改变我自己，才是根本的。"

困扰亲密关系的问题，各不相同。但是如果想通过改变对方来获得自己所需要的，往往是缘木求鱼，鸡飞蛋打一场空。

> 与其期待对方改变，不如先改变自己。

固执地认为应该如何对待事物

在练习无拣择觉知的静坐、听周遭声音时，我听到窗外的蝉鸣声很响亮。我是个对声音敏感的人，以前我一直认为我是讨厌蝉鸣声的，只觉得聒噪。但今天听的时候，这声音让我感觉很有生机，一种夏日特有的生机。这给我带来了欣喜，同时感觉到了与很多不同的生命共在的感动。

——如歌

当我们没有被某种观念束缚，而是如其所是地去体验某些我们原本不喜欢的事物时，也许这些事物，会给我们带来意外的惊喜。当然,体验本身是流动、变化的,我们不必执着于一定要去获得惊喜的体验。只是真切地去体验、感知它们,而不是囿于头脑中对它们的固有认知,我们会更直接、真切地与这个世界的万事万物自然而然地发生联结。

当我们真切地去体验的时候,会发现原来自己不喜的事物可以给自己带来滋养、快乐。可能也会发现,原来认为会给自己带来益处的,实际上对自己是有伤害的、是自己不需要或者是自己需要的东西的替代品。

杨帆从事的是高压的金融行业,业绩不错,同时有过劳肥。"我注意到,晚上十点以后,我总是要吃面包、巧克力这种高热量、能让我感觉到肚子很实的东西,但其实我一点也不饿。也许是因为我觉得自己的力量不够、情感上也比较空虚,所以就拿这些高热量的食物来填补了。"

前面郭云峰也分享了他为了放松一下,睡前看手机,结果天天看到十二点以后,反而消耗了自己。大家仔细反思一下自己的生活,是否也有些活动,是你原来认为给自己带来滋养的,却反而消耗了你呢?是因为这个活动本身你其实并不真正喜欢,还是过犹不及?我们是否可以规划、调整一下自己的日常活动安排,让自己的生活更健康、丰富、有趣呢?

> 真切的体验带给你真正的认识。

固执地认为应该如何处理问题

在前面提到的芷辛的例子中,高一芷辛提出要看心理咨询师的时候,她父母认为"坚强一点,适应了就好"。这也是我在工作中经常碰到的父母一开始对出现问题的孩子所表现出来的态度,特别是以前。最近几年,父母、学校、整个社会对青少年、大学生的心理健康的关注度越来越高。

"坚强一点"是很多人、很多父母面对人生困境的时候给予自己的忠告,并且成功或不那么成功地陪伴他们走出艰难时期,因此,他们也希望这句话能帮助到孩子或周围的人。然而,受情绪困扰的人在向父母或周围的人求助的时候,像"坚强一点""这是可以用意志力克服的"这些话经常只会起反作用。"我觉得父母不理解我,我和他们的沟通交流变少了。"芷辛从小学到初中的九年里,一直是班级前三名,只是因为天资聪颖吗?没有勤奋刻苦和争强好胜之心吗?高一她提出看心理咨询师之前没有想过自己要坚强吗?其实,她自己都努力调节过,但是,她没有成功。叫她"坚强一点",等于在告诉她:你不够坚强,如果你够坚强,就没事了。这是否等同于在伤口上撒盐?

"坚强一点"是很多人从小习得的处理情绪困扰的态度。在这种态度的影响下,当孩子哭泣的时候,父母告诉孩子"要坚强""你的眼泪不要这么不值钱""哭什么哭",或者对孩子的哭泣置之不理。孩子得到的信息就是:我的哭泣、脆弱是不被允许的,是不好的,表现出坚强,像没啥事发生过似的,这才是父母接受、喜欢的。于是,眼泪往肚子里吞。慢慢地,孩子习得了这样的处理悲伤等情绪困扰的方式，负性情绪被压了回去，自己可能慢慢地也不那么能够感觉得到悲伤等痛苦情绪，或者即便冒了出来，也会通过转移注意力等逃离的方式处理这些痛苦。等孩子长大成人，变成了父母，他们很可能也会以这样的方式，对待自己的孩子。但是，人的身体就像是蓄水池，这些负性情绪如果不被排解的话，会积压在身体里，让人变得坚硬，并致使亲近关系之间生出隔膜。当你脆弱时，另一个人的倾听、理解、共情、包容和心疼，是否会让你备感温暖、亲近和感动？当你卸下情绪负荷时，你是否感受到了内在的力量的滋生，你不再需要用坚强的壳把自己包裹？当你在脆弱的时候被温柔以待，你也学会了温柔待己、温柔待人。真正的坚强允许脆弱，并带有柔韧性和延展性。俗世生活多烦忧，我们要学习的，是如何与各种烦忧共处，排解烦忧，给我们的心灵减负，不要让它们积压在我们的身心之中。

> 这堂课让我印象最为深刻的一点，是允许自己悲伤。那天，我一个人在家放声大哭之后，觉得好轻松。我不再需要对自己伪装坚强，这好累。而且，我也开始向好朋友倾诉自己的烦恼，不再只以一张快乐的面孔示人。这对我来说，是个很大的解放。
>
> ——肖莹，女，高管，44岁

真正的坚强允许脆弱。

突破限制

在正念减压的课堂上,我会给学员们展示一张九点图,并请他们用四条相连接的直线,把九个点连接在一起。请大家不妨尝试做一下,看看做题的过程,会给你带来什么启发。

• • •

• • •

• • •

大家有没有花时间仔细想呢?想出来了吗?你的答案是怎么样的呢?

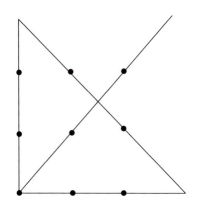

上面的答案，与你的是否相同或类似？是否一开始，你也在九个点所限制的框里调试，怎么都无法破局，当你突破九个点所在的框的限制时，答案就出来了？（九个点组成的是正方形，所以具体的答案可以有四种，但根本上，也就是一种。）

李晓很沮丧，她想在儿子学校边上的某个小区租房子，方便上高中的儿子读书。但那个小区的房子一出来，马上就被租完了，她没有抢到。我很好奇地问她："为什么一定要租那个小区的房子呢？步行十分钟内的小区，不可以吗？"她恍然大悟："哦！我怎么没有想到？怎么就一心盯着那个小区呢？"

> 突破原有的认知框架，海阔天空。

给头脑一个休息的空间

各司其职

上天赋予了我们整个身体,而我们却常常活在头脑里,在某种程度上,把自己活成了"装在套子里的人"。我们需要倚靠大脑的学习、记忆、理解等能力来帮助我们掌握知识与技能,需要倚靠头脑的逻辑、理性来帮助我们确定适当的生活目标、规划实现的步骤并去执行这些方案,头脑有自己的职责。生活在这个世界上的,是我们的整个身心,并不只是我们的头脑,我们也需要动用整个身心去感知、体验生活。冥思苦想、穷思竭虑、绞尽脑汁、百思不得其解……有很多词语或者短语可以描述我们给头脑过重的负担这一现象。头脑有自己的重要功能,但也请给我们的头脑一个休息的空间,不要让它承担不属于它的责任。只有让身体各部位各司其职,我们才能应用自己的身心智慧,创造属于自己的美好生活。

> 不要让头脑承担不属于它的责任。

应用我们的身心智慧

当你看到这个小节标题时,会有什么感觉呢?是否会纳闷,什么是身心智慧?怎么应用?

我们的身体和心灵,都有着自己的需求,并且会用它们自己的语言来告诉我们它们需要什么。它们存在于我们所处的环境，和环境中的各种信息一直处于互动之中。我们需要学习倾听它们的声音，并去回应这些声音，以更好地照顾和关爱自己，做出适合自己的选择。

我的身体感觉很疲惫，需要休息，但是我的大脑告诉我，要先把这个任务、那个任务完成再去睡觉。我总是在这种纠结中，心里对这没完没了的事情很抵触。但是我周围的同学，她们比我还努力，而且有的人论文都已经发了。我不仅事情没有做好，觉也没有好好睡，磨磨蹭蹭、玩会儿手机，每晚都是凌晨一两点才睡觉，第二天又是疲惫地待在实验室的一天。后来我就抑郁了。

在门诊的时候，您和我说："照顾好自己，倾听你身体的需要，不用和别人比较，做好自己就好。"不知道为什么，这句话特别打动我，以前我有时候也会这样劝自己，但是没有用。也许不想活的念头也吓到我自己了。但那次就诊以后，我真的开始关注我身体的需求了。我累了就去睡觉，睡不着就服用少量安眠药，以前我是非常排斥用药的。我很喜欢跑步和瑜伽，运动完，我的身心都特别舒畅。有一段时间因为过于忙碌，我觉得自己不应该把时间花在运动上，后来就很少运动了。生病以后更懒得动了。第一次就诊时，您和我说适度规律的体育运动对我恢复健康有帮助。于是我又开始了瑜伽练习，体力恢复以后，我又开始了跑步。我的身体需要睡眠和运动,这个大家都知道的常识,我却是在得了抑郁症以后践行出来的,代价有点大。不过还好,倾听身体的需求,这是会让我受益一生的智慧。我已经停药半年了,也如期毕业啦!

——安慧,女,研究生,23岁

我接到医院的通知,说我体检甲胎蛋白指标偏高,要去复查。我当时心里很镇静,没有多想就继续上班了,想着等我第二天出差回来再复查吧。下班后,我坐在出租车上,一开始想的是,复查也不差出差这几天,但是我的眼泪止不住地往下掉,胸口发闷,身体也颤抖起来。回到家里,我开始感觉到恐惧,而且恐惧感越来越强。原来是因为太恐惧了,所以才延迟反应。我爸爸就是肝癌过世的。我赶紧和领导请假,取消了第二天的出差。我自己的身体最要紧。

——李梅,女,销售经理,39岁

我们的身心有着自己的语言和智慧,我们所需要的,是去好好倾听它们的声音,并应用身心智慧去做出适合自己的明智选择。我们每个人都可以在生活中不断学习、提升这份能力。用心倾听,需要时间和空间。所以,如果你忙碌不停的话,请稍微慢一点,给你的身心一个休憩的空间。

第二部分 正念改变

时间流逝，一天又过去了，忙忙碌碌的，似乎也没有做什么。你是否有此感慨？那何不整理一下自己的日常生活，以清晰地看到每日自己在生活中都在做哪些活动？这样我们心中对自己的生活会更有结构感、明晰感和掌控感。在这样的基础上，我们可以逐步优化自己的生活，在能力范围之内，增加一些让自己愉快的活动，并减少一些消耗型活动。爱自己，就让我们先安排好自己的生活吧。

接下来，我们从正念的觉知三角——想法、情绪、身体感觉出发，看如何通过正念，穿越有时候卡住我们的想法的迷雾和痛苦情绪，给予我们的身体更多的关注。身体不仅是我们存在的基石，也蕴藏着可以指引我们生活的深邃智慧。希望正念，能够助力我们获得良好的睡眠、缓解身体的疼痛和疲惫。

我们习惯性逃离或卷入痛苦情绪，难以抽身，而逃离常常带来反噬。因此，我在这一部分花了比较多的篇幅介绍如何通过正念穿越情绪苦海，特别是抑郁、焦虑和愤怒这三种常见的情绪。

衷心祝愿通过此书结缘的朋友，生活充实明媚、头脑清明、心得安适、身轻体健。

荷花莲叶空之轻灵

春有百花秋有月,
夏有凉风冬有雪。
若无闲事挂心头,
便是人间好时节。

——[宋]无门慧开禅师
《颂平常心是道》

打开心世界·遇见新自己

华章分社心理学书目

扫我！扫我！扫我！新鲜出炉还冒着热气的书籍资料、有心理学大咖降临的线下读书会的名额、不定时的新书大礼包抽奖、与编辑和书友的贴贴都在等着你！

扫我来关注我的小红书号，各种书讯都能获得！

科普新知

当良知沉睡
辨认身边的反社会人格者

[美] 玛莎·斯托特 著
吴大海 马绍博 译

这世界唯一的你
自闭症人士独特行为背后的真相

[美] 巴瑞·普瑞桑
汤姆·菲尔兹-迈耶 著
陈丹 黄艳 杨广学 译

- 变态心理学经典著作,畅销十年不衰,精确还原反社会人格者的隐藏面目,哈佛医学院精神病专家帮你辨认身边的恶魔,远离背叛与伤害

- 豆瓣读书 9.1 分高分推荐
  荣获美国自闭症协会颁发的天宝·格兰丁自闭症杰出作品奖
- 世界知名自闭症专家普瑞桑博士具有开创意义的重要著作

友者生存
与人为善的进化力量

[美] 布赖恩·黑尔
瓦妮莎·伍兹 著
喻柏雅 译

你好,我的白发人生
长寿时代的心理与生活

彭华茂 王大华 编著

- 一个有力的进化新假说,一部鲜为人知的人类简史,重新理解"适者生存",割裂时代中的一剂良药
- 横跨心理学、人类学、生物学等多领域的科普力作

- 北京师范大学发展心理研究院出品。幸福地生活,优雅地老去

读者分享

《我好,你好》
◎读者 若初

有句话叫"妈妈也是第一次当妈妈",有个词叫"不完美小孩",大家都是第一次做人,第一次当孩子,第一次当父母,经验不足。唯有通过学习,不断调整,互相理解,互相接纳,方可互相成就。

《正念父母心》
◎读者 行木

《正念父母心》告诉我们,有偏差很正常,我们要学会如何找到孩子的本真与自主,同时要尊重其他人(包括父母自身)的自主。
自由的前提是不侵犯他人的自由权利。或许这也是"正念"的意义之一:摆正自己的观念。

《为什么我们总是在防御》
◎读者 freya

理解自恋者求关注的内因,有助于我们理解身边人的一些行为的动机,能通过一些外在表现发现本质。尤其像书中的例子,在社交方面无趣的人总是不断地谈论自己而缺乏对他人的兴趣,也是典型的一种自恋者类型。

ACT

拥抱你的抑郁情绪
自我疗愈的九大正念技巧（原书第2版）

[美] 柯克·D.斯特罗萨尔
　　 帕特里夏·J.罗宾逊　著
徐守森　宗焱　祝卓宏　等译

- 你正与抑郁情绪做斗争吗？本书从接纳承诺疗法（ACT）、正念、自我关怀、积极心理学、神经科学视角重新解读抑郁，帮助你创造积极新生活。美国行为和认知疗法协会推荐图书

自在的心
摆脱精神内耗，专注当下要事

[美] 史蒂文·C.海斯　著
陈四光　祝卓宏　译

- 20世纪末世界上最有影响力的心理学家之一、接纳承诺疗法（ACT）创始人史蒂文·C.海斯用11年心血铸就的里程碑式著作
- 在这本凝结海斯40年研究和临床实践精华的著作中，他展示了如何培养并应用心理灵活性技能

自信的陷阱
如何通过有效行动建立持久自信（双色版）

[澳] 路斯·哈里斯　著
王怡蕊　陆杨　译

- 本书将会彻底改变你对自信的看法，并一步一步指导你通过清晰、简单的ACT练习，来管理恐惧、焦虑、自我怀疑等负面情绪，帮助你跳出自信的陷阱，建立真正持久的自信

ACT就这么简单
接纳承诺疗法简明实操手册（原书第2版）

[澳] 路斯·哈里斯　著
王静　曹慧　祝卓宏　译

- 最佳ACT入门书
- ACT创始人史蒂文·C.海斯推荐
- 国内ACT领航人、中国科学院心理研究所祝卓宏教授翻译并推荐

幸福的陷阱
（原书第2版）

[澳] 路斯·哈里斯　著
邓竹箐　祝卓宏　译

- 全球销量超过100万册的心理自助经典
- 新增内容超过50%
- 一本思维和行为的改变之书：接纳所有的情绪和身体感受；意识到此时此刻对你来说什么才是最重要的；行动起来，去做对自己真正有用和重要的事情

生活的陷阱
如何应对人生中的至暗时刻

[澳] 路斯·哈里斯　著
邓竹箐　译

- 百万级畅销书《幸福的陷阱》作者哈里斯博士作品
- 我们并不是等风暴平息后才开启生活，而是本就一直生活在风暴中。本书将告诉你如何跳出生活的陷阱，带着生活赐予我们的宝藏勇敢前行

经典畅销

刻意练习
如何从新手到大师

[美] 安德斯·艾利克森 著
罗伯特·普尔
王正林 译

- 成为任何领域杰出人物的黄金法则

学会提问
（原书第12版）

[美] 尼尔·布朗 著
斯图尔特·基利
许蔚翰 吴礼敬 译

- 批判性思维领域"圣经"

内在动机
自主掌控人生的力量

[美] 爱德华·L.德西 著
理查德·弗拉斯特
王正林 译

- 如何才能永远带着乐趣和好奇心学习、工作和生活？你是否常在父母期望、社会压力和自己真正喜欢的生活之间挣扎？自我决定论创始人德西带你颠覆传统激励方式，活出真正自我

聪明却混乱的孩子
利用"执行技能训练"提升孩子学习力和专注力

[美] 佩格·道森 著
理查德·奎尔
王正林 译

- 为4～13岁孩子量身定制的"执行技能训练"计划，全面提升孩子的学习力和专注力

自驱型成长
如何科学有效地培养孩子的自律

[美] 威廉·斯蒂克斯鲁德 著
奈德·约翰逊
叶壮 译

- 当代父母必备的科学教养参考书

父母的语言
3000万词汇塑造更强大的学习型大脑

[美] 达娜·萨斯金德 著
贝丝·萨斯金德
莱斯利·勒万特－萨斯金德
任忆 译

- 父母的语言是最好的教育资源

十分钟冥想

[英] 安迪·普迪科姆 著
王俊兰 王彦又 译

- 比尔·盖茨的冥想入门书

批判性思维
（原书第12版）

[美] 布鲁克·诺埃尔·摩尔 著
理查德·帕克
朱素梅 译

- 备受全球大学生欢迎的思维训练教科书，已更新至12版，教你如何正确思考与决策，避开"21种思维谬误"，语言通俗、生动，批判性思维领域经典之作

心理学大师作品

生命的礼物
关于爱、死亡及存在的意义

[美] 欧文·D.亚隆 著
玛丽莲·亚隆

[美] 童慧琦 译
丁安睿 秦华

- 生命与生命的相遇是一份礼物。心理学大师欧文·亚隆、女性主义学者玛丽莲·亚隆夫妇在生命终点的心灵对话,揭示生命、死亡、爱与存在的意义
- 一本让我们看见生命与爱、存在与死亡终极意义的人生之书

诊疗椅上的谎言

[美] 欧文·D.亚隆 著
鲁宓 译

- 亚隆流传最广的经典长篇心理小说。人都是天使和魔鬼的结合体,当来访者满怀谎言走向诊疗椅,结局,将大大出乎每个人的意料

部分心理学
(原书第2版)

[美] 理查德·C.施瓦茨 著
玛莎·斯威齐

张梦洁 译

- IFS创始人权威著作
- 《头脑特工队》理论原型
- 揭示人类不可思议的内心世界
- 发掘我们脆弱但惊人的内在力量

这一生为何而来
海灵格自传·访谈录

[德] 伯特·海灵格 著
嘉碧丽·谭·荷佛

黄应东 乐竞文 译
张瑶瑶 审校

- 家庭系统排列治疗大师海灵格生前亲自授权传记,全面了解海灵格本人和其思想的必读著作

人间值得
在苦难中寻找生命的意义

[美] 玛莎·M.莱恩汉 著

邓竹箐 译
[美] 薛燕峰 邬海皓

- 与弗洛伊德齐名的女性心理学家、辩证行为疗法创始人玛莎·M.莱恩汉的自传故事
- 这是一个关于信念、坚持和勇气的故事,是正在经受心理健康挑战的人的希望之书

心理治疗的精进

[美] 詹姆斯·F.T.布根塔尔 著
吴张彰 李昀烨 译
杨立华 审校

- 存在-人本主义心理学大师布根塔尔经典之作
- 近50年心理治疗经验倾囊相授,帮助心理治疗师拓展自己的能力、实现技术上的精进,引领来访者解决生活中的难题

高效学习 & 逻辑思维

达成目标的 16 项刻意练习

[美] 安吉拉·伍德 著
杨宁 译

- 基于动机访谈这种方法,精心设计 16 项实用练习,帮你全面考虑自己的目标,做出坚定的、可持续的改变
- 刻意练习·自我成长书系专属小程序,给你提供打卡记录练习过程和与同伴交流的线上空间

精进之路
从新手到大师的心智升级之旅

[英] 罗杰·尼伯恩 著
姜帆 译

- 你是否渴望在所选领域里成为专家?如何从学徒走向熟手,再成为大师?基于前沿科学研究与个人生活经验,本书为你揭晓了专家的成长之道,众多成为专家的通关窍门,一览无余

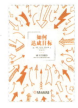

如何达成目标

[美] 海蒂·格兰特·霍尔沃森 著
王正林 译

- 社会心理学家海蒂·格兰特·霍尔沃森力作
- 精选数百个国际心理学研究案例,手把手教你克服拖延,提升自制力,高效达成目标

学会据理力争
自信得体地表达主张,为自己争取更多

[英] 乔纳森·赫林 著
戴思琪 译

- 当我们身处充满压力焦虑、委屈自己、紧张的人际关系之中,甚至自己的合法权益受到蔑视和侵犯时,在"战或逃"之间,我们有一种更为积极和明智的选择——据理力争

延伸阅读

学术写作原来是这样
语言、逻辑和结构的全面提升(珍藏版)

学会如何学习

科学学习
斯坦福黄金学习法则

刻意专注
分心时代如何找回高效的喜悦

直抵人心的写作
精准表达自我,深度影响他人

有毒的逻辑
为何有说服力的话反而不可信

终身成长

跨越式成长
思维转换重塑你的工作和生活

[美] 芭芭拉·奥克利 著
汪幼枫 译

- 芭芭拉·奥克利博士走遍全球进行跨学科研究,提出了重启人生的关键性工具"思维转换"。面对不确定性,无论你的年龄或背景如何,你都可以通过学习为自己带来变化

大脑幸福密码
脑科学新知带给我们平静、自信、满足

[美] 里克·汉森 著
杨宁 等译

- 里克·汉森博士融合脑神经科学、积极心理学跨界研究表明:你所关注的东西是你大脑的塑造者。你持续让思维驻留于积极的事件和体验,就会塑造积极乐观的大脑

深度关系
从建立信任到彼此成就

[美] 大卫·布拉德福德
      卡罗尔·罗宾 著
姜帆 译

- 本书内容源自斯坦福商学院50余年超高人气的经典课程"人际互动",本书由该课程创始人和继任课程负责人精心改编,历时4年,首次成书
- 彭凯平、刘东华、瑞·达利欧、海蓝博士、何峰、顾及联袂推荐

成为更好的自己
许燕人格心理学30讲

许燕 著

- 北京师范大学心理学部许燕教授,30多年"人格心理学"教学和研究经验的总结和提炼。了解自我,理解他人,塑造健康的人格,展示人格的力量,获得最佳成就,创造美好未来

延伸阅读

| 自尊的六大支柱 | 习惯心理学 如何实现持久的积极改变 | 学会沟通 全面沟通技能手册(原书第4版) | 掌控边界 如何真实地表达自己的需求和底线 | 深度转变 让改变真正发生的7种语言 | 逻辑学的语言 看穿本质、明辨是非的逻辑思维指南 |

经典畅销

红书

[瑞士] 荣格 原著
[英] 索努·沙姆达萨尼 编译
周党伟 译

- 心理学大师荣格核心之作,国内首次授权

身体从未忘记
心理创伤疗愈中的大脑、心智和身体

[美] 巴塞尔·范德考克 著

李智 译

- 现代心理创伤治疗大师巴塞尔·范德考克"圣经"式著作

打开积极心理学之门

[美] 克里斯托弗·彼得森 著

侯玉波 王非 等译

- 积极心理学创始人之一克里斯托弗·彼得森代表作

精神分析的技术与实践

[美] 拉尔夫·格林森 著

朱晓刚 李鸣 译

- 精神分析临床治疗大师拉尔夫·格林森代表作,精神分析治疗技术经典

成为我自己
欧文·亚隆回忆录

[美] 欧文·D.亚隆 著

杨立华 郑世彦 译

- 存在主义治疗代表人物欧文·D.亚隆用一生讲述如何成为自己

当尼采哭泣

[美] 欧文·D.亚隆 著

侯维之 译

- 欧文·D.亚隆经典心理小说

何以为父
影响彼此一生的父子关系

[美] 迈克尔·J.戴蒙德 著

孙平 译

- 美国杰出精神分析师迈克尔·J.戴蒙德超30年父子关系研究总结
- 真实而有爱的父子联结赋予彼此超越生命的力量

理性生活指南
(原书第3版)

[美] 阿尔伯特·埃利斯
    罗伯特·A.哈珀 著

刘清山 译

- 理性情绪行为疗法之父埃利斯代表作

当代正念大师
"正念减压疗法"创始人卡巴金
带您体认入门练习正念

名誉单衔，涵盖的不只是他内心的感谢
更好地了解自己，着意增进你与他问我了关注中的领悟身心
信息来源非吾以私关天下

卡巴金老师的来信

亲爱的马克：

非常感谢你寄给我装有你所著中文版《正念减压工作手册》、《正念之道》、《觉醒》、《正念父母心》一书，我非常感激。我真的很喜欢这首可爱的诗，——正如引用了我早些时候写的几句，出自《正念之花》，事实上，诗刻在一块花岗岩上，面向大海，——为我们某个的地方着想。它见证了一切，所以收藏现在是在那里的房屋附近。所以它将会在那里，甚至是在你我都不在的时候，后续如何也不知道。

我也很高兴看到你的书是根据《正念之道》一版你用了你自己的正念练习，来为这件事服务，而且你把它做得多么漂亮。我希望你在中国出版时顺利。

带着我一份深切的感谢，祝你生活愉快，工作顺利。如你所说，"for now"，我还要补充一句，"this moment is already good enough"。（此时此刻已经足够美好。）

卡巴金

创伤疗愈 & 哀伤治疗

心理创伤之声
倾听你身体的信号

[美] 戴维·米森 著
王特芳 徐丽丽 译

- 有心理创伤的人必须学会要倾听自己与身体的信息，才能完全地相信自己。美国知名体式心理疗法治疗师戴维·米森，体验并重新创伤幸存人是无之作。

创伤与复原

[美] 朱迪思·赫尔曼 著
施宏达 陈文琪 译

- 美国著名心理创伤专家朱迪斯·赫尔曼博士的经典作品，自其最初的版本问世以来，又一重要的新增章节被添加。
- 心理创伤领域，你所应该研读之书

创伤疗愈
陪伴走过来访者的疗愈旅程

[美] 巴贝特·罗斯柴尔德 著
张爱莲 译

- 来访者需要重新咨询的问题，并与一起经历与理解和涵容，也将有你心的涵容，并激活与助推来访者的生长

每一朵初开的花
你和他们的成长：10亿父母与专家名下的关于养育

方新 主编 殷旭 副主编

- 为编、陪孩成长、信词汇、情绪、养育重点、习惯、意识、家规范、我用来、对未来10位父母之里专家发言在中人生意和他们的疗愈的故事

哀伤咨询与哀伤治疗
（原书第5版）

[美] J.威廉姆·沃登 著
王建平 唐苏勤 等译

- 助益学校辅导者和家庭医生、其他从业者、志愿者
- 如何更好地重要受伤者

伴你走过低谷
疗伤者的实用手册

[美] 梅根·迪瓦恩 著
唐苏勤 译

- 本书为你提供一个"非常规处方"，以心理治 为准则，用共情、冥想、情绪视觉，帮你找到 的方法，让你可以用自己的方式探索哀痛、每个人 重要的问候名词。

心理自助

情感操纵
摆脱他人的隐性控制，找回自信与边界

[美] 斯蒂芬妮·莫尔顿·萨尔基斯 著
顾艳艳 译

- 情感操纵，又称为煤气灯操纵，也称为PUA。通常，操纵者会通过撒谎、隐瞒、挑拨、贬低、否认错误、转嫁责任等伎俩来扭曲你对现实的认知，实现情感操纵意图
- 情感操纵领域专家教你识别和应对恋爱、家庭、工作、友谊中令人窒息的情感操纵，找回自我，重拾自信

清醒地活
超越自我的生命之旅

[美] 迈克尔·辛格 著
汪幼枫 陈舒 译

- 樊登推荐！改变全球万千读者的心灵成长经典。冥想大师迈克尔·辛格从崭新的视角带你探索内心，为你正经历的纠结、痛苦找到良药

静观自我关怀
勇敢爱自己的51项练习

[美] 克里斯汀·内夫
克里斯托弗·杰默 著
姜帆 译

- 静观自我关怀创始人集大成之作，风靡40余个国家。爱自己，是终身自由的开始。51项练习简单易用、科学有效，一天一项小练习，一天比一天爱自己

不被父母控制的人生
如何建立边界感，重获情感独立

[美] 琳赛·吉布森 著
姜帆 译

- 让你的孩子拥有一个自己说了算的人生，不做不成熟的父母
- 走出父母的情感包围圈，建立边界感，重获情感独立

与孤独共处
喧嚣世界中的内心成长

[英] 安东尼·斯托尔 著
关凤霞 译

- 英国精神科医生、作家，英国皇家内科医师学院院士、英国皇家精神科医学院院士、英国皇家文学学会院士、牛津大学格林学院名誉院士安东尼·斯托尔经典著作
- 周国平、张海音倾情推荐

原来我可以爱自己
童年受伤者的自我关怀指南

[美] 琳赛·吉布森 著
戴思琪 译

- 你要像关心你所爱的人那样，好好关怀自己
- 研究情感不成熟父母的专家陪你走上自我探索之旅，让你学会相信自己，建立更健康的人际关系，从容面对生活中的压力和挑战

科学教养

硅谷超级家长课
教出硅谷三女杰的 TRICK 教养法

[美] 埃丝特·沃西基 著
姜帆 译

- 教出硅谷三女杰，马斯克母亲、乔布斯妻子都推荐的 TRICK 教养法
- "硅谷教母"沃西基首次写给大众读者的育儿书

儿童心理创伤的预防与疗愈

[美] 彼得·A. 莱文 著
玛吉·克莱恩
杨磊 李婧煜 译

- 心理创伤治疗大师、体感疗愈创始人彼得·A. 莱文代表作
- 儿童心理创伤疗愈经典，借助案例、诗歌、插图、练习，指导成年人成为高效"创可贴"，尽快处理创伤事件的残余影响

成功养育
为孩子搭建良好的成长生态

和渊 著

- 来自清华博士、人大附中名师的家庭教育指南，帮你一次性解决所有的教养问题
- 为你揭秘人大附中优秀学生背后的家长群像，解锁优秀孩子的培养秘诀

正念亲子游戏
让孩子更专注、更聪明、更友善的 60 个游戏

[美] 苏珊·凯瑟·葛凌兰 著
周玥 朱莉 译

- 源于美国经典正念教育项目
- 60 个简单、有趣的亲子游戏帮助孩子们提高 6 种核心能力
- 建议书和卡片配套使用

| 延伸阅读 |

儿童发展心理学
费尔德曼带你开启孩子的成长之旅
（原书第 8 版）

正念父母心
养孩子，养育自己

高质量陪伴
如何培养孩子的安全型依恋

爱的脚手架
培养情绪健康、勇敢独立的孩子

欢迎来到青春期
9~18 岁孩子正向教养指南

聪明却孤单的孩子
利用"执行功能训练"提升孩子的社交能力

当代正念大师卡巴金正念书系
童慧琦博士领衔翻译

卡巴金正念四部曲

正念地活
拥抱当下的力量

[美] 童慧琦 译
顾洁

正念是什么?我们为什么需要正念?

觉醒
在日常生活中练习正念

孙舒放 李瑞鹏 译

细致探索如何在生活中系统地培育正念

正念疗愈的力量
一种新的生活方式

朱科铭 王佳 译

正念本身具有的疗愈、启发和转化的力量

正念之道
疗愈受苦的心

张戈卉 汪苏苏 译

如何实现正念、修身养性并心怀天下

卡巴金其他作品

正念父母心
养育孩子,养育自己

[美] 童慧琦 译

卡巴金夫妇合著,一本真正同时关照孩子和父母的成长书

多舛的生命
正念疗愈帮你抚平压力、疼痛和创伤(原书第2版)

[美] 童慧琦 译
高旭滨

"正念减压疗法"百科全书和案头工具书

王俊兰老师翻译

穿越抑郁的正念之道

[美] 童慧琦 译
张娜

正念在抑郁等情绪管理、心理治疗领域的有效应用

正念
此刻是一枝花

王俊兰 译

卡巴金博士给每个人的正念入门书

心理自助

为什么我们总是在防御

[美] 约瑟夫·布尔戈 著
姜帆 译

- 真正的勇士敢于卸下盔甲，直视内心
- 10种心理防御的知识带你深入潜意识，成就更强大的自己
- 曾奇峰、樊登联袂推荐

你的感觉我能懂
用共情的力量理解他人，疗愈自己

[美] 海伦·里斯
莉斯·内伯伦特 著
何伟 译

- 一本运用共情改变关系的革命性指南，共情是每个人都需要培养的高级人际关系技能
- 开创性的 E.M.P.A.T.H.Y. 七要素共情法，助你获得平和与爱的力量，理解他人，疗愈自己
- 浙江大学营销学系主任周欣悦、北师大心理学教授韩卓、管理心理学教授钱婧、心理咨询师史秀雄倾情推荐

焦虑是因为我想太多吗
元认知疗法自助手册

[丹] 皮亚·卡列森 著
王倩倩 译

- 英国国民健康服务体系推荐的治疗方法
- 高达 90% 的焦虑症治愈率

为什么家庭会生病

陈发展 著

- 知名家庭治疗师陈发展博士作品
- 厘清家庭成员间的关系，让家成为温暖的港湾，成为每个人的能量补充站

| 延伸阅读 |

完整人格的塑造
心理治疗师谈自我实现

丘吉尔的黑狗
抑郁症以及人类深层心理现象的分析

拥抱你的焦虑情绪
放下与焦虑和恐惧的斗争，重获生活的自由
（原书第2版）

情绪药箱
应对12种普遍心理问题的自我疗愈方案
（原书第5版）

空洞的心
成瘾的真相与疗愈

身体会替你说不
内心隐藏的压力如何损害健康

第6章 给身心一个休憩的空间

> 终日昏昏醉梦间,忽闻春尽强登山。
> 因过竹院逢僧话,偷得浮生半日闲。
> ——〔唐〕李涉,《题鹤林寺僧舍》

审视一下日常生活

"最近在忙什么?"

"没忙什么,瞎忙……"

不知上面的对话,大家熟悉吗?我原来以为,不用上班、没有孩子或没有孩子需要照顾的人会觉得日子更空闲。后来发现,我原来所以为的,也是一种"活在头脑里"的观念,真的是"每个人都很忙"。"终日昏昏醉梦间",有点浑浑噩噩地忙碌着,也许从古至今在我们普通人的生活

> 我们真的需要那么忙吗?

中蛮常见的。但是，我们真的那么忙吗？我们真的需要那么忙吗？

日常活动清单

在回答是否真的需要那么忙之前，让我们一起先来梳理一下自己的生活吧。我们可以给自己的日常生活列个清单，以帮助我们清楚地看到，自己每天都在做些什么，而不是被这些需要做的事情架着跑。

我邀请你拿出纸和笔，把每天从早晨醒来，到晚上睡觉，一天二十四小时里的日常活动，尽可能详细地列出来。

36岁的企业行政工作人员华菁和丈夫原来想当丁克，意外怀孕后把孩子生了下来。目前儿子上小学四年级，华菁和丈夫的感情不好不坏。"我原来是个很自我的人，但是结婚有了孩子，我都没有自己的时间、没有自我了。"最近两三年来，华菁一直感到郁闷，没啥兴趣和动力。以下是她分享的日常活动清单。

> **日常活动**
> 6:50：起床、穿衣
> 7:00：洗漱
> 7:10：吃早餐
> 7:20～8:00：上班路上
> 8:00～12:00：工作
> 12:00～13:30：吃午餐、休息、刷手机
> 13:30～17:00：工作

17:00～18:00：下班路上
18:00～19:00：做晚餐
19:00～19:30：吃晚餐
19:30～21:30：陪儿子做功课、刷手机
21:30～22:30：亲子娱乐、督促儿子洗漱和睡觉
22:30～0:00：自己洗漱、刷手机、睡前小运动
0:00～6:50：睡觉

如果你周末的活动清单和平时差别比较大的话，请另外列出通常情况下周末的活动安排。当你清晰地列出日常活动清单的时候，你会对自己原本满满当当的生活有一个觉察。"啊，我每天刷手机的时间居然那么多！上下班的地铁里，我也是一直在刷手机！"华菁惊呼！

> 把我们填满的日常活动中，是否有不需要的活动？

你在自己的日常活动清单上，看见了什么？

滋养型活动与消耗型活动

在列完清单以后，我们来给自己的日常活动分一下类。能够给我们带来快乐或者增强能量的活动，为滋养型活动；降低我们的快乐程度、带来不快乐或者损耗能量的活动，为消耗型活动；既不能带来滋养，也不会让人感到消耗的，为一般性活动。

滋养型活动又可以分为两类：愉悦型活动和胜任型活动。愉悦型活动是不需要特别花费心思或者努力，就

可以让人感觉到愉悦的活动；胜任型活动是需要经过努力来达成目标，让人有成就感或体验到自己能胜任的活动。

对不同的人来说，同样一个活动可能属于不同的类型。比如做饭，对有些人来说，是很轻松就能做到的愉悦型活动；对另一些人来说，是需要努力才能做到的胜任型活动；对有些人来说，是一般性活动；对另一些人来说，则是消耗型活动。同一个活动，给不同状态下的同一个人带来的感受很可能也不一样。比如，在你已经很累的情况下，原本为一般性活动的做饭，可能就会变成消耗型活动。同一个活动，对于在不同时期做同一件事的同一个人来说，感觉也会不一样。比如，刚开始学习做饭时，它更可能是消耗型活动，熟悉以后变为胜任型活动，熟练以后变为愉悦型活动，如果天天要做饭，它就会变成一般性活动或者有时候又变为消耗型活动了。

在读完上面的介绍后，请在你的日常活动清单的每个活动的后面清晰地标注出它所属的类型。对你来说，它是滋养型活动（✓）、一般性活动（-），还是消耗型活动（×）。其中的滋养型活动，请再区分一下，对你而言，它是愉悦型活动（愉），还是胜任型活动（胜）。我们来看一下，华菁对自己日常活动的分类。

日常活动	分类
6:50：起床、穿衣	-
7:00：洗漱	-

7:10：吃早餐 　　　　　　　　　　　　－
7:20：上班路上 　　　　　　　　　　　×
8:00～12:00：工作 　　　　　　　　　×
12:00～13:30：吃午餐、休息、刷手机 　√（愉）
13:30～17:00：工作 　　　　　　　　　×
17:00～18:00：下班路上 　　　　　　　×
18:00～19:00：做晚餐 　　　　　　　　－
19:00～19:30：吃晚餐 　　　　　　　　√（愉）
19:30～21:30：陪儿子做功课、刷手机 　×
21:30～22:30：娱乐、督促儿子洗漱和睡觉 　－
22:30～0:00：自己洗漱、刷手机、睡前小运动 　－
0:00～6:50：睡觉 　　　　　　　　　　√（愉）

"我的生活怎么就只有吃和睡这两个愉悦型的滋养型活动呢？这不是过得还不如猪吗？"做好分类以后，华菁有些悲哀地自嘲道。

如果你也清晰地给你的日常活动分类了，看一下，是否可以优化一下你的生活安排？哪里可以增加一些滋养型活动，哪里可以减少一些消耗型活动？

> 把日子过好，是我们自己的责任。

减少不必要的消耗型活动

华菁在列出了日常活动清单以及做好分类以后，发现自己刷手机的时间很长。而且她发现,刷手机最集中的是上下班的地铁里和陪儿子做功课的时候。上下班刷手机是因为路上无聊;"陪儿子做功课并不是我想干的事情,没办法。刷手机成为一种逃避不想承担的责任的方式。其实,大部分时间我并没有真的用心在陪他。他经常问,'妈妈,你有没有在听我说话'"。华菁有点无奈地反思到。同时华菁也觉察到,当她用心陪儿子时,亲子关系融洽,她和儿子都比较愉悦;当她在学习上帮到儿子的时候,她是有喜悦、胜任感的。"不过,以前大部分时候我都会和他说,'你自己再想想'或者'问你爸爸去'。"想到这些的时候,华菁有些自责和难过。从那以后,华菁开始有意识地减少刷手机的时间。

在我看来,过度刷手机和过度饮食有点类似。吃过多的食物是在物质上填补空虚或给处在压力下的自己增加点能量;过度刷手机某种程度上也是在填补情感或人际交流上的空虚,逃避现实的情境和责任。这二者本质上都是"吃进"不需要的"替代食物",给自己增加让人烦恼的"赘肉"。

把消耗型活动转化为滋养型活动

在有了上面的觉察以后,华菁在上下班的地铁上,除了用手机进行必要的信息交流、定期看自己喜欢的公众号上的更新,她更多的时间用来听喜欢的音乐,或者听坐姿身体扫描、三步呼吸空间的音频。(下方二维码里附有这两个练习的音频。)"站着听身体扫描没有躺着听效果好,但是在地铁里站着或者坐着听都不会睡着,听完以后觉得身体还是蛮松快的,心情也比较愉悦。""我把高跟鞋放在单位了,上下班就穿平底鞋,这样路上舒服很多,我更能感觉到脚底与地面的接触了,很接地气。""我发现这样调整以后,我最讨厌的上下班通勤都要变成滋养型活动了。我明显感觉自己下了班以后的精神、情绪都比以前更好,有一天在走回家的路上,嘴里还哼着歌,我很久没有这样子了。"

注:坐姿身体扫描练习音频。　　注:三步呼吸空间练习音频。

对于晚间陪孩子的两个小时,华菁也做了调整。"他已经四年级了,不需要我一直坐在他房间里盯着他,而且他抗议过。我明明不喜欢,却还坚持着,这是不是心理学上说的反向形成⊖(reaction formation)?我可以做自己的事情,有时候进去看看他,给他送些茶水、点心,同时让他有事找我就可以了。"华菁把自己的洗漱时间提前了。"洗澡对我来说,是很解乏和享受的。只不过以前经常很晚才洗澡,例行公事般快速洗完,就没啥愉快可言了。""我有一些想看的书,之前一直觉得要有独处的时间静下心来看才能看得下去,现在看来,主要

⊖ 意指把无意识中不能被接受的欲望和冲动转化为意识中的相反行为。

还是因为自己脑子被各种碎片信息塞满了。我最近在看汪曾祺的《人间知味》,感觉和我们'日常生活中的正念'这个主题很搭。"

对于睡前的一个半小时,原来华菁认为,"那才是属于我自己的时间"。随着华菁有意识地觉察,以及觉察力在每日修习中逐渐提高以后,华菁发现,如果她刷手机的时间占比比较大,反而容易进入有点"不清醒"的状态。如果做运动的时间占比多一些,她更愉悦、有活力,睡眠质量也会提高。现在加了一个10分钟以内的睡前静坐,"跟着三步呼吸空间音频做一遍,好像把一天的生活和心情整理了一遍"。"我现在没有每天磨蹭到晚上十二点,十一点半就睡觉了。这样子第二天早上起来,精神也好了很多。"

你是否愿意停驻、思索一下,在你的日常活动里,哪些活动是有改变的可能性或空间的呢?

孟姣分享的把上下班路上的消耗型活动转变为滋养型活动的例子,让我一直记忆犹新。"我家离上班的地方很近,我走路最多15分钟就到了。以前我一直走的是大马路,横平竖直的,周围都是高楼大厦,没啥意思,夏天晒得很,也更无聊。不过我把这当作每日的运动,而且我也不会骑单车,就这样一直走着。有一天,我突然想,我是不是可以改变一条路线呢?我发现了一条小路,经过菜市场,再穿过一个老小区就能到公司,小路两旁都有树。这条路让我感觉很有烟火气。在老小区里,傍晚下班看着老人在小区坐着纳凉、聊天、下棋,我的心也会静下来。我喜欢看阳光透过树叶缝隙洒下的斑驳的影子，非常美，我经常会驻足一会儿。这样，上下班，尤其是下班走回家，对我来说变成了很美好的散步活动，我很享受。"

区分、细化工作内容

在华菁以及大部分人的日常生活中，工作占据了很大的一块。有不少人在工作这一项，一开始都是直接打了"×"，认为工作是消耗型活动，发工资的那一刻，才是开心的。但是工作真的全部是消耗型活动吗？工作的哪一部分，让你感觉消耗呢？工作内容机械重复？工作压力过大？没有太多的提升空间？人际关系让人烦恼？或者还有其他的吗？

除了挣钱，工作的哪些内容也可以给你带来一些乐趣，只是你没有那么留意？或者，你有没有可能，给自己寻找或创造一些乐趣呢？或者在消耗型的工作里，提醒自己适当加入短暂的能够给自己滋养的活动，这样可以及时补充能量，不至于持续处于消耗状态？我们来看一下华菁是如何调整她的工作安排的。

> 我在家经常教训儿子抓紧做作业，剩下的时间都是他自己的，想干啥都行。但他就是磨蹭，看课外书、玩游戏倒是争分夺秒，我没少对他发火。后来想想我自己，也是这样。领导交给我的任务，我经常也是拖到最后一天才完成，但是心里一直是想着这事的。我做事情的效率也挺低的，主要觉得日复一日地做类似的事情，实在提不起劲儿，做完拉

倒。"每个人活着，都有应该要做的事和自己喜欢做的事。把该做的事情做了，剩下的时间都是自己的。"这是我教训儿子的话，我自己却没有做到。这样想了以后，我把怎么加快速度完成规定动作设置为目标，这样我做事情更有干劲，不再懒洋洋的，效率明显提高了。我不再把任务拖到最后一天才做，这样这个任务的阴影不会再覆盖我其他的时间。做好事情以后，时间变自由了，虽然人还是待在办公室，不过心理空间变大了。我突然真切地意识到，时间都是我自己的，怎么过，也是我自己的事情。我不能再这样浑浑噩噩地把自己的时间打发掉。一直以来我都想学习摄影，但总是停留在想法上。这周工作做好了以后，我开始正式学习起来，这让我有些新鲜感，对自己也比较满意。我在办公室养了兰花、文竹等绿植，看着养眼，也会研究怎么把它们拍漂亮，我感觉到心里又升起了对生活的热忱。我以前的忙，还真的是瞎忙，尽耗时间了。

华菁对工作的调整，是提高比较千篇一律的日常工作的效率，给自己争取更多的自由时间和心理空间做点自己喜欢的事。对有些人来说，工作中的挑战比较大。但是有意识地调整自己，也能转化挑战大的消耗型工作。

> 时间都是自己的，怎么过，也是自己的事。

方伊恩在一个快消品广告公司做运营总监,工作中需要处理不少复杂的人际问题。"我们财务审核的最后一个同事,永远在那里耗时间,拖慢进度。那天已经是截止日期了,他还是啥也没有做。我三天前就给了他邮件和工作微信让他审批。要是以前,我又要发火了。那天我感觉到了自己的愤怒。我去公司里的母婴室,做了好几个深呼吸。在我觉得自己心情平复下来了以后,我走到他办公室,平静又坚定地要求他上午就处理好这个事情。他那天很配合地做好了。我觉得自己在工作上的情绪掌控力越来越强,这些人际问题及其引发的情绪不再让我感觉那么消耗,我反而体验到了一种胜任感。我对自己很满意。"

我们再回来看看华菁。经过两个月的调整,华菁的日常活动和分类,有了挺大的变化。

日常活动	分类
6:50:起床、穿衣	-
7:00:洗漱	-
7:10:吃早餐	-
7:20:上班路上	✓(愉)或者 -
8:00~12:00:工作	- 或者 ×
12:00~13:30:吃午餐、休息、刷手机	✓(愉)
13:30~17:00:工作	- 或者小部分 ✓(愉、胜)
17:00~18:00:下班路上	✓(愉)

18:00～19:00：做晚餐	－或者尝试做新的菜品时 ✓（胜）
19:00～19:30：吃晚餐	✓（愉）
19:30～21:30：陪儿子做功课、洗澡、阅读	✓（愉、胜）
21:30～22:15：亲子娱乐、督促儿子洗漱和睡觉	✓（愉）
22:15～23:30：阅读、睡前小运动、静坐	✓（愉）
23:30～6:50：睡觉	✓（愉）

华菁的整个生活结构没有大变动，只是减少了刷手机的时间，增加了阅读和一些正念练习，但是整个情绪状态有了很大的变化，从持续阴天变成多云，偶尔放晴了。"说到根本，是我的心态变了。以前觉得没有自己的生活，时间被上班、孩子占满了，我整个人处于消极怠工的状态。最重要的变化是，意识到

> 把乏味的生活过得有滋有味，需要自己的承诺和智慧。

生活说到底是自己的，怎么把日子过好，是我自己的责任。"正在阅读的你，对自己的生活，又有怎样的承诺呢？

给予自己空间

"生活，生活，就是不断生出来的活，永远也做不

完的。"十几年前,我很喜欢的护士王慧萍老师和我聊天的时候这样说到,我当时扑哧一声笑了,当真至理名言啊!

如果你和曾经的我一样,无论是现实生活还是心灵生活,都被充塞得满满当当的,那我们来尝试一下,给自己的生活释放出一些空间。

> 生活,就是不断生出来的活。

按下删除键

我们都知道,手机、电脑存放太多数据,运行速度就会变慢、容易卡住。如果你负重前行,也会走得很累,走不远,对吗?我们何不给自己的生活按下删除键呢?

删除没有必要的消耗型活动

通过列出日常活动清单,真切体会这些活动带给自己的体验,华菁发现自己每日花在刷手机上的时间太多,而且刷手机对她来说,更多的是一种消耗型活动。当她开始有意识地逐渐减少刷手机的时间以后,空间就多出来了,她也可以有意识地在这个空间里做让自己愉快的事情。当然,你也可以选择什么都不做。核心是,你觉得有空间可以自由选择,怎么开心怎么来,这才是最重要的。哪怕这个空间在一开始每天只有短暂的十分钟甚至是一瞬间,但是这种感觉会帮助你

> 核心是,你觉得有空间可以自由选择。

继续在生活中探索、延伸这种感觉。如果这种感觉能逐步融入你的生活,那自然是很好的。如果还不能,能享受多少,就先享受多少,也挺好的。

减少没有必要的事情

祁瀚是个外科医生,工作繁忙,每天回到家已经很累了,还经常在打电话、回微信等,基本顾不上家里的两个孩子,为此没少遭妻子抱怨,"她不时给我发《丧偶式教育》《缺失的父亲》这类文章"。两个孩子也都觉得爸爸很忙,不主动"打扰"他,也不主动和他亲近。上正念课的过程中,他留意到,他每晚平均要花一个小时帮亲戚、朋友、同学、同乡,以及这些人的亲戚朋友寻医问药、解答问题。所有时间加起来是一个小时,但是跨度远不止一个小时,而且"终年无休"。他是所有人心中的好人、热心人,但不是个好丈夫、好爸爸。"我的习惯是能帮就帮,自己能帮到,却拒绝别人,这让我很难为情。""我没有拒绝别人,但是我却逃避了做丈夫和做爸爸的责任。医学上的事情我得心应手,教育孩子我的确想得少,也不擅长。在我老家都是男主外、女主内,养育孩子是妈妈的事,我从小到大,好像我妈妈也没操什么心。"祁瀚开始反思自己为何热衷于他人的寻医问药而对自己孩子的事情不上心,对妻子的抱怨充耳不闻。"现在孩子的教育,的确和以前不大一样,我的观念是要改一改。我看我妻子的确花了很多心思在教育孩子上,挺辛苦的。她白天也要上班的。"

在经历了"在家里像个外人""有了面子却没有里子"

的落寞、冷清并进行反省后，祁瀚的"下班后医学服务"开始分亲疏了，他学会了拒绝。"他们有别的渠道去问，孩子只有我一个爸爸。"祁瀚在与孩子的相处中感觉到了与职业成就不同的温馨感、父子联结感。这种父子联结感，是祁瀚在自己的生命成长历程中缺失的，"我爸爸在我十岁的时候出车祸过世了。我十岁以前他在外打工，我对他的记忆很少"。"在教会十岁的儿子骑自行车时，我当时的喜悦和自豪，真的很难描述。就是心里真正有了当爸爸的感觉。"可想而知，祁瀚与妻子的紧张关系也得到了改善。

生活是生出来的活，永远也做不完。列出日常活动清单，会帮助我们看到，时间都到哪里去了。你现在的主要责任，是什么？助人为乐是个好品质，这个"人"，是不是也可以包括你自己，以及身边最亲近的人？在你可以选择的范围内，如果某些事情与你现在生活中的主要责任相冲突，你是否可以拒绝它们呢？

明确当前的主要责任，并做出取舍。

也许有人会说，像祁瀚这样拒绝我也可以做到，但是我的情况不一样，真的很难拒绝。每个人在一开始，都会因为种种困难无法拒绝。我曾经有一个来访者，抑郁症二十几年没有告诉父母，怕他们知道。"他们那么大年纪了，心脏受不了刺激，会不会出什么事。"在她已经很痛苦的情况下，依然每周到父母家"请安"，每天打电话对父母"嘘寒问暖"，因为父亲"用我最顺手"。在我的鼓励下，她告诉了父母她的病情。"他们很平静，这让我诧异、安心，也很伤心，原来我对他们也没有我想象的那么重要。"她逐渐减少了去父母家和打电话的次数，父母的照顾也逐渐由她的兄弟姐妹接管。这些在她以前看起来都是不可能的，但是现在她都做了。她过得很好，她父母也过得不错。

有不少同伴分享上正念课的一个收获是可以没有负担地对别人说不，更多地照顾自己的需求和感受。

减少没有必要的事情，也包括不被事情或事情带来的利益诱惑。

夏暄是个小有名气的设计师。他接到邀约为一家知名的开发商做别墅楼盘的设计。这不仅能给他带来可观的收入，关键是如果做得好的话，有助于他进一步提升知名度。夏暄接到这个邀约是很开心，但是当天晚上，他感觉脑袋很重很昏涨，双肩也很沉。他的爸爸即将来上海接受一个大的手术，手术结果未知，即便手术顺利，也需要调理相当一段时间。陪同前来的妈妈身体状况也不佳。设计任务是有期限的，而这个期限刚好和父母来上海治病的时间重叠了。在犹豫、考虑的两天里，夏暄一直感觉到身体很沉重，胸口闷。他已经学会了倾听身体的语言：两个任务加在一起，是无法承受的负担。"当我决定拒绝这个邀约的时候，整个身体一下子松快了，心也笃定顺畅了。大的设计项目以后还会有，但是爸爸的手术和术后康复就在今年。如果我不能全力以赴去做这个设计项目，做不好也是得不偿失。"

鱼，我所欲也；熊掌，亦我所欲也。二者不可得兼，舍鱼而取熊掌者也。何为鱼、何为熊掌，因人而异。夏暄通过倾听自己的身体语言，并根据身体的智慧做出了适合自己的选择。

舍鱼而取熊掌。

放弃不切实际的目标

当我们在平淡的生活中日复一日地奔走劳碌时，是否多少还会幻想自己未来某天能"长风破浪会有时，直挂云帆济沧海"，并为此孜孜不倦，像骡子一样埋首赶路，而忘了看一眼身边的风景，或者只是纸上谈兵地生活在幻想里？

> 我发现自己的追求，也是功名利禄，和其他人并没有本质上的区别，这让我感觉到轻松和解放，我原来一直觉得自己的追求比别人要高尚一些。从小一直听妈妈说，落后就要挨打，没钱就要被别人看不起，这些话听得太多了，就像被烙在骨子里了一样。我现在能够感受到，自己内心深处其实是很焦虑的。这么多年以来，我就像车一样，不停地往前开，停下来加油也是为了继续开，开得越快越好，根本没有心情也没有意识去看看周边的风景。我现在的生活在别人看来是很不错的了，我觉得和我大学时的梦想、同行业的人、同龄人相比，我的确算很不错的了。停下来想想，我自己也是满意的。

你问我想要达到的目标是什么,我以前并没有想过,现在也还没想到。不过我能看到,我以前脖子一直是像长颈鹿一样,伸向前方和远方。现在我专注于把眼前的事情做好,倒是开始有了在爬山的感觉,脚底是实的,而且可以在山间的凳子上坐下来休息,看看风景。

——刘程远,男,企业家,38岁

刘程远在说这些话的时候,身体感觉通畅,心里温和而笃定。长期以来,他一直生活在远方的召唤下,一如他的名字。过往经历和妈妈的教导让他很焦虑,于是他埋头不停往前奔:不能落后,要超过别人。但是自己想要的目标究竟是什么,他并不知道。不知道我们中有多少人,曾经经历过或正在经历这样的生活?诚然,我们在竞争中选择和被选择,也在竞争中前行。但是你是否为了远方未知的风景,而忽略了身边就能欣赏到的风景?在这个世界上生活,有很多种方式,就如同现在登顶华山,也可以有多种方式,而非像原来那样,自古华山一条路,只有艰苦卓绝,才能在顶峰领略无限风光。

> 不要为了远方未知的风景,而忽略了身边就能欣赏到的风景。在这个世界上生活,有很多种方式。

不切实际的目标,也包括对自己、对别人的苛求。这样的目标,往往都是伤己伤人。人生要有所追求,但所追求的究竟是能达到的目标,还是不能达到的苛求,这没有标准,要看每个具体的人。

我们大部分人从小接受的教育很多是追求优秀,进而卓越,我们也努力地让自己符合父母和文化的期待。但同时,我们都生而平凡。天才在人群中毕竟是极小概率的存在,绝大部分人努力的结果是成为优秀的普通人。这个明显的事实,很多人并不愿意看见。即便偶尔看见了,也会自欺欺人地把它给再度藏起来,继续在幻想的"荣光"的麻痹下生活,以保护自己不去体验失落、恐惧、空虚、自卑等痛苦情绪。但是这个幻想的"荣光"有可能把生活压榨得很干瘪,像个厚厚的盔甲一样把自己压垮。

齐琳从小就是别人家的孩子。在上高中的时候,她是以15分钟为单位来给自己制定学习目标的,她也如愿地考入了最顶尖的"双一流"大学。大学时期,她依然保持着数一数二的学业成绩,但是她发现自己很难融入班级群体或社团活动。"那是别人忌妒我,因为我比他们都优秀。"靠着这种防御,她度过了大学和研究生阶段:把精力都放在学业和科研工作上,尽量避免人际接触。工作以后,这件保护的盔甲越来越不起作用,看到别人欢声笑语的,她越来越失落。而且想在工作中干出成绩,不是靠她单枪匹马地努力就可以的,反而是她看不上的人得到了领导的认可和重视。支撑齐琳的支柱倒了,她也因抑郁不肯甚至不能上班了。尽管齐琳一开始还在指责"有眼无珠"的领导、喜欢拍马屁的人,但是有一束清醒的光在她心里划过：我的人际关系从大学开始一直有问题，我自己有什么问题吗？

放弃执着很久的不切实际的目标会打击一个人的自恋，诱发悲伤情绪，毕竟这些目标与一个人的自我理想或者对理想关系的期待紧密相联。

> 我们都生而平凡。

但是放弃不切实际的目标，如其所是地接纳自己、他人和事物的本貌，会让自己摆脱苛求的束缚，并带来更多的自由和选择空间。

> 我知道自己在智识上，还是优秀的，但是这个世界上，优秀的人很多。当我真的看清并接受自己就是个平凡的人的时候，我百感交集、泪流满面。我知道自己以前的状态就是自恋，但是没有人愿意在清醒状态下选择这种孤绝的生活。那只是一个孩子甚至是婴儿为了存活的自发的反应，三十几年就这样固定地生活在这座自己给自己建造的牢笼里了。我很难过，也很心疼以前的自己。我这么努力，本质上也不过是想好好活着，有人认可、爱自己。得到这些，对有的人来说，可能是很容易的。但是对我来说，曾经的确很难。在某种程度上，我在牢笼里荒废了三十几年的生命，还好，我走出了那座牢笼。生活中有趣的事情那么多，我不会再把自己吊死在

> 为幸福而努力。

第6章 给身心一个休憩的空间

工作上了。为幸福而努力，是我现在的宗旨。

在接受了3年多的心理治疗后，齐琳悲伤地说了上面这番话。

不切实际的目标，除了宏大的压榨正常生活的人生目标、对自己和他人的苛求，还有超出自己能力的每日工作目标。

> 我感觉自己每天都生活在压力下。上了正念课之后，我更清晰地看到了自己每日的生活。我想我是高估自己的能力了，因为连续两周，我都没有完成自己给自己制定的每日目标，心里似乎总是有乌云在那里飘着。这也是为什么，我晚上陪孩子的时候总是身在曹营心在汉，我还在想着自己要看完什么书，等等。孩子睡了以后，我总想再做点什么，但精力已经用完了，一般也没有真的再做什么。这周开始，我改变了工作计划，每天认真工作到下午6点，保证把一定要完成的事情做完。回到家以后，以陪孩子为主，其他的事情能做多少就做多少，不强求自己。孩子睡觉以后，我也不再给自己安排什么任务。我发现这样调整了之后，工作不会再侵蚀我生活的方方面面，生活中有自己的空间，我的心也舒展开阔了很多。
>
> ——林佩云，女，会计师，40岁，兼职心理咨询师，正在努力转行成为全职的心理咨询师

当然，把我们的生活塞得满满当当的，除了很多现实的生活目标，还有很多不断跳出来的恼人的思绪、让人难以自拔的情绪旋涡等。我会在后面的章节介绍，如何让我们的心智更好地面对这些令人烦恼的思绪和情绪，以释放出更大的心灵空间去感受生命的恬静、美丽和多彩。有一句话可能大家都很熟悉：生活不只有眼前的苟且，还有诗和远方。我想说，照顾好眼前的苟且，里面有诗和远方。

> 照顾好眼前的苟且，里面有诗和远方。

给予痛苦情绪一些空间

我们是人，不是机器。即便是机器，也是需要休息的。这个道理，谁都知道。但是即便你知道世间所有的道理，也过不好这一生。因为道理只是在头脑层面，但是鞭策我们不断前行、提升自己的，除了与生俱来的追求美好生活、自我实现的动力，正如刘程远所分享的，还有心底深处的各种焦虑或其他情绪。这些未曾被好好看见和消化的情绪，让我们奔忙得停不下来。

10年前，我的一个精神分析老师说，生活中努力要达成的目标是"rational irrational"（理性的不合理之物）。当时我很诧异，在我的概念里，理想的生活状态是带着感性和温度的理性生活。当然，怎样的生活适合自己，没有标准答案。只不过，多年以后，我越来越清晰地看到，每个人过往沉积的情感伤痕是如何深刻地影响其今日的生活的。"我真的觉得，如果我不竭尽全力，我会死的。"一个现实生活优渥的朋友曾经这样说。今日的我，也更能触摸到理性的不合理之物所蕴含的智慧。

所以，要给我们的身心休憩的空间，除了有意识地让自己慢下来、删除不必要的生活任务、给生活留白，如何给我们的身心找到一个锚点安顿下来，更好地面对内心的情绪并与之相处，也是一个重要的议题。

也许有人会说，面对痛苦情绪其实蛮难的，也会消耗很多精力，这不是让我们更不得安生吗？短期来看，对有些人来说是有可能的。这些痛苦情绪就像脓水一样被包裹在身体或深或浅的地方，去看见它们、消化它们，就像引脓一样，在一段时间里的确不舒服。但是，引脓后，身心会更轻盈。就像刘程远所分享的，当他能够看到自己底层的

> 焦虑让我们停不下来。

焦虑以后，他反而可以停下不断狂奔的脚步，既能勇攀高峰，也可以闲庭信步。

给生活增加点甜味

"小喜鹊造新房，小蜜蜂采蜜糖，幸福的生活从哪里来，要靠劳动来创造。"这首儿歌此时在耳边响起，我感觉笑意荡漾在了我的脸上和心上。曾经经历又未消化的痛苦会给现在的生活带来苦涩；曾经的快乐已经流走，但是留下的余香，也依然会给现在的生活带来甜蜜。虽然对于

这些苦涩或甜蜜，我们不一定能那么清晰地感知到。

人无远虑，必有近忧。尽管贷款买房、提前消费已经成了大众非常接受的一种生活方式了，但是存钱以备不时之需，依然是传统给予我们的馈赠。我们有存钱的传统和习惯，我们是不是也可以培养创造和储存快乐的习惯？过去生活的点滴铸就了今天的我们，而今日生活的点滴，也会在明日的我们身上留下痕迹。在我们艰困的时候，往日生活的快乐和温暖，给了我们柔软和对未来生活的希冀，不是吗？我们给自己的情感池储存快乐，既是给今日生活增加一些甜味，也是在给明日生活添砖加瓦。所谓储存快乐，并不需要我们刻意留住这些快乐。即便刻意要留，也是留不住的。空中没有留下翅膀的痕迹，但我欣然于我已经飞过。

愉悦型活动

前面我介绍的愉悦型活动，是我们不需要很努力，就可以给自己带来快乐、增加能量的活动。你是否愿意想想，哪些活动对你来说是愉悦型活动。并尽量地列出来你是否愿意有意识地在生活中加入这些愉悦型活动，给自己的生活增加点甜味？你是否愿意用心地去体验、体会你的生活，给自己发展或转化出更多的愉悦型活动呢？林娜是个心内科医生，以下是她所分享的日常愉悦型活动：

> 早晨：静坐
> 上午：工作间隙的八步放松操、查房、给年轻

第6章 给身心一个休憩的空间

医生传授知识、技能和临床经验

中午：吃午饭、和同事聊会儿天、听身体扫描音频休息

下班后：回家浇花、点蜡烛、做饭、吃晚饭、陪伴儿子睡前阅读、睡前瑜伽、睡觉、散步、看天空（云彩、月亮）、看花草树木、听音乐、阅读　　小蜜蜂采蜜糖。

周末：健身、一家人外出吃饭、看电影、公园游玩、逛博物馆

我原来以为，我的快乐源自又攻克了一个技术堡垒、拿了科技奖项，或者加薪、提职、买房、买车等大事。列出这份愉悦型活动清单，我发现让我愉悦的，都是日常生活中的小事，比如给儿子讲故事、一起下棋等。拿奖、加薪这些事自然还是让人很开心的，但是持续的时间并不长，我很快又给自己定下一个目标了。而日常生活中的快乐，却是一直都可以有的。

——程晖，男，科技精英，37岁

存在之美

在记录愉悦型活动的过程中，我开始用开放、感恩、好奇的心态重新看这个世界，发现生活中很小的点滴都能打动我：看到清洁工人，会觉得要感

谢他的辛勤工作；看到蓝天白云，心情会特别好；看到在公园锻炼的老人，觉得人人都在努力地生活着，生活真美好。很感恩这点点滴滴出现在我的生命中，让我用心就能察觉到生活中的一个个小美好。

> 蒹葭苍苍，白露为霜。

——薛佳宁，女，工程师，45 岁，因癌症术后焦虑来参加正念课程的学员

今日分享：不知不觉，秋意渐浓，上海的秋天很短，街边的树木，仿佛也得到了讯息一样，在顽强地汲取养分，迎接萧索的冬日。四季更替，万事万物，如同精密的机械一样，不言不语，却精准无误。当我们不安的时候，停下脚步，感受当下的自己和世界，是一个很好的选择。而且一定要满怀希

望，甚至可以像新生儿探索世界一样好奇与欣喜。

——宁衡，男，企业中层，41岁

不知大家看了上面的分享，有什么感触？存在之美，浩瀚深沉，一直在那里。当我们不再受困、被束缚于俗世生活中的各种烦忧或事务时，就会碰触到它所呈现的生机、喜悦、静谧与爱。就如同乌云散尽，天空呈现出它的澄净一样。雨果有言：世界上最辽阔的，是海洋；比海洋更辽阔的，是天空；比天空更辽阔的，是人的心灵。此言不虚。

> 你来，或者不来，存在之美就在那里。

剪不断,理还乱的思绪啊
生活都为之失色
然
蕴含生命活力的花苞
依然蓄势待发

第 7 章 不让想法牵着鼻子走

> 我自岭中来,穿行千里雾。
> 若闻泉水鸣,是我来时路。
> ——叶蝉鸣,《红峪山庄答登山人》

尽管比天空更辽阔的,是人的心灵。但是如同天空中会有浮云遮望眼一样,我们的心灵天空,也时常飘动着各种思绪的浮云,有时还会有压顶的乌云,让我们"一叶障目,不见泰山"。冥思苦想、思虑万千、千头万绪、绞尽脑汁等词语想必大家都很熟悉。我们是否可以给大脑减减负,消解一些没有必要的杂念,以及一些啃噬我们心灵的想法,让我们的大脑如同秋空霁海,明静宽广?

思绪纷飞

"老师,我在练习静坐或身体扫描的时候,发现自己思绪非常多,非常容易开小差,而且这些思绪都是自动跳出来的,一个接一个。这正常吗?"

参加正念课的大部分学员在一开始都会有这样的经历。我自己静坐的时候,也不时有各种念头飘过,或者有那么一两个念头,相当长时间地盘桓在脑海里,挥之不去,很是令人烦恼。平时我们忙于外界事物,对这些的体验可能没有那么深刻。但如果你停下来,对这一点的感触可能就很深。成语心猿意马,很好地描述了我们未经培育过的心智容易散乱的状态。

我还发现,很多学员在分享自己发现的这个现象的时候,后面加了一句,"这样子正常吗"。通常,我会问课上的学员:你是否有开小差这种情况,如果发现自己也有这种情况,请举手。每次都是全员举手。既然大家都如此,那自然是正常的,也没什么好担忧的。

> 思绪纷飞是我们心智的常态。

分心与汇聚散乱之心

分心与脑子闲不下来是思绪纷飞常见的两种形式。二者的含义有所重叠,但不完全一样。分心是你想专注的时候,不由自主地走神想别的事情去了;脑子闲不下来,是你不需要专注时,念头不由自主地在脑海里蹦跶,常常空耗心神。

那有什么办法培育、提升我们的心智状态,让我们可以更专注、更清净吗?我在第 1 章中介绍了正念的定义：正念正是通过有意识、非评判、开放、好奇地关注我们的身心状态和周围环境，来培育、提升觉知力的。那正念是怎么做到的呢？

正念有三大技术：静坐呼吸、身体扫描、正念伸展。作为正式的正念修习，这三个技术都可以帮助我们汇聚散乱之心，提升专注力和觉知力。我在第 1 章中就对这三个技术进行了介绍，并附上了修习的音频和视频，不知你有没有依照这些修习过。如果你经常修习，你是否发现自己的心比较容易安定下来？

在 MBSR 和 MBCT 前后 10 周的课程上，我上课前会询问学员，在上课的 10 周时间里，能否保证每天有大约 45 分钟的完成家庭作业的时间。家庭作业的内容包括课程相关主题资料的阅读、正式的正念技术修习、日常生活中的正念。经过这样的反复修习，我们散乱的心会慢慢汇聚、沉静，我们可以比较快地觉察到自己的分心，并不断把注意力拉回到想要关注的事物上，从而不断地提升专注力和觉知力。

可能大家留意到，我用了专注力和觉知力这两个词。这两个词有什么区别呢？专注力是指能够把注意力集中在所要聚焦的事物上；觉知力反映了个体能够觉察到的事物的范围、内容，以及对所觉察的事物的敏锐度和清晰度。二者的含义有所重合但并不一样。比如，通过正念修习，当我发现自己开小差时，能够提醒自己及时收心回来继续工作，集中注意力把有点困难的任务在预期的时间范围内完成，这是专注力提升的表现。通过正念修习，我发现当我碰到困难时，心里会升起烦躁和挫折感，这两种感觉让我不由自主地想刷手机、看短小视频或者做其他的事情。这种烦躁和挫折感，是我以前没有留意到的，我也没有留意到，自己会为了逃避这两种感觉而放下手头的任务去刷手机。现在我对自己内心活动的觉察能力提高了，我的觉知力提升了。在整个过程中，我觉察到自己因为烦躁和挫折感而分心做其他事情，于是接纳和消化自己的烦躁和挫折感，把自己的注意力带回来，继续完成工作目标。这样，我的专注力、觉知力、情绪掌控力和做事情的效率都提升了。

有一天，我问林瑶："你觉得上正念课，以及上完课后的修习，对你抑郁症的康复和现在保持良好的心情和心态有哪些帮助？"

> 在我抑郁、焦虑的时候，只依靠自己就能有一个正确的途径去缓解压力。我觉得正念修习可以让我集中注意力。我以前抑郁的时候，让我看书学习，我是学不下去的，非常容易分神。在做身体扫描之后，我发现自己可以把注意力集中在我想要集中的地方。注意力分散之后也可以再收回来。今年要考注册会计师证，虽然压力也很大，但我并没有感到很抑郁，因为我可以集中注意力。结合八步操能缓解压力，如果我晚上睡

> **正念修习可以汇聚我们的散乱之心。**

不着，就听身体扫描音频或者做呼吸练习。

——林瑶，女，会计师，28岁

脑子闲不下来

让我们像个陀螺那样转个不停的，除了外在活动，脑子闲不下来也许更隐秘、更损耗心神。

> 刚才静坐观察念头的时候，我发现自己一开始在想中午吃什么，下午送儿子上机器人课、等他的时候我要干点什么；接着又想到昨晚老公喝酒那么晚回家，真是气人，太过分了；然后又想起了领导布置的任务，明晚是截止日期，我还没有完成。我脑子也太忙碌了吧，怎么一刻也停不下来？念头一个接一个，自己冒出来，想这些对实际解决问题也没有什么帮助。怪不得我脑子一直有些涨涨的。
>
> ——贾小莉，女，公司职员，35岁

> 这一周，我给自己定了个任务：有意识地去觉察自己一个人走路、和家人吃饭的时候的状态。我发现自己的脑子一刻也没有停过，一直在想着工作上的事情。谁的进度完成得怎么样？我要怎么去敦促他？我要带谁去见哪个客户，要准备点什么？达成什么？哪些地方可以做得更好……怪不得我的妻子说我就是一架工作机器，对家里的事情一点也不上心。原来还真是这样。
>
> ——丁强，男，地区销售经理，33岁

我们的大脑会不由自主地计划将要做的事、咀嚼过去的事情、盘算想做而未做之事,这也是心智的常态。我们怎么改变这种状态,才能让停不下来的念头不再白白损耗自己,让我们可以享受安谧、闲适的时光呢?

正念的三大技术,是帮助我们让闲不下来的脑子休息的法宝。

> 这周当我跟着音频静坐的时候,我发现自己的念头减少了很多。有一天,当我去观察自己念头的时候,发现脑袋居然是空的,什么念头也没有,很轻盈,这太奇妙了。生活中,我更能专注了,胡思乱想明显减少,脑袋也不涨了。昨天晚上,在做无拣择觉知的静坐的时候,我脑海里自然冒出了"人闲桂花落,夜静春山空"这句诗,当时觉得非常静谧、安定,很美也很享受。我的性格比较外向、活泼,心思也很活络。我从来没有想到,我的心也可以这么安静。我现在每天静坐,非常自律。或者,都不用自律了。这是我喜欢的生活的一部分。
>
> ——贾小莉,女,公司职员,35岁,MBCT 第六课后

> 心定、允许并观察念头,杂念自然逐渐离你而去。

当我们需要集中精力投入工作的时候,一般不会胡思乱想。胡思乱想最常发生的时间是在可以不太费力地

完成日常活动的时候。因此,带着初心,全身心地投入当下的日常活动,是放空头脑的绝佳办法。

> 以初心投入当下的日常活动,是放空头脑的绝佳办法。

生活不可能一直像在课堂上品尝葡萄干那样慢,但是当我有意识地提醒自己专注并投入到所做的事情上的时候,我明显感觉到自己的头脑轻松了,心情愉快了很多。我感受到了更多的与自己的联结,吃饭觉得香,走路觉得踏实、有力,和孩子、老公的关系也变融洽了。我想当我不那么觉得满满当当、张力很大、压力很大的时候,我身上散发的气息也比较柔和,孩子很自然地愿意亲近我。而且我用心陪伴他们,让他们也很舒服。我做的事情并没有比以前少,反而觉得有更多的空间了,思维比以前还要敏捷。真的很开心,这个课给我带来的变化超出了我的预期。我原本只想来改善我的焦虑和失眠。

——如歌,女,医生,40岁,MBCT第六课上

丁强也是为了改善焦虑症状来参加MBCT八周课程。参加课程的前提条件除了要保证在上课时间投入到正念课程,还要求学员在整个课程期间每天约有45分钟时间完成正念修习以及阅读相关资料等家庭作业。正念修习分为正式的正念修习和日常生活中的正念。正式的正念修习主要包含听静坐呼吸、身体扫描音频,做正

念伸展。日常生活中的正念就是把觉察带入吃饭、走路、刷牙等日常活动。

> 我是个任务感、目标感特别强的人，这应该也是我能够成为顶级销售的原因之一。我的工作压力很大，这是事实。我把每天正念地完成日常生活事务当作任务，这比较能帮助到我。我一开始定的3个任务是：正念地从停车的地方走到工作的地方；晚上能回家吃饭的时候用心陪家人吃饭；在健身房健身的时候，好好地投入其中并去感受自己的行为和内心活动。我同事说我现在走路比以前慢了，他们说我以前走路带风，他们都要努力才赶得上我，现在不需要了。我自己觉得用心体会双脚落地的感觉让我踏实、沉稳一些。健身是让我感受自己身体的好机会，那时候肌肉拉伸感强，能吸引我的注意力。身体扫描太容易分心了。我以前就有健身的习惯，但是直到现在，我才察觉到，健身的时候，我脑子也在不停地想事情，也才开始有意识地去关注身体感觉。现在的健身倒是让我挺喜欢自己的身体。我没有像以前那样脑子一直围着工作转，这个月的业绩依然挺不错。感觉这段时间和妻子、孩子的互动多了一些，有一天晚上和他们一起打扑克，感觉蛮温馨。除了睡觉（其实睡觉前我也要想一件工作上的事情，这样有助于我入眠），我百分之九十的精力还是在工作上。有天晚上睡前，我冒出了这些念

头：我在工作场合既能做到严谨、高效，又可以很风趣，但是在家里反而挺无趣的，为什么会这样？为什么我一工作就停不下来？我这么拼命工作是为了什么？

——丁强，男，地区销售经理，
33岁，MBCT第七课后

从表面上看，课程给丁强带来的变化似乎没有给如歌的那么大。但丁强的这三个问题，给了他"停不下来的红舞鞋"一个小小的刹车，也是很重要的供他继续探索的对生活的反思。他与自己、与工作、与家人的关系，在悄然地发生着变化。每个人都有自己的节奏，根据自身的情况在调整着，让生活以适合自己的方式前行。每个人心中都有一颗种子，果实会以自身的韵律成熟，变得甜美多

> 果实会以自身的韵律成熟。

汁。催熟的果子味道不正，没有成熟就采摘的果子是青涩的。

想法不等于事实

思绪就像是不听话的小孩子，不时蹦跶出来，占用我们的脑容量，损耗我们的心神，由此给我们带来烦恼。有些想法就如同侵入者，相当长时间地霸占着我们的思维领地和心灵花园，我们对这些想法还信以为

真，受其奴役却浑然不觉，或者困于与这些想法的搏斗中，由此心力交瘁。我把这些"侵入者"分为以下三类：

- 第一类：与事实不符的自我贬低的想法；
- 第二类：对自己要求过高带来的自我压迫的想法；
- 第三类：常常让我们忧虑的"奇怪"的想法。

"我一无是处"

月有阴晴圆缺，人有悲欢离合。凡尘中，所有人的人生都有起起落落，区别在于起落发生的时间、自己感受到的起落的程度、如何看待和应对。处于低谷时，想法负面一些，这也是蛮正常的。风雨过后，风和日丽的天气还会到来。不过，如果我们当中的有些人在风雨中待的时间蛮长，会更加悲观、没有信心，想法也更加负面："我简直一无是处""我真是没用""未来不会好起来，只会越来越糟糕"……当有这样的负面想法的时候，很多人往往没有办法与这些负面想法拉开距离，并意识到这些负面想法只是特定情境的产物。相反，他们往往会陷入这些负面想法，被这些负面想法进一步拽入痛苦情绪难以自拔，内心在凄风苦雨中生活很久。

在MBCT的三大创始人约翰·蒂斯代尔、马克·威廉姆斯、辛德尔·西格尔所著的《八周正念之旅》一书中，有一个负面思维清单。我在这里引用一下。

- A：在你的生活中，是否有过这样的想法。如果有，请写有；如果从未有过，请写无。
- B：请回想你最痛苦的时候，你对这个想法的相信程度。0分是你完全不相信这个想法；10分是你完全相信这个想法。填完以后，把B列中各个条目的分数加起来。
- C：请回想你情绪状态正常的时候，你对这个想法的相信程度。0分是你完全不相信这个想法；10分是你完全相信这个想法。填完以后，把C列中各个条目的分数加起来。

最后，请用B列的总分，减去C列的总分。

负面思维清单

条目	思维内容	A	B（最痛苦的时候）	C（正常的时候）
1	我感觉在这个世界处处碰壁			
2	我感觉一无是处			
3	为什么我总是无法成功			
4	没人理解我			
5	我让人们失望了			
6	我觉得自己坚持不下去了			
7	我真希望自己能变得更好			
8	我很差劲			
9	我的生活并非我想要的那样			
10	我对自己非常失望			
11	一切都很糟糕			
12	我再也无法忍受这一切了			
13	我无法开始			

(续)

条目	思维内容	A	B（最痛苦的时候）	C（正常的时候）
14	我出了什么问题			
15	我希望自己处于其他的境地			
16	我无法把事情整合起来			
17	我恨自己			
18	我一点用也没有			
19	我希望自己就此消失			
20	我到底怎么啦			
21	我是个失败者			
22	我的生活一团糟			
23	我活得太失败了			
24	我永远也做不好			
25	我觉得很无助			
26	事情必须有所改变			
27	我一定是出了什么问题			
28	我的未来没什么希望			
29	一切都是不值得的			
30	我无法达成任何事			
		总分		
	B列总分减去C列总分			

请问大家发现什么了吗？两列相减，你的分数相差大吗？我记得自己2018年在北京参加MBCT师资的第四阶培训时，在小组里算过这个评分，两列分数相差之大，让我都不好意思让人知道。在我正念团体里的学员们比我大方多了。两列分数相差150分以上的学员有很多，有的相差超过200分。分数相差这么大，能给大家

带来什么领悟呢？

> 我这两列的分数相差170多分，曾经我的负面想法很多，那时我太抑郁了，老公出轨，出轨的对象还是一个熟悉的朋友都觉得不如我的人，我实在是想不通，也一度觉得自己一无是处。离婚对我的打击很大，尽管离婚是我提出的。现在看来，想法并不是事实。但是，在知道他出轨后的大半年的时间里，我就是容易陷入这些负面想法，难以自拔，尽管也有朋友劝我，"他就是个'渣男'，分开了最好"。现在我走出来了，以后如果再有这些或其他的负面想法，我会提醒自己，想法不等于事实。而且，有这样的想法的时候，我要提醒自己多去照顾一下我的情绪和我自己。
>
> ——林瑜，女，公司职员，30岁

"我肩负伟大使命"

齐思思在初中一年级的时候因为离开家感到害怕开始休学，后来没有继续求学。在23岁以前，她主要的生活内容是找各大精神科专家看病，每个专家给她的诊断不尽相同，主要是强迫症、人格障碍、抑郁症这三个，能用的药也都用了，剂量还挺大。看病之外，她在家时经常躺床休息，有时会教育一下"没有见识"的父母。对于读书找工作、谈恋爱结婚这些事情，她认为，"这是普通人干的事情，我是肩负伟大使命来到这个世界的"。

很明显，齐思思生病了，所以她才会幻想着自己是肩负伟大使命来到这个世界的。但是，对齐思思而言，这是她长久怀抱的一个信念，因为她需要这个虚幻的信念来对抗自己的无价值感和低自尊。我相信的确有人肩负伟大使命来到这个世间，但是对于我们大多数人来说，照顾好自己、家人和工作，就已经算很负责任了，而且也已经不容易了。我们的一些不快乐和负担，是否也与我们一定要达成的那些过高的期待、对自己过于理想化的想法有关呢？

> 别人觉得我事业有成，家庭幸福。但是我感觉自己一直生活在压力之下，一直有一种未达成的感觉，无论是我想成为什么样的人、想做成什么事或者想要什么样的生活。我似乎一直生活在一种落差感里，很难去享受自己已经拥有的，也很难停下来休息。我的眼睛一直在盯着远方，很难回头看自己。这种长期压抑的生活状态的转折点在于我认识和接受自己其实是一个平凡的人，而以前我一直认为我比其他人更高尚、更有追求。当我把目光收回到自己的视线范围内的时候，一切都变得清晰、真切且踏实。我可以稳步前进，也能闲庭信步。知足对我来说不再是一个干巴巴的词。
>
> **知足常乐。**
>
> 现在我真的对自己的生活十分满意，也充满感激。
>
> ——许若，女，高校教师，39岁

以前的许若,一直生活在仰望星空的束缚中,现在她找到了仰望星空和脚踏实地之间的平衡。她所说的"平凡的人",让我想起了在正念课堂上发生的事情。

裴耀是个帅气的大二男生,成绩优秀、热爱运动、社会活动能力强。他因为情绪不佳而参加正念团体,也是这个团体中年龄最小的一个成员。在课堂上,他说:"我以前觉得自己很独特,是独一无二的,以后要做了不起的事情。但是,现在我开始觉得自己其实也很平凡。当我在大街上,看着人来人往时,我觉得我和其他人没有什么本质区别,我以后不管从事的是什么工作,也只是这个社会上的一种职业,并没有什么了不起的。这让我很沮丧,我失去了以前的热忱。"我问学员们,"曾经觉得自己独一无二,想做了不起的事,后来又发现自己其实也挺平凡的人,请举一下手。"在场的另外 12 个人,有 10 个人举了手,包括我。

正如世界上没有两片相同的叶子,这世上也没有两个一模一样的人,你本身就是独一无二的存在,每个人都是独一无二的存在。我很喜欢电影《我不是药神》的主题曲《只要平凡》,除了歌名"只要平凡"差了点意思,因为我们无须去要平凡,我们已经拥有了,歌词中的"生而平凡",是我理解的真相。我联想到了电影《后会无期》的主题曲《平凡之路》的一句歌词,"直到看见平凡,才是唯一的答案"。也许,我们

> 我们每个人都生而独特且平凡。

都要走过或长或短的路,才能看见和接受,自己是平凡而渺小的存在。

"我怎么会有这么奇怪的想法"

我原来是个追求完美的人,一直以来,工作、家庭都很顺利。大概在3年前,我刚升职完不久,工作有点压力,但也不是很大。我有一次在桥上开车,突然萌生了一个念头,我会不会撞倒桥边的栏杆并掉下去?这个想法让我很吃惊,我赶紧告诉自己:"呸呸呸,别乱想。"但是,后来,这个想法又出现了。尽管我知道自己不会这么做,这个想法还是让我感到害怕。我开始怀疑自己是不是有病,以至于后来我都害怕开车过桥。如果有需要,我尽量开车过隧道,或者干脆乘地铁。一开始我还不敢和别人说这件事,怕人家觉得我心理有毛病。这个想法和担心这个想法出现,就像乌云一样一直萦绕在我心头,挥之不去。有一次我实在太难受了,和朋友说了这件事。这个朋友说:"很正常啊,我就是恐高,我也没想改变什么,我不往楼底下看就可以了。人又不是机器,总有些不合情理的地方,足够好就可以了。"我这个朋友是个很开朗乐观、积极进取、理性感性并重的人。他如此不以为意,我也一下子释然了。说来也奇怪,当我接受自己这个想法而且不去与它对抗以后,这个想法反而不怎么困扰我了。现在我已经不害怕在桥上开车了。偶尔还是会想到,想到就想到，反正想法也不等于事实。回顾一下自己与这个想法搏斗的经历，还挺有趣的。

——夏语冰，女，企业高管，38岁

"人又不是机器，总有些不合情理的地方。"夏语冰的朋友的话，让

> 越抵抗越顽强。

我想起了我的精神分析老师曾经说的"理性的不合理之物"。足够好就可以了，足够好就好。夏语冰的朋友真是个有智慧的妙人。我曾经有一个凡事追求精确、完美的来访者，在治疗中悲伤地领悟到：生活是带着缺憾存在的。原来的她，到国外自由行的时候，攻略会做到每顿饭什么时间、在哪个饭店吃这么细，而且会提前预订好。我不知道如果我和这样一个朋友一起出行，是会因为她把一切都安排得很妥帖而庆幸，还是会因为害怕她太完美主义而让我感到很不自由。所谓的完美和不完美，也是人为的标准。记得曾经看过这样一个小故事。禅师让小沙弥去把院子收拾好。小沙弥把院子打扫得很干净，甚至很费劲地把落叶全部清理掉并期待着禅师的赞赏。禅师问："树怎么会没有落叶呢？"生活中追求自己认为的完美，不仅常常给自己带来很大的压力和张力，往往也会给身边的人带来压力。而且这样的生活，往往也失去了原本的自然闲适之趣。大家想

> 足够好就好。生活是带着缺憾存在的。

想,是否如此呢?

被认为奇怪的想法有很多,比如"太阳的阳为什么读yáng""为什么会感觉有另一个我生活在这个世界上""我怎么会想把喜欢的人抓到地窖里藏起来""我爱孩子,但我会不会哪天把抱着的孩子摔死"……在人生的某个阶段,我们可能都会冒出一些奇思妙想或者让自己感觉奇怪、不道德的想法。往往让我们感到更困扰的不是这些想法本身,而是我们对待这些想法的态度和与这些想法相处的方式。我们不允许自己有这些想法,这些想法与我们所认定的一个正常的人、有道德的人、好妈妈等应该是怎么样的相违背。我们努力去"杀死"这些想法,结果却被困在与这些想法的搏斗中。

> 让我们更困扰的往往不是"奇怪"的想法本身。

帮夏语冰走出困境的是"允许自己有这个想法",这个想法只是自己千千万万的心理事件中的一个,想法并不等于事实,有这样的想法不代表有病或不正常。当我们被一些事迹、电影片段打动的时候,可能也会生发愿意牺牲自己去解救别人的情绪和想法,这时我们自我感觉很好。过一段时间以后,我们还是忙于自己的各种日常活动。我们感动并且敬佩那些高尚的人,但是我们有时有高尚的想法,不等于我们就真的会去做这样的事情,也不会

> 允许奇怪(妙)的想法。

有人因为我们的头脑冒出这样的念头就把我们当作高尚的人。

特别说明一下,绝大部分有"奇怪"想法的人在现实中并没有什么异常的表现,也不会在现实中去实践危险的想法。但是,如果你觉得自己有可能做危险的事情,请一定要寻求帮助。向人倾诉是一个很好的途径,就如同夏语冰一样。当你的倾听者可以很好地接纳你倾诉的内容,没有觉得你不正常或者害怕你真的会这么干的时候,往往你对这些想法的焦虑会如开闸泄洪一样得到极大的缓解。如果你觉得自己身边没有这样的倾听者,倾诉了以后他们的反应可能会增加你的焦虑,请寻求专业的心理咨询师和精神科医生的帮助。

允许

这个课程给我提供的最重要的帮助是允许:不仅允许自己痛苦和胡思乱想,也允许自己对抗这些烦恼,允许对抗给自己增加新的烦恼,这些都是旅程中的一部分。我只需要对这一切保持觉知就可以了,而觉知可以引导我放下。我真正理解了,与他人相处时,我要遵守社会规则,但是在我的个人世界里,我是自己的主人,我可以允许自己的一切。这对我来说,是个极大

> 我们都是自己内心世界的主人。

的解放，我内心感受到了从未有过的自由和自在。感谢吴老师10周来的专业指导和陪伴。2020年很艰难，能经历这场自我探索之旅，却是困境中最大的收获。希望小伙伴们都能学会更好地和自己相处。

——言晞，女，舞台监制，44岁

我允许任何事情的发生。
我允许，
事情是如此地开始，
如此地发展，
如此的结局。
因为我知道，
所有的事情
都是因缘和合而来。
一切的发生
都是必然。
若我觉得应该是另外一种可能，
伤害的，只是自己。
我唯一能做的，
就是允许。

我允许别人如他所是。
我允许，
他会有这样的所思所想，
如此地评判我，

如此地对待我,
因为我知道,
他本来就是这个样子。
在他那里,他是对的。
若我觉得他应该是另外一种样子,
伤害的,只是自己。
我唯一能做的,
就是允许。

我允许我有了这样的念头。
我允许,
每一个念头的出现,
任它存在,任它消失。
因为我知道,
念头本身本无意义,与我无关,
它该来会来,该走会走。
若我觉得不应该出现这样的念头,
伤害的,只是自己。
我唯一能做的,
就是允许。

我允许我升起了这样的情绪。
我允许,
每一种情绪的发生,
任其发展,任其穿过。
因为我知道,

情绪只是身体上的觉受,
本无好坏。
我越是抗拒,它越是强烈。
若我觉得不应该出现这样的情绪,
伤害的,只是自己。
我唯一能做的,
就是允许。

我允许我就是这个样子。
我允许,
我就是这样的表现。
我表现如何,
就任我表现如何。
因为我知道,
外在是什么样子,
只是自我的积淀而已。
真正的我,智慧具足。
若我觉得应该是另外一个样子,
伤害的,只是自己。
我唯一能做的,
就是允许。

我知道,
我是为了生命在当下的体验而来。
在每一个当下时刻,

我唯一要做的，就是
全然允许，
全然经历，
全然享受，

看，只是看。

我允许，一切如其所是。

——伯特·海灵格（Bert Hellinger），
《我允许》

第8章 穿越情绪苦海：直面痛苦

抽刀断水水更流，举杯消愁愁更愁。

——[唐]李白，《宣州谢朓楼饯别校书叔云》

给我们带来困扰的，除了繁杂思绪、苛责自己的各种想法，各种情绪上的痛苦，也是遮住朗朗晴空的乌云。喜、怒、忧、思、悲、恐、惊——中医里的七情，我们或多或少都体验过；古典诗词中，描写悲伤情绪的，不胜枚举："问君能有几多愁？恰似一江春水向东流""十年生死两茫茫，不思量，自难忘""念天地之悠悠，独怆然而涕下"……作为有情众生的我们，又如何直面、化解自己情绪上的痛苦呢？

俗世生活多烦忧

痛苦是日常生活的一部分

俗世生活多烦忧，从古至今，每个人都有如此体验。

只不过我们常常看到的别人的生活，是"滤镜下的生活"，就像别人也觉得我们的生活看上去挺好一样。古人早就说过，"不如意事常八九，可与语人无二三"。

2013年11月，我去北京参加卡巴金和萨奇老师带领的课程"七日身心医学中的正念"，参加那次课程的同伴有两百多名。那次课程包含36个小时的止语：不说话、不和任何人进行目光对视、不看手机或任何其他文字。在课堂上，跟着引导语进行正式的正念修习；课堂外，自己保持止语，不间断地进行觉察。在那36个小时里，我几乎完全沉浸在自己的痛苦中。当时我觉得自己遭遇的不幸很少见，难以启齿。在止语结束前几个小时的某个时刻，我抬眼看一下四周，发现大部分人都一副"苦大仇深"的样子，包括平日里看起来很轻松愉快的同伴，我一下子感到很轻松。原来每个人都有苦，苦也是生活的常态。

> 每个人都有苦，苦也是生活的常态。

在我的工作中，经常会有来访者或者一些寻医问药的朋友问我："我这种情况您见到过吗？多吗？"我想这背后有两层含义：我现在这么痛苦，是不是别人不会这样子？我碰到的事情，是否很特别，很少见？也许有人问这话背后的想法是：如果医生有很多相关的经验，这会给黑暗、痛苦中的我带来希望和信心；如果医生见过很多这样的情况，那么即便我不知道身边有谁还在受着同样的苦，至少我不是孤独地在这条充满阴霾的路上挣扎。

我们都听过这样一句话：身在红尘历劫来。但是当痛苦降临在自己身上的时候，还是会忍不住在心里哀叹发问，为何别人都高高兴兴的，我却这么倒霉，要经受这样的痛苦？殊不知此刻的别人，可能也在感叹着与你相同的感叹。我 2013 年去参加正念的学习，心里也是水深火热，对为何这样的事情发生在自己身上感到非常困惑、不解。我想起在第 3 章中，我分享给大家的女大学生夏青辰的一个感悟："有学员分享他们生活中的事和他们的想法、情绪和感受，并坦诚地说出自己抑郁、焦虑等的经历，这让我发现痛苦并不是'我自己出了什么问题'，而是具有普遍性的。"

> 痛苦是具有普遍性的。

无常

我们说：生老病死是生活的常态。生，给人带来希冀；老、病、死，总体而言，给人带来烦恼、悲伤、恐惧。我们不会把老去视为无常，尽管老去对大部分人来说，是件无可奈何的伤感之事。年老、身体机能衰退所致的各种疾病以及死亡，尽管到了一定年龄的成年人都会有所预期，但还是难免对此感到悲伤和一定程度的恐惧。

我们把不期而至的重大疾病、死亡和给我们带来伤痛的意外事件等视为无常。而面对无常，我们通常感到不安，所以才会有很多的哲理名言教我们"拥抱无常"。何为无常，每个人都有自己的界定，本质上没有统一的标准。不过,我们从一出生,唯一确定的事情是死亡,不确定的是何时何地、以什么原因死亡,不是吗?世间并无新鲜事。我们以为的无常之事,也许没有那么无常。我听到很多人痛苦地说:"我从来没有想过这样的事情会发生在我身上!"但是,为什么可以发生在别人身上的事情,不能发生在你身上呢?

萧勐能干、强势、爱家、会理财,她觉得丈夫除了不够上进、不够成熟、爱玩,对自己还算细致温柔、言听计从(类似的故事我听到这里,总觉得下面会有别的故事)。尽管她有时候也会对老公恶语相向,但是她老公似乎并不与她计较。临近40岁,有一双儿女,在别人眼里,这也是幸福美满的一家人。一个偶然的机会,萧勐发现了老公与另外一个女人的暧昧关系。这在萧勐心里激起了轩然大波,随后,她也把家里、双方父母家里的所有人的生活都搅得不得安宁。萧勐哀号:"这种事情怎么会发生在我身上?他凭什么这么做?"

丈夫与别的女人暧昧,对萧勐来说是晴天霹雳,这可以理解。我举这例的重点不是讨论出轨对婚姻关系意味着什么,也不会谈出轨的道德问题。只是想说明出轨作为一种现象,它在人类社会长期存在,无论是身体上出轨还是精神上出轨。"这种事情怎么会发生在我身上?他凭什么这么做?"对萧勐来说,这完全是意料之外的无常。不过我们认为的很多无常之

> 所谓无常,并不真的那么无常。

苦，并不是真的那么无常，如果我们能够以一个更长远、更广阔、更高的视角把这些"无常"当作自己作为普通人的生命历程中的一段经历。

痛苦是正常生活的一部分，但平安喜乐是每个人心底的诉求。我们如何应对痛苦来让自己心得安适呢？

排忧解烦

我相信，所有人在自己的生活中，都或多或少经历过深深浅浅的痛苦，也都会自发地或有意识地应用一些适合自己的方法来帮助自己从痛苦中走出来。我想邀请大家拿出纸和笔，回想并写下，当你碰到或大或小的让你不愉快的事件时，你是如何让自己不那么难受或者愉快起来的。有没有可能，你对这个问题感到有点茫然，觉得自己面对情绪痛苦有点不知所措？

常见的应对痛苦情绪的方法

一般来说，我们应对自己的情绪痛苦的方法可以归纳为以下 4 种：面对、转移、逃避、切断。

面对

当痛苦随境自由生发时，我们能够觉察到各种情绪上的痛苦，并（有意识地）给予自己一定的时间、空间、精力来消化、处理它们。也许我们会找知心朋友、亲人、长辈等倾诉烦恼，获得情绪上的宣泄、支持、陪伴，以及对解决所碰到的烦忧之事的建议、指导；也许我们会通过自己默默承受、大哭一场等方式来化解这些情绪痛苦。时间是一剂良药，可能随着时间推移，情境改变，这些痛苦也会慢慢淡化。而经历、面对痛苦的我们，往往也在这个过程中增强了自己对痛苦的感知、容纳和消化能力。当然，如果痛苦的情境长期持续甚至恶化（比如让人感到困难的夫妻关系、亲子关系），而当事人的心态和对事情的认识没有改变的话，那么痛苦的情绪可能很难真正化解，而且当事人只能因为习惯而钝化对痛苦的感受力。

转移

我们能感受到痛苦，但是这些痛苦让人难受，于是我们通过转移注意力的方式让自己忽视或暂时离开让内心感到痛苦的地方，比如通过购物、运动、吃美食、旅游、看电影、睡觉等这些让自己愉快的事情，来改变心情。对于一些小的生活烦恼，可以转移一下注意力，比如去运动，结束后，即便疲惫，也会觉得身心舒畅，之前工作中的不快也烟消云散了。但是对于一些比较大的情绪困扰，可能就是转移得了一时，转移不了一世。我的一个来访者曾经说过："无论我走到哪里，我都带着我的这颗心。"

逃避

逃避有物理层面的逃避和情感层面的逃避。物理层面的逃避是你完全避开会让你感到痛苦的情境。比如，你很害怕离别所带来的伤感，因此一些与离别相关的活动（比如给至亲或好友送行或者亲人的葬礼），你总是能找到理由缺席。情感层面的逃避是，你在令你痛苦的情境中，没有或几乎没有（能力）感觉到痛苦。这就好像给自己的情感空间筑上防护的围墙，以防御痛苦情绪可能给你带来的侵袭。当你在逃避的时候，你不一定能清晰地意识到你是在逃避。请大家看看以下这7种常见的逃避情绪痛苦的方法，你有没有用过呢？

置换 你把不敢对A产生或表达的情绪，释放到了让你觉得比较安全的B身上。比如你在单位领导那里受气了，感到不舒服，这些不舒服可能是生气、委屈、难过、害怕，但是你并没有给予自己空间去体验和消化这些不舒服。因此回到家里后，你很容易找到家人让你不顺意的地方，并把气往家人身上撒。

隔离 在经历令你痛苦的事件时，你可以记住这个事件，并清晰地叙述事件的经过，但是把痛苦的情绪都屏蔽掉了。我们在生活中，会碰到有一些人，在说自己的痛苦经历的时候，没有相应的情绪表现，有时还面带笑容，这往往是隔离。听的人反而经常感受到一些痛苦的情绪，也奇怪当事人怎么像在说别人的事情一样。如果当事人已经消化好痛苦经历并放下了，说起的时候云淡风轻，听的人所接收到的可能是平静、包容、接纳、智慧等气息。

合理化，是指为自己经历的痛苦事件，赋予一个能安慰到自己的合理的解释，而回避体验该事件带来的痛苦情绪。生活中，当我们吃不到葡萄时，说葡萄酸，这就是一种合理化。比如遭遇痛苦时，我们告诉自己，挫折是人生的财富。诚然这句话是对的，不过通常是在走出挫折、回首过往时，我们才会由衷地觉得挫折以及经历挫折的过程是宝贵的人生经验。但是在经历挫折的当下，如果我们用这句话来安慰自己，除了激励自己，往往也把自己挫折时的沮丧、无力、挫败感屏蔽掉了。在合理化里，还有一个小类叫道德化，我喜欢把它称为给自己画大饼，要么是道德上高尚化自己，要么觉得自己将来要成就丰功伟业。我们遭遇挫折的时候，告诉自己"天将降大任于斯人也，必先苦其心志，劳其筋骨"，这就是一个道德化的例子。的确是有这样的大才，但对大部分人来说，能够很好地承担属于自己的人生责任就很好了，用类似这样的话来安慰自己，在那个当下常常也是用以防御挫折带来的痛苦情绪。

理智化，是指以理性思考的方式，来处理自己碰到的困境，但是与之相关的不舒服的情感体验被隔绝了。动脑子比体验痛苦，要轻松很多。一个发现老公与别的女性有暧昧关系的来访者，在咨询中要与咨询师讨论婚姻制度的起源以及它在现代社会存在的意义，这就是一种理智化的表现。

压抑，是指当痛苦远超出个人的承受范围的时候，把这个经历以及与之相关的情感、记忆全部抹掉。例如，有一个来访者的父母在她尚未出生时就离异了，出生后妈妈把她送回爷爷奶奶家，自己再嫁，爸爸常年在外打工。来访者一直由奶奶抚养长大，在她13岁时奶奶因病过世。但是奶奶过世前住院，以及过世时的场景，她全压力了?

你是否发现,你更频繁地转移、逃避情绪痛苦,较之于直接去面对情绪痛苦?我在前面特别介绍了很多逃避痛苦的方法。很多时候,当我们在逃避情绪痛苦的时候,我们并没有意识到自己在这样

> 我们对自己非常熟悉的东西,常常视而不见。

做。因为我们对自己非常熟悉的东西,常常视而不见。

为何习惯性地逃避痛苦情绪

如果我们的皮肤不小心被烫伤、划伤、擦伤一个印迹或口子,我们会把这片受伤的皮肤清理干净,涂一点抗生素,然后贴上创可贴或无菌敷贴。有时候清理干净以后,我们也会直接把这个伤口暴露在空气中,定期用酒精棉球或碘酒擦拭,以保持伤口干净。当我们去面对和清理这个伤口的时候,我们心里可能会为自己感到难受、心疼,身体也会感到有点疼痛,特别是在受伤的部位。但是我们知道,这样做可以促进这个伤口愈合。如果我们对这个伤口置之不理,甚至随意拿个什么把这个伤口给捂着,"眼不见为净",这个伤口可能会扩大、恶化、感染、

> 让情感皮肤及时恢复健康。

化脓,你可能得花费更多的时间、精力、心血来照顾这个伤口,遭更多的罪。

但是,如果我们在情绪上受伤了,为什么我们不会

像处理皮肤伤口那样积极地去面对它、处理它，让痛苦的情绪体验流走，让情感皮肤及时恢复健康呢？

为什么我们会习惯性地逃避痛苦？

第一，趋乐避苦是人的天性，而体验痛苦情绪让人痛苦。所有人本质上都在追求快乐，只是每个人快乐的形式不一样而已。但恰恰矛盾的是，如果我们不去堵住快乐，快乐也并不常驻，我们体验过愉悦，愉悦也就流走了，不是吗？但我们如果堵住不快乐的通道，这些不快乐会在我们的情感池里储存起来，酝酿发酵，直到有一天，这个情感池再也储存不了了，负性情绪决堤而出。

> 我感觉自己的情绪就像装在煤气罐里的天然气，不知哪一天会爆炸。
>
> ——杨毅，男，大学生，22岁

第二，在我们的家庭养育中，父母总体上对孩子的情感需求不够

趋乐避苦是人的天性。

重视。很多父母对如何陪伴、处理孩子情绪上的痛苦，以及教孩子如何调节自己的情绪比较茫然。很多学习是潜移默化的。我想此刻看书的你，大概率是18岁以上的成年人。在我们自己还是小孩子的时候，我们的父母大部分还在为生计奔波，对自己的情感需求无暇顾及，也很难有意识要来照顾我们的情感需求，或者他们也不知

部都记不得了。而更早时候与奶奶相关的美好记忆，她是记得的。

被动攻击，是指当惹怒我们的人很强大或者很脆弱，攻击对方会给自己带来糟糕的后果时，我们就干脆把对他的愤怒隐藏起来，但是会通过一些隐匿的方式来表达，很可能在自己的意识里，并不觉得这是在对他表达愤怒。在夫妻相处中，常常出现的一个场景是，妻子愤怒地指责丈夫，丈夫保持沉默。妻子常常感受到这是一种冷暴力，于是更为愤怒，"我巴不得他跟我吵一架"；丈夫则觉得"我这是在忍你，不想越吵越凶"。丈夫这时候的沉默，就是一种被动攻击。此外，经常迟到、违背承诺、拖延等是常见的被动攻击的表达形式。

攻击转向自身，是指当你想攻击的对象很强大，而且你还需要依赖他时，你觉得攻击对方会给自己带来糟糕的后果，而且对自己会对他发怒感到恐惧，这时候你会屏蔽掉自己对他的愤怒，并把对他的攻击转向自己。例如，席娟的男朋友"劈腿"了，她先反思自己哪里做得不好，而且轻易地原谅了男朋友，这是典型的攻击转向自身。席娟后来抑郁了，而抑郁个体的核心防御方式就是攻击转向自身。

当然逃避痛苦情绪的方法还有很多，比如可能有人会通过过度工作、疯狂购物、暴食、沉迷于小说或网络游戏等虚拟世界来麻痹自己，不去面对和处理。无论做什么，只要过度、难以自拔、给身心健康造成损害，就构成成瘾行为了。这些行为在形式上看起来和转移注意力有点类似，不同之处在于度和效果。转移注意力的时候，我们知道自己是痛苦的，通常是有意识地用这些方法来改善心情，并不沉迷其中。成瘾的时候，个体不敢去面对自己的痛苦，意识沉溺在所成瘾的事物上，忘却了自己的痛苦。最后，会因为成瘾行为（更加）痛恨自己，但又难以自拔。

切断

切断是指我们永远或暂时离开给自己带来痛苦的场所、情境或人。比如，如果你所在的工作环境人际关系复杂、上司苛刻或者工作压力太大等，这些现实的因素会给你带来很大的压力，经过一段时间自我调节无效以后，你可能会申请换个岗位、病休一段时间或者辞职等，这就是切断。我们这里需要区分一下切断和物理上逃避痛苦情绪。二者都是离开让自己痛苦的情境、场所或人。切断一般指这个情境以及在这个情境中的压力体验的确是痛苦的制造源泉；而物理逃避指的是害怕触景生情，这个"情"是心里面原来就有的，并非这个"景"制造出来的，因此离开了这个环境。在这种情况下，痛苦情绪可能会暂时得到缓解，但最后总有别的情境让他感受到相同的痛苦。

请大家对照一下，你所用的处理情绪痛苦的方法，是否基本落在上面所述的面对、转移、逃避、切断这4种方法里呢？对你个人而言，哪种或哪些方法被运用得多一点？这些方法效果如何？如果你现在处在痛苦的情绪中，原来所采用的方法是否已经不足以应对你的情绪

第8章 穿越情绪苦海：直面痛苦

怎么办。小时候，当你体验到情绪痛苦的时候，不知你的爸爸妈妈有没有和你说过类似的话："哭什么哭，有什么好哭的""不许再哭了，你的眼泪不值钱啊""光说害怕有用吗？能解决问题吗""凶什么凶？再这样我揍你了"……或者父母对我们的痛苦视而不见、置之不理；或者我们敏感地捕捉到，自己的痛苦情绪是不被允许、不受欢迎的，我们学会了隐藏自己的痛苦，直到自己慢慢地对这些痛苦也比较迟钝甚至感觉不到它们。所以，很可能我们从小获得的经验是，这些痛苦情绪是不受欢迎的，是脆弱的表现，解决不了问题；人要坚强，要用意志、用行动战胜这些痛苦情绪。慢慢地，这些方式也成为我们面对、处理自己痛苦情绪的方式，成为我们对待亲人、朋友的痛苦情绪的方式，成为我们对待自己的孩子的痛苦情绪的方式。

在这里，我没有指责父母的意思，因为父母从我们的祖父母那里所获得的，可能还不如我们。而在我们祖父母生活的年代里，其生存比父母辈更为艰难。"我们也不知道怎么做才会对孩子好。"很多父母在咨询室中会这样哀叹。伤痕与能力，都潜移默化地代际传递着。所幸的是，在多数的人物质生活基本无虞的现代，父母，特别是年轻的父母（特别是妈妈们），对孩子的情感需求远远比以前重视。她们深刻地认识到：我自己没有的东西，

> 伤痕与能力，都潜移默化地代际传递着。"我自己没有的东西，也给不了孩子。"

也给不了孩子。

第三，在社会教育体系中，尽管我们强调"德智体美劳全面发展"，但是在目前的实际操作中，知识的传授、智的发展依然最受重视。现在学校教育越来越重视孩子的心理健康，很多学校也都设立了心理咨询室，在孩子的课程中加入了心理健康教育的内容；中小学学校也会邀请心理学专家，给家长提供孩子心理健康相关的知识。这些都是进步。如果中小学学校在实践中能够进一步与其他课程协调、完善，加入一些帮助孩子觉察、排解自己情绪的技术和操作步骤，帮助孩子掌握调节自己情绪的技能，相信会使心理健康教育课堂更为落地。

第四，体验痛苦情绪，会影响我们的自尊。我们每个人都需要感觉自己是有价值、值得被珍惜的。但是当我们体验到悲伤、害怕、挫败、沮丧等情绪的时候，我们的自尊水平往往会下降。为了维护我们的自尊，我们也需要逃避痛苦的情绪体验。

第五，有些负性情绪太强烈，实在超出了我们的情感承受能力，为了保护自己，我们只能把它们的出口堵上，在自己还有能力堵上的时候。就如同每个人对身体疼痛的承受能力是不一样的，对痛苦情绪的承受力，也是因人而异，具有很强的主观性，我们需要尊重每个个体的主观体验。

> 我的房间很久都没有打扫了，很脏，有的地方都发霉了。我一直把房门关着，我不想打扫，一打

扫就会尘土飞扬。我不想有人走进这个房间,我自己也不想走进去。走进去看到如此狼藉的这种痛苦会让我自己受不了。

——戴嘉奇,男,公司高管,49岁

抽刀断水水更流

"抽刀断水水更流,举杯消愁愁更愁。"我们可能很早就会背诵这句诗了,也会在人生旅程中不时有所感悟。不过,从古至今,无数的生命体验凝结所呈现给我们的生命智慧,我们往往要在走了很多弯路以后,才能深刻地理解其真谛,并把这些智慧真正地刻入自己的生命。

"讳疾忌医"

我们大概都知道讳疾忌医这个成语,我隐约记得自己是在高中语文课文上学习的这个典故。本小节不取这个成语的引申意,只愿与你分享其原意,以及节选自《韩非子·喻老》的片段。

> 扁鹊见蔡桓公,立有间。扁鹊曰:"君有疾在腠理,不治将恐深。"桓侯曰:"寡人无疾。"扁鹊出,桓侯曰:"医之好治不病以为功。"居十日,扁鹊复见,曰:"君之病在肌肤,不治将益深。"桓侯不应。扁鹊出,桓侯又不悦。居十日,扁鹊复见,曰:"君之病在肠胃,不治将益深。"桓侯又不应。扁鹊出,

桓侯又不悦。居十日，扁鹊望桓侯而还走。桓侯故使人问之，扁鹊曰："疾在腠理，汤熨之所及也；在肌肤，针石之所及也；在肠胃，火齐之所及也；在骨髓，司命之所属，无奈何也。今在骨髓，臣是以无请也。"居五日，桓侯体痛，使人索扁鹊，已逃秦矣。桓侯遂死。

身体的疾病，如果不加以处理，会从腠理蔓延到肌肤再到肠胃，直至深入骨髓。对于不同层面的疾病，治疗方法由易到难，如果小病一直拖着不治，演变到重疾，名医也回天无术。心灵的伤痛，亦是如此。"无论我逃到哪里，都逃不出自己的心。"这是多年前我的一个来访者的领悟。如果我们逃避自己的情绪痛苦，它通常不会自动消失，而是越埋越深，让我们一直生活在情绪痛苦的阴影之下，或者有一天，爆发出来。

> 无论我逃到哪里，都逃不出自己的心。

逃避和清理不同的情绪伤口的结果

就如同身体的疾病，体现在深浅不同的层面。我们的情绪伤口，也可以分为新伤、不那么久远的伤痕、沉淀很久的伤痕。逃避或者面对、清理这些伤口，会给我们的现实生活和心灵生活，带来不同的影响。

新伤

新伤，就是刚受到的伤。比如你今天上班莫名其妙被老板骂了；或者你觉得没有道理，老板只是在找碴，与性格不好等无关。你若是敢怒不敢言,倒还好,至少你是能觉察到自己的愤怒的,也许你根据实际情况会适当地回老板几句;或者表面遵从,心里回骂几句,向合适的人发发牢骚。或者你知道老板就是这样,心里不爽,但是像看戏一样地看他表演,也不再浪费时间、精力和心灵空间在他身上了。还有一种可能,你当时可能感到害怕、难过、委屈,但不敢表现出来;或者你没有什么特别的感觉,但是回家以后,家人说的一句话、做的一件事不合你的意,你突然就情绪爆发了,愤怒地指责他们,你把不敢对老板发的火发泄到了家人身上。又或者被老板骂了以后,你好几天都很郁闷,做事也提不起劲、小心翼翼,怕再做错事,担心不知何时又会被骂。或者……无论是什么样的情况,老板对你的指责给你带来了情绪伤口,你没有及时处理,它蔓延到你的现实生活和心灵生活了。

对于这种情况,我们如何处理呢?当我们每个人有情绪的时候,是难以客观地去看待事情,并做出适合自己的选择的。所以,请先给自己一个处理自己情绪的空间。

> 我今天来上课的路上,心情都很糟糕。白天一直都憋着,地铁上我一直在回想老板指责我的那个场景,心里很气愤,也很委屈、难过,感觉胸口有什么东西堵在那里。在做三步呼吸空间时,一开始,我根本静不下来。当我听到引导语在说"邀请你觉察一下此刻你的情绪,允许和接纳这些情绪,并用

内在的言语给这些情绪命名"的时候，我的眼泪一下子流了出来，愤怒也消解了很多。"感觉你自己就像坐在河岸边，看着这情绪的河流在你面前流过"，那一刻，我真的觉得自己很舒服，感觉这些乱七八糟的情绪就像河面上的垃圾，都流走了，我的世界又清净了。后来我又把注意力放在呼吸上，感受每一个吸气、每一个呼气，这时候，我的心静下来了，感觉自己又安定了。感觉早上的事情，在我心里已经过掉了。她（老板）平时不这样，我估计她自己心里有什么不痛快，刚好逮到我发泄一通。

——吉方，女，行政人员，25岁

我想起我家曾经请的一个钟点工阿姨，那时我每天请她工作两个小时，她每天都帮我擦家具上的灰尘。有时候时间有点不够，我和她说，两天擦一次或一周擦两次就够了，不需要天天擦的。她说，天天擦快，而且天天都干干净净的。

> 天天擦快，而且天天都干干净净的。

曾子云，吾日三省吾身。我们是否也可以每天给自己一个整理情绪的空间呢？

沉淀不那么久远的伤痕

有些伤害来自不那么久远的过去，我们还清楚地记得发生的事情。伴随这些事情的痛苦情绪，因为没有得到及时处理，不断地累积，直到最后把我们自己压垮或得以爆发。大部分情况下，我们是受伤者，比如被亲近的人贬低、在职场上被上司苛刻对待、失去亲爱的人等；有些时候，我们可能也会因为一开始自己是施加伤害的人，却又不敢承认自己的错误，难以去体会内疚，无法去做一些弥补的事情，而让自己最后也在心里留下挥之不去的伤痕。关于在职场上受欺负，我脑海里不由自主地想到了好几个版本不同、核心内容类似的来访者。"不在沉默中爆发，就在沉默中灭亡"，鲁迅的这句名言，此刻在我的脑海中回响。他们最后在沉默中爆发了，尽管付出了代价，而最大的代价是牺牲自己的身心健康。无论如何，这个爆发让他们觉得为自己一战，赢得属于自己的尊严，还是值得的。

林之璇是个善良、独立、能干、勤奋、坚强的女子，34岁的她在一个跨国连锁外企里的核心部门做领导，人品、能力一直很受肯定，也很受上司器重。2020年秋，她换了一个上司，这个新上司对她不只是百般挑剔，还不时地对她进行人身攻击和人格侮辱。2021年3月，她被诊断为处于抑郁状态。慢慢地，她从经常上班迟到到害怕上班、不敢上班，抑郁也不断加重，甚至觉得活着没有意思。那段时间，她身体上与情绪相关的免疫系统和内分泌系统也出现了失调，相继出现甲状腺炎和月经失调。同年8月，忍无可忍的她辞职离开研究生毕业后工作了10年的公司。辞职以后，悲愤交加的林之璇民事起诉了前上司，并向公司总部投诉了他对自己的种种侮辱性的人身攻击。我第一次见到林之璇的时候，她失声痛哭了二十几分钟。"现在律师在调查、询问我这些事情，对我来说，这就像在揭开伤疤一样疼，我还要尽可能克制、平静地把当时发生的事情，清楚地叙述出来，这对我来说，是一种折磨。但是不管花什么代价，我都要告他。我只是后悔和不理解，我当初为什么忍受他那么久。"

> 不要等陷入绝境之后才行动起来加以改变。

人的负性情绪承受力，就像个储水池，里面可以储存悲伤、愤怒、担忧、屈辱、恐惧、内疚、遗憾等各种情绪，这些情绪都让人不舒服，所以我们会习惯用隔离、合理化、理智化、压抑、被动攻击、攻击转向自身等方法来逃避体验和处理这些情绪，林之璇一开始也是如此。她在经历这些事情的时候，感到有些不可思议和茫然，她的悲伤、愤怒、羞辱的情绪体验在一开始的相当长一段时间里，并没有被她感觉到，她把这些体验给隔离掉了，这样就无须去感受这些痛苦。林之璇会告诉自己：我之前的人生都蛮顺利的，现在我把这当成自己人生修行的一部分，生活中总是有磨难的。她这是在用合理化处理自己的痛苦。林之璇碰到这个上司以后，要花更多的时间去思考作为管理人员，如何通过有效的人际互动进行员工管理，促进个人的主动性和团体凝聚力。这就是理智化了，毕竟动脑子比体验痛苦要轻松很多。而林之璇把其中一些对她侮辱性最强、最让她痛苦的相关经历和情绪完全给忘记了，这是她在压抑。在一开始的时候，她说："我知道还有一些事情，但是我现在真的一点也想不起来。"在她被上司羞辱之后的相当长一段时间里，她一直在想自己身上有什么问题，以至于会被上司这样对待，这是她把攻击指向了自己，而不能直接向上司表达愤怒、采取有效行动保护自己和维护自己的尊严。她在尚未决定离职的时候，不由自主地经常上班迟到，这是她已经开始在用被动攻击的方式表达自己的愤怒了。

负性情绪被关起来，但并不会就此消失，每个人对负性情绪的耐受力都是有一定限度的，就像储水池的储水能力是有限的。如果任凭负性情绪累积，最后，负性情绪很可能决堤而出。大家看看自己家里卫生间的排水系统，一般排水口的位置都会低一点，如果卫生间的水龙头忘了关了，水会往水槽下排。如果水龙头的水量很大的话，水漫溢出水槽，但是会自动地往排水口的地方流走，这样卫生间不会水漫金山，也不会蔓延到卧室和客厅等其他的地方。另外，如果我们发现水漫出来了，一般会先去把水龙头给关掉。我们的情绪排解系统也是一样的，如果能及时把带来大量负性情绪的水龙头给关掉，或者把水量尽可能地减小，或者设置水槽、排水口这样的排解系统，那么我们内心的情感空间，也可以保持清爽、洁净。

夏云萍是个认真负责的中学教师，同时是个班主任。她很热爱自己的工作，但是当她被安排作为一个由外地学生组成的班级的班主任时，她感到压力很大，并因此焦虑不堪。因为这个班级的学生暑假不回老家，晚上、周末有事也要找她,她做事情又特别细致,在她看来,自己简直就是全年无休。后来,夏云萍与领导协商,在做完这学期的班主任以后,下学期不再担任这个班级的班主任。当领导同意她的申请时,她一下子觉得轻松很多,焦虑也慢慢缓解了。她把焦虑的源头切断了。

生活中可能没有那么多压力事件,有时候有些压力事件也不一定能完全避免。另外,生活中总是大事小事不断,可能会有持续性的或者新的情绪压力出现。我们不能期待外界的事物如自己所愿,而且这个期待只能是自寻烦恼。我们需要做的是提升自己的负性情绪排解、调节能力,这样才能实现岁月静好。

可惜我之前所提到的逃避或对抗负性情绪的做法,夸张一点说,就像饮鸩止渴,它们会制造新的情绪困扰,因为你要花时间和精力,去把负性情绪的阀门关闭、锁死,这是不是也会带来压力、消耗精力呢?而这种消耗,常常是无形的。原来的痛苦,也并没有真正地得到化解。这些负性情绪一直在你的身体里,在你的情感池里,没有被排解掉,你天天背负着它们,也是一种无形的负担。就像你身上有很多赘肉,你没有特别的感觉,但是你整个人的负担会因为这些赘肉而加重。所以,当你碰到比较重大的很可能带来负性情绪的事情,而你在一开始还没有特别察觉到的时候,请一定注意给自己多留一点空间,让这些情绪流淌出来、被清理掉,给自己一个吐故纳新的机会。

席娟是个美丽善良的女子,相恋多年的男友 A "劈腿"C，席娟一开始选择了原谅，但是 A 继续有"劈腿"行为，两人最终分手。后来前男友与 D 结婚了，席娟说："我从心里祝福他找到自己的幸福。"但是，她自己却越来越不开心，特别是尝试交新男友 B 失败后，她抑郁了。"我怎么这么差劲，不会有男生喜欢我的。"随着咨询的进行和席娟对自己更多的探索和了解，她发现在与 B 的交往过程中，她不由自主地会把她没有充分排解掉的对 A 的愤怒、不信任等情绪垃圾释放在 B 身上，而且与 A 那段维系了多年的关系伤害了她作为一个女人的自信，特别是 A 还结婚了。当席娟对 A 的愤怒能被她充分意识到并表达出来时（"我特别恨他！他这么'渣'，结了婚，也不会长久。我当时真是太傻了，才会一次次给他机会欺骗和伤害我"），她重新感觉到了自己的力量。"吴医生，上周日下午，我一个人在家里哭了很久，可能有一个小时，哭得眼睛都肿了。哭完以后，我觉得心里很畅快，好像卸下了什么负担。"

我记得那是一个周三的上午，原本就美丽的席娟第一次精心打扮了一

> 吐故纳新，万物同理，情绪亦然。

番，咨询时，阳光照着她爽朗明媚的笑颜，显得格外动人。

沉淀很久的伤痕

世间无完美，在我们的成长历程中，总是有或多或少的遗憾，留下或深或浅的伤痕。有的伤痕，随着时光流逝慢慢变淡、消逝；有的伤痕，我们带着它们前行，也无大碍；而有的伤痕，可能比较重、埋得也比较深，

它很可能影响了我们的前行或内心的成熟,或者二者兼有。

郭怡刚出生就被父母抛弃了,因为她是家中的第四个女儿,父母偷偷把她生下来,是指望着她是个儿子。养母对她不错,但是在她6岁的时候,养母因病过世了。7岁时,养父再婚,告诉郭怡她是个捡来的孩子,并把郭怡送给了没有孩子的第二个养父母家。"其实,我大概4岁的时候,就隐约觉得我不是这家人的孩子。""爸爸妈妈(第二对养父母)对我真的挺好的,但是这么多年,我一直没有办法当着他们的面叫爸爸妈妈。"郭怡出落得亭亭玉立,工作也很出色。她想结婚,有自己的孩子和家庭,但是已经36岁的她却始终无法和男性建立亲密关系。"我的亲生父母,大冬天的就把我扔到别人家门口。我怎么能相信别人不会抛弃我呢?"

在郭怡的生命伊始,她就被留下了被抛弃的烙印:生而为女不被期待、刚出生就被亲生父母抛弃、养母过世、被第一个养父抛弃。伤口埋得越早、越深,对一个人的影响也越大。尽管郭怡在工作中完全可以独当一面,但是她心中那个害怕被抛弃的小女孩甚至小女婴,依然在深刻地影响着她的生活。

"她一出现我就很抑郁,心神不宁。以前我也不知道她的存在。但是每年12月(郭怡出生的月份)我都容易情绪低落、心神不宁,我一直以为是天气的缘故。也许我没有婴儿期的记忆,但是我的身体还是记住了这些可怕的经历。"

"我很嫌弃她,她一出现我就立马把她塞回去。但她还是会神不知鬼不觉地冒出来。我现在尽量尝试去接纳她,不过我也不知道怎么算是接纳她。但我有一种感觉,自己似乎长大了一点。以前别人都认为我很能干,但是我自己内心深处一直觉得自己是个小女孩。"

> 身体不会忘记,情绪对你很忠诚。

与痛苦共处

面对痛苦情绪很有挑战

在我的心理咨询实践和督导经历中,我发现,对痛苦情绪的觉察、消化和包容,是最困难的。很多咨询师学习、掌握了很多流派的各种理论,但是在面对活生生的个体生命,特别是这个人是因着自己难以处理的情绪痛苦来到咨询师面前的时候,不少训练有素的咨询师依然会卡在敞开自己的心灵容器去陪伴、承接来访者(深层)的情绪痛苦上,尽管咨询师们理论上知道该怎么做。来访者会很敏锐地捕捉到那个承载的空间是否存在,如果不存在,兀自让深层的痛苦流淌出来,自己很可能会被痛苦情绪淹没。我曾经听到好几个咨询师和我说:"吴老师,我是感觉不到恐惧的,生活中也感觉不到。"恐惧是一个人最基本、最原始的情感之一,感觉不到恐惧并不是自己真的勇敢无畏,而是害怕恐惧的感受,因此把恐惧的感觉给封闭掉了。这是一种彻底的逃避。有一天，我听到一个咨询师和我说："吴老师，我现在能感觉到恐惧了。"我很为其高兴。觉察、接纳、命名、消化痛苦的情绪，对训练有素的咨询师尚且困难，对我们当中的很多人来说，可能就更有挑战性了。

所以，看到我们趋乐避苦的倾向，去觉察、面对这些情绪痛苦，让它们可以流淌出来、流走，不再占据我们的心灵空间，是我们每个人的重要功课。照顾好自己，是我们每个人都需要承担的首要责任，不是吗？而照顾好自己的情绪，是照顾好自己的最重要且最困难的内容之一。相信当你愿意接受这份属于自己的功课和责任时，你可以找到方法去不断锻炼自己的情感肌肉、扩充情感容器，让自己去体验情感世界的万般滋味，帮助自己化解痛苦，也陪伴、帮助身边所爱之人去渡过情绪痛苦的难关。你的生命会由此变得更为丰富、广阔，你与所爱之人的心与心的联结，也会变得更加的深刻、牢固。正念，是方法之一。

> 以前，如果是身体上的不舒服，我都知道怎么去应对，但是碰到焦虑、抑郁等情绪痛苦，我很容易束手无策。通过学习这个正念课程，我真的体会到了优先照顾自己的重要性，也知道怎么照顾自己、要给予自己多一点的空间。现在我焦虑或沮丧的时候，首先能够比较快地觉察到情绪上的波动，并且能通过做身体扫描、三步呼吸空间、正念伸展等缓

解自己的情绪;或者我会安排一些愉悦型活动,来改变自己的心情。总的来说,我变得更加关爱自己,也更加接纳自己。

——范丽莹,女,销售经理,38岁

正念能让我的心情很快放松下来,不再去胡思乱想,从痛苦中慢慢走出来。以前我对上心理学的课不是太有兴趣,认为家人特别是老公给足我爱、满足我的要求就会好。我指责他们,他们不开心,我更不开心,大家越来越不开心。这个课程对我影响最深的一句话是:"我们每个人都要也能够为自己的情绪负责。"我也不知道为什么这句话当时就进入我心里去了,其实以前我也看到过类似的话,但没有进脑子,更进不了心里。我现在能调整自己对老公的期待,自己平复心情,给自己带来更多的乐子,也开始去理解老公。现在我和家人的关系变好了。在这里非常感谢吴老师和我的家人一起帮助我走出痛苦。

> 觉察、面对、洗涤情绪痛苦,扩充情感容器,是重要的生命功课。

——李菁,女,公司职员,35岁

慈悲

不知道大家看到慈悲这两个字,会有什么样的联想或感觉?会觉得慈悲离自己遥远吗?我们经常在电视上听到"我佛慈悲"这样的话,我曾经也觉得慈悲是修为比较高的人才具有的品质,自己对这种品质的态度是:虽不能至,心向往之。学习慈悲禅之前,感觉很茫然。学习之后:"哦,原来这就是慈悲啊!"后来在我的正念教学和培训中,发现不少学员对慈悲的感受与态度,与曾经的我是一样的。

慈,予乐,给予快乐;悲,拔苦,消除苦痛。我们不是一直在做或一直努力在做予乐拔苦之事吗?我们一直都想行慈悲之事,也已经在做了。只是很多时候,我们不知道怎么做,不一定在正道上。在慈悲聚焦疗法里,对慈悲的定义是:有勇气面对自己和他人的痛苦,并致力于缓解和预防这些痛苦。面对自己的痛苦情绪本身就是对自己慈悲,这需要很大的勇气。就像前面提到的林之璇、席娟、郭怡,以及更多的人,经常是碰壁了、绷不住了,才回过头来真正面对自己内心的痛苦。

郭怡说她从小就不知道什么是恐惧,她也一直自认为是个很坚强的人,不在人面前流泪。"那样太矫情。"在经过三年多的心理咨询之后,她才开始碰触自己内心深层的情感,"它们好像来自心灵深处的、没有具体场景记忆的空虚、孤独、绝望和恐惧"。但是碰触这些让她太痛苦了,她一碰到就要隔离掉,"我一直很擅长隔离,不隔离就不是我自己了"。即便如此,她仍然坚持来做心理咨询。"一开始我觉得自己是来解决婚姻问题的,后来我并不觉得自己一定需要结婚。有一段时间我也不知道自己来做咨询的目标是什么,但或许,我是想给自己内心的小孩一个成长的机会,但这个成长太痛了,我需要慢一点。"

对自己慈悲,也是对身边亲近的人慈悲,对这个社会慈悲。李菁原来一直希望家人能够给自己更多的关爱,认为这样自己的痛苦就能化解,结果却制造了更多的人际张力和矛盾。不知这样的人际关系模式,你熟悉吗?

> 面对自己的痛苦情绪,就是对自己慈悲,这需要很大的勇气。

"我现在能调整自己对老公的期待,自己平复心情,给自己找更多的乐子,也开始去理解老公。现在我和家人的关系变好了。"许多学员都会发现,当他们能够好好照顾自己以后,不知不觉能更好地处理和周围亲人的关系,原本可能有点紧张、疏离的关系也变得融洽、亲密起来。

我觉得我女儿最近对我更好了,愿意主动和我说一些学校的事情,这周出去逛街,她还主动挽着我的手臂。我说:

> 对自己慈悲,也是对他人慈悲。

"宝贝,妈妈很高兴,你对妈妈和以前很不一样啊。"她说:"妈妈,是你变好了。没有老盯着我,也没有老是怨气重重。"

——齐芸,女,企业管理人员,48岁

如何与痛苦情绪共处

我们知道,正念的核心要义是如其所是地觉察发生的一切身心现象和周遭环境。正念之道能够拔苦,就在于它帮助我们逐步地允许一切如其所是地发生、保持觉察、接纳。觉知力就像光一样,不断地照见我们自己,不断拂去覆盖我们的新、旧尘埃。"问渠那得清如许?为有源头活水来",这个源头就是存在本身,在我们每个人自己身上,所谓"踏破铁鞋无觅处,得来全不费功夫"。

我们如何通过正念之道,与痛苦情绪共处呢?

请先给予自己空间

当一个人中弹后还需要逃命的时候,是无暇顾及中弹的伤口的。只有到了安全的地方,他才有空间去感受中弹所带来的痛楚,也才能够去处理中弹的伤口并取出子弹。情绪痛苦也是如此。就像处理中弹的伤口会非常痛苦一样,处理情绪痛苦的过程本身,也很痛苦,需要耗费很多的时间、精力。我们需要有意识地给予自己空间去处理情绪痛苦。

江子文从小是外婆带大的,和外婆特别亲。她妈妈小时候有外公外婆宠,结婚了有爸爸宠,还是个公主。子文在读大学之前的暑假,和妈妈回老家看了外婆,外公在子文读中学时已经因为癌症过世了。有一天,子文外出游玩时,接到了妈妈让她赶紧去医院的电话,外婆突然大面积脑溢血。子文赶到的时候,妈妈手足无措。医生告知她们,外婆基本没有抢救回来的可能性,气管切开等抢救手段只能延长一点痛苦的生存时间。妈妈瘫在一旁,完全无法做任何决定。子文镇定地告诉妈妈:

签下放弃积极抢救的文书,让外婆好好地走。后来是子文给外婆擦身、换上寿衣,送到太平间,联系殡葬事宜。这一切事情都做完以后,子文去另外一个城市上大学了。前两个月还没有什么,子文也在适应着新的环境。到了大一下半学期,子文开始胸闷、紧张、情绪低落、内疚、哭泣、做噩梦,梦里有很多和外婆有关的场景,包括最后在医院的各种场景。一个18岁的小姑娘,突然丧失至亲,这本身对她就是一个极大的打击。因为妈妈没有能力承担作为女儿、作为妈妈的责任,子文承担了她妈妈的责任,包括做出让外婆好好地走这么沉重的决定。当外在的应激、压力都处理完了以后,子文终于有机会以"生病"的方式来处理自己的伤口了。

> 我会有意识地放慢自己的节奏,这段时间只要把基本任务完成就好,不再想加薪、晋职、跳槽的事,尽量给自己一个稳定、宽松的生活框架,这样我才能更好地照顾自己的情绪。
>
> ——林梓纷,女,外企财务,30岁

放松的环境和身心状态有助于让情绪流淌出来

我们大部分人都有这样的经验:如果我们不是真的控制不住自己的情绪了,即便很难过,如果这时候我们有紧急的工作任务要去完成、有不那么亲近的人或者孩子在我们面前,我们还是能收拾好自己的情绪,让自己看起来很正常,投入到工作或与其他人的相处中。这是一种成熟的心理功能,叫作压制。在适当的时机,无论是一个人的时候,还是有让我们感觉到放松、安全、温暖,以及能够且愿意陪伴我们的人在身边的时候,我们的这些情绪又会流淌出来。所以,当我们知道自己有情绪痛苦的时候,给自己创造一个放松一点的物理空间,比如一个可以独处的房间,想号啕大哭也不会有人听见,如果你不想让身边的人听见的话。此外,还需要让自己的身心处于放松的状态,因为在郁结和紧绷的状态下,情绪被包裹着,是比较难以流淌出来的。

正念有三大技术:静坐呼吸、身体扫描、正念伸展。其核心是帮助我们如实地觉察自己的身心状态,实际操作中,这些技术都可以帮助我们放松。而且这些技术可以帮助我们完成后面对情绪进行觉察、接纳、命名的工作。下方二维码里分别附有坐姿身体扫描和静坐呼吸的音频,以及正念伸展的视频。

注:坐姿身体扫描练习音频。

注:静坐呼吸练习音频。

注:正念伸展练习视频。

觉察

第 3 章用了整整一章来讲觉察这个非常重要的主题,以及如何培育我们的觉察力。我们要去涵容、消化自己的痛苦情绪,当它们出现的时候,我们首先需要觉察到它们。大部分的学员都会反馈,随着课程的进行,他们对自己情绪的觉察力越来越敏锐。

> 上周六我和爸妈一起乘出租车去朋友家吃晚饭,爸爸又在抱怨出租车司机绕路让我们多付钱。我以前会和他吵起来,嫌他烦,因为他总是认为别人会占自己的便宜;他则骂我不当家不知柴米贵。那天我不仅觉察到了自己的嫌弃、烦躁、不爽的感觉,我还留意到自己内心觉得爸爸那样让我感觉挺丢脸的。那天我什么也没有说,不知怎么的,我反而觉得有些内疚,觉得爸爸挺不容易的,我却还嫌弃他。
>
> ——杨帆,女,大学生,20岁

接纳

接纳所有涌现出来的情绪和身心现象,包括这个过程中可能出现的对情绪的抵抗、对自己或他人的种种批判,以及情绪出现以后身体可能的种种不适、回忆的涌现、想法的增多等,同时保持觉察。

这不容易,有时候很痛苦,但是只要这种痛苦是在你能够承受的范围内,只要你的觉察力在线——你一直有能力看着自己的身心现象,就让这个过程继续。在这个过程中,我们需要耐心。

我们知道,清理新的情绪伤口,需要花些时间;对于陈旧的伤口,可能需要花的时间更长,不可能毕其功于一役,需要反复清创引脓。即便你是在保持觉察的情况下,体验痛苦情绪的流动还是会让一个人的意识状态与平时有所不同。所以，在每次清理情绪伤口的时间结束后，我们可以通过呼吸、觉察周围的环境，让自己的身心再度回到一个与现实联结的空间里，继续每日的生活。身体上的伤口，你给它消毒、清理完、绑好无菌纱布之后，就可以继续你其他的活动，身体是有自我疗愈力的。下一次你继续给自己处理情绪伤口时，那些情绪可能又会流淌出来，或者会有一些新的情绪、新的其他内容呈现。我们应该带着对自己的关爱，觉察这些自由流淌出来的东西，接纳所有的身心现象，并让觉知涤荡干净这些流淌出来的痛苦情绪。

在我们处理情绪伤口的时候，注意尽量不要再添加新伤。就像我们在处理身体上的伤口时，我们要注意保持清洁、干燥，不去拉扯它，以免伤口长不好。对于情绪伤口，我们亦要如此养护。比如，你是因为和老公的关系不好，而感到郁闷、苦恼。建议你这段时间先养好自己的伤，不要期待老公改变成你希望的样子，或者老公对你如你所期待的那样好——帮你养伤。在这种情况下，期待通常会带来更多的对彼此的失望、不满和怨恨，伤口只会继续被撕扯。

如果你在听音频的过程中觉得自己承受不了这些痛苦或者被痛苦给淹没了，请在这之前就关掉音频，不要逼自己，不要挑战自己的极限。也许你不是在跟着音频做这些清理自己情绪痛苦的工作，而是用了其他的方法；或者情绪痛苦突然向你袭来。无论是何种情况，当你觉得难以保持觉察地体验痛苦情绪的流动的时候，请尽量想办法转移自己的注意力，去做任何让你觉得愉悦的事情,让自己脱离或者稍稍脱离让你过于痛苦的情境。你也可以找一个可靠的让你感到温暖的人,向其倾诉;当然,你也可以拨打全国24小时心理热线电话,去向专业的人倾诉。这样,你可以获得一些情感支持和陪伴,痛苦情绪也能得到宣泄,可能还可以获得一些有帮助的建议。

什么叫保持觉察地体验痛苦情绪的流动呢?

>吴医生,我终于明白你说的保持觉察是什么意思了,就是我可以看着自己内心在发生什么,就像我可以看着外面的风景一样。我除了感到悲伤,还看到自己在悲伤。这样,我就不会沉浸在悲伤中。我在体验它,又感觉自己是有力量的,和这个悲伤有点距离,虽然的确感到悲伤。
>
>——林瑛,女,退休行政人员,62岁

命名

我们觉察、区分不同的情绪,给各种情绪命名,就像是在让这些飘着的感觉明晰、落地并逐渐得以消解、转化。

>我之前只能感觉到一种难受的东西在那里,说不清楚,胸口堵得慌。当悲伤、愤恨这两个词在我脑海里浮现的时候,我那种难受、堵的感觉慢慢消散了,愤恨开始在我心里燃烧,同时我为自己这么多年一直生活在阴暗里感到悲伤。是他伤害了我,他应该受到惩罚,我为什么反而要活得战战兢兢?
>
>——李彤,女,行政人员,28岁

有些人对出现的情绪很敏感，可以很快给这些情绪命名；有些人对命名自己的情绪存在困难。在我的咨询工作中，不时碰到有来访者说："吴医生，你给我几个词吧，让我挑一下，我说不出自己是什么感觉。"如果碰到这样的情况，首先请给自己一点耐心，这同样是一个需要时间来培育的过程。我们的音频引导语中，会有很多情绪的词语，当你听到某个词语，觉得自己心中有所触动时，身体感觉也相应地会有所变化，"噢，是这个感觉"，或"噢，大概是这个感觉"。绝大部分情况下，当一个正确的词语与你的情绪相遇的时候，你内在的智慧会告诉你用这个词语描述这个感受是对的，也许还不完全那么精确，但依然有效，你可以不断朝着寻找最适合自己的词语来命名自己的感受的方向前进。如果引导语中出现的词没有打动到你，你或许可以等一等，给你的感受更多的空间，陪伴那种不舒服的感受多待一会儿，它也有自己的生命，它会告诉你，它叫什么。当准确的词出来时，你的内心会知道。

我是一个对情绪很迟钝的人，我一直很奇怪，为什么别人可以那么快地说出体验到了什么感受，我身处其中，怎么什么也感觉不到。最多到最后，我明白，大家说的有些感受，的确是这样的，可是我还是体会不到。也有朋友说，我这样挺有福气的，天然免疫各种情绪困扰。我自己也没有觉得有什么不好。可是，我妻子对我很不满，她说我和木头人没有两样；我和女儿相处，她有情绪的时候，我也没法安慰她，跟她讲道理好像没什么用，最后我们对彼此都很不爽。这两个多月，每周上课，天天在做家庭作业，听音频，我觉得最大的进步就是对自己的情绪的觉察力提升了，我也是有各种感受的，就是平常都压着而已。当我能够觉察并在内心说出自己的感受的时候，我觉得心里好像被清空了一些东西似的。而且，自然而然，我能够体验孩子和妻子的一些感受、去理解她们，这让我和她们的关系亲近很多。我妻子有一天开玩笑说："铁树还真开花了。"

——郭萧，男，研发人员，33岁

通常，能够命名自己的情绪的人，在碰到复杂的情绪体验的时候，一开始也会感觉不可名状，正如前面李彤所描述的。我们应对的最佳方法也是陪伴这些感受，等待那个正确的词语自动地在心中浮现。我们的身心智慧，会引导我们走向慈悲。

> 我们的身心智慧，会引导我们走向慈悲。

呼吸

吸气时，尽量把气息送到你能体验到情绪痛苦的身体部位。这个方法对你来说可能很陌生。"体验到情绪痛苦的身体部位"，你可能会觉得这个说法有些新奇，在多数情况下，我们都是在心脏区域感觉到难受，所以说

"心情"嘛。但不一定只是在心脏区域，焦虑的时候，我们除了心脏有些压迫感，头部甚至整个身体也会感觉到沉重、张力大。所以，当我们仔细去感受的时候，会发现不同情绪在身体的各个部位存在不同反应。第二个让大家困惑的问题可能是：我的气息送不到感觉不舒服的身体部位，比如头部。其实，你送不到也没有关系。就像开了窗，会有风吹进来，整个房间的空气都会流动起来。你只要继续做这个尝试，并把注意力放在感觉到了情绪痛苦的身体部位上就可以。

最大的一个问题可能是：这个方法有用吗，听起来似乎有点奇怪？这个方法有用，非常有用，很多人用自己的生命体验实践过了。如果你一定要问，"为什么这个方法会有用"，那我打个比喻，你的水杯里装了墨水，如果一直注入清水，水慢慢就把这杯墨水给稀释掉。继续不断地注入清水，最后，这水杯里的水就都是清水了。我们每个人都需要不断地补充能量才能生存，对吧？能量的来源除了食物、睡眠，还有呼吸。大部分人在无氧条件下最多活5分钟，我们24小时都在不间断地呼吸，当呼吸顺畅时，我们往往没有留意它。最亲密最重要的朋友——呼吸，成了熟悉的陌生人。空气带着能量到达情绪痛苦的地方，就如同注水到装有墨汁的水杯中去一样。当然，如果你杯中的墨汁很浓很多，那注入的水，就要多一点。

我：你把呼吸带到感觉心痛的地方，多给自己

一点时间,试一下。

来访者(带着疑惑,约3分钟后):啊,吴医生,心痛的感觉真的缓解了一点,好像散开来,轻了一点,没有以前那么凝重。那我下次碰到这种情况,自己可以这样做吗?

我:当然啦!

理解

我们都渴望得到理解,有时候,我们对自己和别人也有很多困惑,我们也希望能够更好地理解自己和别人。真正的理解,是在经历过相似的情感体验后带有温度、领悟和接纳的理解,头脑层面的知道,经常离真正的理解还有很长的距离。所以才会有这句话:就算我知道世间所有的道理,也过不好这一生。

我的恐惧、胸痛持续了3天仍未缓解,这让我陷入了深思。他们为什么如此淡定?我为什么如此恐惧?"边界感"这3个字跃入脑海。或许因为他们懂得边界感,懂得照顾好自己与照顾好父母之间的边界,懂得自己承担的责任义务与他人承担责任义务之间的边界。反思自己,往往分不清边界。父母一生气,我就害怕,一害怕就自我检讨,一检讨就要求自己做得更好。我只关心父母快乐与否,而完全忽视了自己快乐与否。这么多年形成的思维-情感-行为模式,让我没有边界感,没有自我。改变的路还很长很艰难，但是还是要不断前行，我要找回自己，找回自己的健康与快乐。

——林月莹，女，行政人员，48岁

当我们做完这些之后，剩下的，就交给上天吧。我不知道大家对"尽人事，听天命"是怎么理解的，是否觉得消极。我个人觉得这是一种积极、开阔、信任、接纳、臣服于更高的智慧的态度。我们生活在天地间，大地支撑着我们，时时刻刻，无处不在。

> 尽人事，听天命。

> 我长期失眠，人家都说失眠是有原因的，但是我的家庭、工作总体都还可以，我也挺乐观开朗的，实在是找不出原因，朋友都不相信我这样的人会失眠。有上过课的朋友和我说，身体扫描对睡觉很有帮助，而且不用服药，我抱着试试看的态度就来参加这个正念课程了。我吃安眠药已经有六七年了，吃了药睡眠还好，只是从每天晚上服用半片思诺思，到一片思诺思，到现在要服用一片氯硝安定，药物越吃越重，我担心药物失效或越加越重。刚开始做身体扫描，我挺不耐烦的，觉得还是吃药痛快，但是为了以后着想，还是遵了医嘱。很多同伴说做身体扫描时会睡着，但是我不会，一开始的时候会胡思乱想，但慢慢地，注意力开始能集中了。到了第三周，我在做身体扫描的时候，突然感觉心跳加速、

身体非常紧绷、头也很涨，我不知道发生什么了。但是我听引导语说，接纳所发生的一切身心现象，所以我尽量跟随着引导语把身体扫描做完了。

接下来的第三天晚上继续做的时候，我突然想起在我5岁的时候，有一天晚上父母吵得非常凶，我很害怕，但还是忍不住起床偷看他们在干什么，我看到他们在打架，好像妈妈扇了爸爸一巴掌，爸爸去掐了妈妈的脖子，我吓得大哭起来。爸爸妈妈听见我的哭声以后，没有再打架。后来我应该是自己回房间了，但是还是很害怕。第二天妈妈离开了家，后来他们两个人离婚了，我跟着爸爸。这个事情已经过去30年了，我以为自己早就忘记了。那天晚上做身体扫描的时候，这个记忆又回来了，我感觉很害怕，整个身体又变得很紧绷，特别是头。那天我前后吃了两片氯硝安定才睡着。吴医生说，这种痛苦如果是你承受得住的，就继续保持觉察地做身体扫描，与痛苦共处；如果承受不住，那就关掉音频。让痛苦流淌出来，就像引脓，一定会难受。我想，我还是受得了的，既然是引脓，那就继续吧，引得彻底一点。在随后的一周里，我每天睡前会做身体扫描，他们吵架相关的不好的记忆还是会浮现，还有家里没有妈妈了……我的害怕时轻时重，悲伤、无助也会来袭，不过都在我的承受范围内，我还是在做完以后服用一片氯硝安定入睡。但是我有一个很重大的发现，就是我的身体紧绷、头脑发涨，似乎不全是害怕本身带来的，而是我对害怕的害怕。有一天睡前做身体扫描的时候，我心里想，害怕就害怕吧，我接受所有发生的一切。那天，发生了很神奇的事情，我居然在做身体扫描的时候睡着了！这是7年来我第一次没有服用安眠药入睡。我第二天高兴地给部门的所有同事都买了饮品，晚上请大家一起吃饭。

现在这个课程已经快结束了，身体扫描对我来说，真的就像在做心理治疗一样：清理过去的伤痛，不好的记忆、紧张、恐惧、悲伤、不安……似乎都在这个过程中涌现，当我只是保持觉察地与之共处时，它们反而逐步流走了。我以前做完身体扫描以后服适量安眠药入睡，现在我又换回了思诺思，我服用思诺思后开始做身体扫描，做的过程中就睡着了，醒来以后神清气爽。我对自己以后不需要服用安眠药很有信心。真的很感谢这个课程，感谢吴医生解决了困扰我多年的一大问题。

> 更多的是对害怕的害怕，让我的身体紧绷、头脑发涨。

——凌峰，男，销售主管，35岁

凌峰看似是通过身体扫描解决了失眠的问题，他的分享实则包含了通过正念与痛苦情绪共处并化解痛苦的七步曲。沉淀在凌峰内心中的伤痕是他5岁时深夜目睹父母打架，随后父母离异，他失去了妈妈。当凌峰决定参加正念课程时，他已经给了自己一个回归自己、面对内心的空间。课堂、课后所有的练习，都逐步在帮助他放松下来，帮助他把内心情绪流淌出来。正念课程的所有练习，也在帮助他不断提升对自己身体、情绪、想法的觉察力：从看到自己胡思乱想到逐步能够专注，感觉心跳加速、头脑发胀、恐惧、悲伤、无助，以及对害怕的害怕让他更加紧绷。当过往的伤痛事件裹挟着没有被消化的各种情绪浮现时，凌峰是很不舒服的。但是第四步接纳的理念帮助了他，而接纳也包含面对。他给所有这些流淌出来的情绪（害怕、悲伤、无助等）命名。在凌峰的描述中，似乎没有涉及第六步呼吸。本质上，无论我们有没有注意到呼吸，呼吸都一直在进行，不是吗？在身体扫描的过程中，尽管记忆浮现、情绪变得强烈的时候，注意力会有所分散，但更多的时候，引导语会提醒凌峰回到身体上，保持觉察地体验这一切。觉知和呼吸，都是有能量的，能疗愈潜藏在身体中的伤痕。最后，凌峰也获得了对自己失眠和痛苦情绪的理解。5岁时在睡眠中被父母的打架声惊醒，看到父母激烈打架的场景，非常害怕。陷入自身情绪旋涡的父母也无力照顾凌峰的感受。更可怕的是，第二天，妈妈离开了家，后来父母离异，凌峰失去了妈妈。"这些凝结的害怕、悲伤让我失眠。也许那晚我真的被吓到了；也许我觉得如果当时我去帮妈妈，妈

> 允许一切流过。

妈就不会离开我;也许我心里也很恨妈妈就这样离开我。兴许这些也许不成立,也没有如果。但我心里埋得最深的那个硬块,化开了。"

> 生而为人,好似客栈,
> 每个清晨都迎来新的访客。
> "欢喜""沮丧""卑鄙",
> 一些与不期而至的访客一同到来的
> 瞬间的觉知。
>
> 欢迎并款待所有访客吧!
> 即使是一群悲伤之徒,
> 恣意破坏你的屋舍,
> 搬空所有家具,
> 仍然尊贵地对待他们吧,
> 他可能带来某些崭新的欢愉,
> 洗净你的心灵。
>
> 无论是灰暗的想法、羞愧还是恶念,
> 都要在门口笑脸相迎,
> 并邀请他们进来。
>
> 对任何访客都心存感激,
> 因为每位访客
> 都是上天赐予我们的向导。
>
> ——鲁米,《客栈》

穿破淤滞
坚忍坚韧
舒展而怒放的生命啊
是你我心中的渴望

第 9 章 穿越情绪苦海：从痛苦到喜悦

春有百花秋有月，夏有凉风冬有雪
若无闲事挂心头，便是人间好时节

——〔宋〕无门慧开禅师，《颂平常心是道》

大自然见证四季轮回，每个季节、每时每刻，它都在呈现着它独有的风姿。生而为人，我们既是自然的，也是社会的，生老病死是自然规律，但也有社会因素掺杂其中。一般我们讲"生老病死"的时候，"病"指的是身体生病。所谓"吃五谷杂粮，保不住不生病"。我们的心灵也需要汲取各种养分以维持心灵的健康，并促进心灵的成长与成熟，但也有可能吸收进了一些会给我们带来伤害，或者与我们自身不适配、难以消化的"毒物"。对于后者，我们可能能够意识到并有意识地加以化解，也有可能不经意间，这些带来了心灵的伤痕，或者形成了空洞的心灵。身心一体，既然我们的身体会生病，我们的心灵自然也会有各种不适甚至痛楚。在生活中，我们不时地会为各种情绪所困：悲伤、担忧、恐惧、懊悔、羞耻、内疚、郁闷、愤怒……

"以前,如果是身体上的不舒服,我都知道怎么去应对,但是碰到焦虑、抑郁等情绪痛苦,我很容易束手无策。"我在心理咨询的门诊工作中,不时会听到类似的话。你是否也有这方面的苦恼?情绪压力经常给我们带来很大的困扰。我在前面的章节中介绍了如何应对情绪痛苦,我们能做的分为七步:给予空间、放松、觉察、接纳、命名、呼吸、理解。最后臣服于更高的力量,或者说"尽人事,听天命",是一种开放、虔诚、信任的心灵品质。"以前我老觉得自己很忙,现在回过头来看,被各种情绪占据和与之抗争,消耗了我很多时间和精力。情绪困扰消解得差不多了,我也有能力去应对,我感觉心里空了好大一块,也经常会抬头看一看,去享受宽广的天空。以前天空在那里,我也当看不见。"考虑到情绪压力常常给我们的生活带来很大困扰,这一章我将花比较多的篇幅介绍如何应对抑郁、焦虑和愤怒这三种生活中比较常见的、困扰我们的情绪,七步法中的第七步理解是本章介绍的重点。愿我们都能够有信心、有耐心、有方法走出情绪迷雾带来的心灵困境,能够经常享受"明月松间照,清泉石上流"般的静谧、悠远和清明……

走出抑郁

我抑郁了吗

在我的工作中,有不少来访者(有时候也会接到熟人或朋友的问询），来了解自己是否抑郁了。来问询的人，基本上或多或少、或长或短体验过悲伤、不开心、没有兴趣或愉快感、精力减退、记忆力或注意力下降、自信心下降、对未来悲观甚至有时感到绝望、无助无力、睡眠胃口不好或者贪吃贪睡、觉得活着没啥意思等，自己尝试着调整但是调整不过来。来问询的人，心里基本知道自己状态不对，"丧"的时间有点久了。现在资讯丰富，获得信息的渠道很多，特别是网络查询很方便，有不少人通过周围亲朋或者网络查询到了有关抑郁的信息。他们最想问的，其实不是自己是否抑郁了，而是想问自己是否已经达到抑郁症的程度了，如果达到了，又有多严重。

抑郁的核心情绪是悲伤，而悲伤是我们作为人的一种基本情感。我们哭着来到这个世间，从婴儿时期开始，我们就在体验着悲伤。小宝宝饿了会哭；幼儿刚离家上幼儿园会哭；小孩子渴望被认可而不可得、被批评时会难过；我们在自尊心受到伤害时会伤心愤怒；失去亲爱的人让我们感到悲痛；学习、工作未达心中所期待让我们感到失意；年老、力衰让我们感到惆怅；临近死亡，我们也许会为此生未完成之事而遗憾，亲朋也会因我们的离去而悲伤、哭泣……一般情况下，我们在自己的哭声中来到这个世间，在他人的哭声中离开这个世间。悲伤贯穿了我们人生的不同阶段，是正

> 悲伤是正常生命体验的一部分。

常生命体验的一部分。

悲伤的时候，我们对生活的热忱、动力、幸福感自然会下降。给予自己悲伤的空间、让自己放松下来、知道自己在难过并允许悲伤流过你的心田、允许自己放声哭泣、做点自己喜欢的事情、给予自己更多的理解和照顾，悲伤会慢慢流走。这需要一段时间，究竟多长因人而异。我们的心在历经这一次次的生活变故和情绪起伏后变得更沉稳、宽广。生命的活力以其自身的韵律在我们每个个体身上再度显现，我们也更珍惜、更踏实、更有力量，带着更多的喜悦和热忱走向新的生活。

不过，有时候，我们卡在悲伤里了。也许事件的冲击力对我们来说太强烈，悲伤及相关的各种担忧、内疚、烦躁、愤怒翻涌得太厉害，我们被情绪的波涛席卷，对自己的情绪完全失去了掌控力，最终陷入无力、无助、悲观甚至绝望、觉得活着没有意思的状态。当情绪来得太猛烈，超出我们的承受力时，我们可能会有另一种表现：不大能够感觉到情绪，也就是我前面说的通过否认、隔离、合理化、理智化等方法，让自己屏蔽掉这些会让自己痛苦、感觉无力、弱小的情绪。"我知道自己难受，但是我感觉不到悲伤，我更哭不出来。"我们可能会感觉内在被什么东西捆住了，容易烦躁甚至易怒，青少年的抑郁很容易表现为这种特点。抑郁时，整个人浑浑噩噩、不清爽，喜欢封闭自己，觉得生活只剩下灰色……也许在这个时刻发生的事件，是压死骆驼的最后一根稻草，因为我们之前就积累了很多难以排解的悲伤……也许，我们也觉得或者怀疑，是不是自己比较敏感、脆弱、"玻璃心"，别人可能不会这样，但是自己心里怎么就一直在下雨，有时候会不由自主掉眼泪或者号啕大哭。当你这样评判或者谴责自己的时候，很可能你没有意识到，你在继续给自己的伤口撒盐……

亲爱的朋友，我无法在这里解答"一个人是否真的达到了临床抑郁症的诊断标准，以及如果达到了又有多严重"这一问题，因为这需要专业的精神科医生临床访谈后根据诊断标准做出诊断。但是我想说，网络上的一些情绪问题的自评问卷，以及根据自评问卷给出抑郁、焦虑等各种情况的严重程度的标准，都不是我们临床诊断的标准。大家完全无须因为看到这样的报告写着"轻度""中度"或"重度"而紧张。另外，这本书是心理自助图书，我诚挚地希望通过阅读此书和修习其中的方法，你的情绪和生活能够获得改善。但是如果悲伤困扰你的时间比较长久、让你痛苦并影响到你的正常生活了，我建议你寻找专业的帮助。如果有更多不同的资源可以帮助我们改善自己的内心和现实生活，何乐而不为呢？

缘何抑郁：丧失和自我攻击

世上没有无缘无故的爱，也没有无缘无故的恨。所有情绪的生灭，都有其缘由。"为什么我会抑郁？""为什么我的孩子会抑郁？""为什么我的亲朋会抑郁呢？"当我们陷入抑郁时，自己或周遭的人都或多或少会追问这些问题并试图在目前的生活中以及早期生活中寻找到答案。

每个人的故事不一样，但抑郁的原因大致可以归结为丧失和自我攻击。

丧失

我们一生都在经历各种丧失，并在哀悼丧失中成长。丧失有两种：失去曾经拥有的重要的人、事、物；失去对生命的成长至关重要但自己又不曾真正拥有过的东西。失去不曾拥有过的东西，能否称为丧失？或者称为早期心理创伤？究竟称作什么，对我们来说不是那么重要。对我们来说，更重要的是，这种隐形丧失无法充分被意识到，但它却给我们构建自己的心灵花园埋下了人格基石受损的隐患。在日后的生活中，如果遭遇到让人感到丧失的心理或生活事件，触景生情，新伤容易勾起旧伤，抑郁情绪就会不期而至而且缠绵不去。所以有"人到愁来无处会，不关情处总伤心"之说。就好像如果你身体健康，感冒来了是会有不舒服，但是也许不用药，多休息、多喝水，依靠身体自身的免疫力就可以扛过去；如果你身体不是那么强健，最好还是用一下药，可以好得快一点，也能避免恶化；如果你本身就有一些基础性的疾病，身体羸弱，感冒可以引起肺炎，有时候甚至会危及生命。

对于第一种丧失，我们都不陌生。"感时花溅泪，恨别鸟惊心""是离愁。别是一番滋味在心头""问君能有几多愁，恰似一江春水向东流""少年不识愁滋味，爱上层楼。爱上层楼，为赋新词强说愁；而今识尽愁滋味，欲说还休。欲说还休，却道天凉好个秋""只恐双溪舴艋舟，载不动许多愁"……古人的伤情诗词，不胜枚举。尽管丧失是生命体验和成长的一部分，但是如果我们失去或即将失去的是深爱之人、严重影响生活的钱财、自己的健康甚至生命，这些重大的丧失难免让人悲伤不已，带来一段时间的沉郁寡欢，也难免使人自责、内疚，总是会去反省自己哪里做得不够好，如果做得好一些，是不是不好的事情就不会发生了。

王希与丈夫感情甚笃，两人婚后很愉快地过了3年二人世界的生活后，准备要小孩。但是丈夫却因为突发的凶险的胰腺炎在一周内离开了人世。王希在料理完丈夫的丧事、安顿好在异地的双方的父母后，来到了诊室。她说在家感到孤独，会悲伤痛哭，觉得生活没有意义，但有责任照顾双方的父母。她为自己不够及时送丈夫就诊感到很内疚，想象着丈夫在另外一个星球上，以另外的生命形式活着，看着自己。她怀疑自己是否抑郁了。我告诉她，这是正常的居丧反应，需要有一个过程经历悲痛。同时建议她把自己的情况和父母说："你不说是不想让他们担忧，但你不说，他们更担忧。"她上网查了居丧反应，发现与她类似的人其实并不少。与父母沟通，让她感觉到来自父母的关心，以及在共同的悲痛中的联结。同时，她还把在我这里学习到的静坐呼吸、身体扫描的安顿身心的技术教给父母和公婆。"这对他们也很有帮助，他们也挺需要的。我公婆崩溃的时候一度都说他们也不要活了。"王希开始恢复活力。"下班后我开始重新去练瑜伽了。瑜伽可以帮助我静下来，也能锻炼我的柔软度和肌肉力量。"她整理了丈夫的遗物,重新安排了房间的格局——把两个人住时的布置改变为适合一个人住的。早上起来给自己做早餐,并带了中餐——这样吃比较少油、健康。在第四次咨询的时候,她穿了新买的漂亮衣服。"我以前很喜欢打扮,现在这个心思又回来了。"我们的咨询两周一次,在第五次咨询时,她把与丈夫确定男女朋友关系的日期以花朵的样子文在了自己的手上,带着曾经共享的美好,开始自己的新旅程。

我们很多人都能够依靠自己、亲朋、心理专业工作人员度过重大丧失带来的痛苦时期。王希自己就是个健康、有活力和心理韧性的女子,有良好的人际关系和社会支持。我所做的,是小小地助推了一把,帮助她走出居丧期。

对一个人来说,也许更可怕的是根本不知道自己丧失了什么。对大部分人来说,我们记忆力最早能追溯到3岁,3岁以前的事情,我们是不大能够记得的。但是0~3岁的经历,是一个人整个生命成长的基石。我们中国人的古话"3岁看大,7岁看老",说的就是这个意思。个体要健康成长,需要有自己的空间、有滋养、得到支持、获得保护并拥有属于自己的边界这五大元素。对一个婴幼儿来说,他所需要的空间,并不只是物理的空间、在家庭中恰切地属于孩子的位置,他的照顾者的心里,要有这个孩子的位置,能够去感知孩子的需要并适当地去满足孩子的需要。这五点听起来似乎并不难,绝大部分的父母在头脑层面,都想给予孩子自己能提供的最好的东西。只不过有时候自己没有的东西，也给不了孩子；有时候自己认为是在对孩子好，在孩子的感知里，却不一定是这样。婴幼儿虽然不能听懂言语，也无法用言语表达，但是婴幼儿可以直接地捕捉到环境中的情感信息。而且婴幼儿的存活需要依赖成人，为了能够让大人高兴，他们会自动地去迎合大人的需求。随着他们的成长，内心悲伤、无助、害怕、委屈的小孩依然在其心里面，影响着日后的生活。

在有的家庭中，父母因为自己有种种无法处理的痛楚和局限，很需要通过孩子来给自己的生活寻找到目标和意义，也在孩子身上寻找着自己的情感寄托。大部分父母都会这样，虽然说孩子是通过父母而降临到这个世间的，孩子也的确是父母生命的延续，但这里有一个度的问题，以及父母期望在孩子身上实现什么目标和意义、在孩子身上寄托什么样的情感。有不少孩子活成了父母的父母，这就失去了属于他们自己的空间，这样的父母很难给孩子提供心理空间，去理解、支持、陪伴、安慰、鼓励、肯定、引导孩子，孩子反而经常成了父母的情绪垃圾桶。水满则溢，有那么一天，悲伤终于逆流成河。

> 从小我妈妈就经常和我说，如果不是为了我，她就不想活在这个世界上了。我当时一点感觉也没有，现在想来，我太害怕了。她不停地和我说谁对她不好，我会和那些对她不好的亲戚很敌对，去保护我妈妈。在我长大以后和这些亲戚的交往中，我

发现他们不是这样子的,至少和我的交往不是这样子的。她也从不夸奖我,但是会拿我出去炫耀。有一次我考试得了92分,不是像原来那样得满分,她直接就骂我:"你真是不知羞耻!"我记得那天我在一片黑暗的小树林里待了很久,我忘记自己都想了些什么。周围的人都说我妈对我很好,有好吃的总给我留着,自己舍不得吃。但对我来说,这种好,真的是很大的负担。而我心里的苦,是没有人能够理解的。我曾经也很不理解自己为什么会这么痛苦,还责备自己是不是太矫情了。现在终于理解,我小时候缺的太多了,以前没有流的眼泪,都在现在流了。抑郁了这么多年,我终于有了自己,会心疼、爱惜、照顾自己了。我有一段时间很怨恨,现在也逐渐理解和接受了:对一个人来说唾手可得的东西,对另外一个人来说,可能要费尽千辛万苦、流血流泪才能够得到。我很悲伤,不过,还好。

——李晞妍,女,公司高管,47岁

读完李晞妍的故事,我们或多或少可以在自己和他人的生活中看到相应的影子,很多孩子活成了父母的父母,或者活成了父母所希望的样子,心中因为失去了属于自己的方向而感到迷茫和空虚。尽管有物质上的滋养,但李晞妍缺乏生命成长所需的五大元素——滋养还包括精神上的滋养(情绪上得到包容和理解、与父母的联结感等)。所以尽管她非常聪明、勤奋,事业有成,但她总觉得自己内心有个窟窿，生活得很紧绷。这个窟窿，使得她作为人的生命基石空悬，使得她内心一直需要用优秀来向妈妈证明自己、获得妈妈的认可，并以优秀为武器来保护妈妈。李晞妍在43岁职业升迁不顺时崩溃了。没有得到父母爱的孩子，在内心是最离不开父母的。即便与父母的物理距离很远，内心的小孩还是生活在内化的父母对自己的苛求下，以存活下来。这种苛求，变成了自己对自己的苛求；早期照顾者对自己的攻击，也成了自己对自己的攻击——要求自己完美、无止境地要求自己绝对优秀、容易自责和内疚、害怕犯错、没有达到理想的要求就否定自己，甚至觉得自己一无是处……这些不都是不停地在自己的伤口上撒盐、不停地自我攻击吗？还好，通过个体咨询和不间断的正念修习，李晞妍找回了自己。"我感到自己的内心终于实了，整个人感觉连贯、完整了。"

> 我几乎每天睡前都做身体扫描，有时候听着听着就睡着了，有时候没有睡着。有一天，做身体扫描的时候，我突然感觉到身体是自己的，我的精神和身体非常紧密地联结在一起。我很难形容那种感觉，当时我心潮澎湃地哭了。这么多年，我太拼了，一点都不爱惜自己的身体，绝对是个目标导向的人。在那次以后，我一般都会在十一点半之前睡觉，并且开始了每周一次的健身。我发现健身让我的精神很愉悦。我要好好地爱自己，好好对待自己的身体。
> ——李晞妍

我陪伴了李晞妍走完这个艰难而又漫长的旅程。我们知道，埋得越深的伤口越痛，疗愈起来也越艰难。遭遇早期丧失的个体，自我攻击往往很严重，或者说自虐已经成了他们性格和行为方式的一部分。而这种自我攻击，通常都是在早期为了存活与认同攻击者形成的。认同攻击者，在开始的时候，是保护自己的方式，但是在此后的生活中，它却成了一把时刻悬在自己头上的达摩克利斯之剑，内心深处一直处在危险之地。

自我攻击

当我们被人在语言或行为上攻击时，我们根据不同的情况可能会有以下几种反应：在心理上比对方有优势的时候，我们会还击，或者嗤之以鼻，或者根本不在意；如果感觉两个人旗鼓相当，我们可能会适当还击；如果觉得对方比自己强大太多，可能我们会害怕、悲伤、委屈、气愤，但是不敢还击，害怕遭受更大的攻击或者惩罚。当然，有时候我们也不能够这么理智地区分各种情况，而是在感觉被攻击时情绪上头，激动地反击对方或者做一些自我伤害的行为。比较糟糕的是，当一个人长期处在比自己强的人的攻击下时，他很可能慢慢变得紧张、小心翼翼、担心自己出错，最后自己也不认可自己、情绪低落、做什么都没有兴趣，长此以往，形成恶性循环，变得抑郁。

这样的例子在生活中并不少见。被上司不断挑剔、指责；长期不被看似比自己优秀的伴侣认可……长此以往，这些都可能让一个人内心慢慢变得紧张、情绪低落、无助、无力，对自己的信心下降，甚至怀疑是不是自己真的能力不足、比较笨、不讨人喜欢等。你看，他人对你的不认可、攻击，也慢慢变成了你对自己的攻击。不过如果一个人内在自我的基石比较牢固，自我认同也比较确定的话，可能会在一段时间内出现抑郁，但不需要花很长时间就会发现不对劲并开始质疑："我以前不是这样的人，也挺受认可的，怎么在这个环境、在你这里就变得这么不堪了呢？是我有问题还是你有问题？"最后，林之璇终于辞职、反击自己的上司，重获健康。这是发生在职场的故事，在伴侣关系里，也会有类似版本的故事。

郭幼婷是个美丽、聪慧的女子，她丈夫的个人能力比较强，她曾经也比较崇拜她丈夫。她丈夫是个认为自己"永远正确"并不会道歉的人。2010年前房价没有这么高的时候，郭幼婷就提出要买房子，遭到丈夫拒绝，丈夫认为房价是会下降的。等到他们买房子的时候，房价已经涨了很多，这时候丈夫说："你当时为什么不坚持？"她丈夫认为在外面工作的郭幼婷是"精装书"，在家里是"有点老旧甚至破旧的平装书"。郭幼婷在经历一段时间的抑郁后，终于发出呐喊和质问："为什么我在你眼里会是这样？为什么我在家里就没有像在工作中那么自信和果断？家里的钱在你手上，你当时不肯买，为什么现在还要把责任推到我身上？"郭幼婷与丈夫的关系发生了变化，她不再仰视自己的丈夫，更清晰地看到了丈夫的局限，更加肯定自己的判断，自信心也恢复了。她很喜欢蝴蝶，有一天她来看我的时候，我觉得她像一只翩翩起舞的蝴蝶，在阳光下熠熠生辉。

但如果是早期的丧失引起的与攻击者认同带来的自我攻击，就需要比较长的一段时间才能化解，就像前面的李晞妍。打个比方，我们吃了变质的食物，一旦它们进入到胃肠道，我们很可能会感到恶心、拉肚子，这是身体自动的排异反应。我们可以用导吐、导泻、灌肠、洗胃的方法尽快把它们清理出来，或者补液促排泄。如果它们已经被消化吸收成为你血液中的氨基酸、蛋白质、脂肪酸了，那就需要用血透的方法，把融进血液的一部分对身体有损害的物质清洗干净。但是如果这些氨基酸、蛋白质、脂肪酸，已经合成为你的骨骼、肌肉、脏腑的一部分，你再要把它们清除出来，是不是相当于把自己身体的一部分切除掉，不仅困难，还伤筋动骨？在精神分析里，通过内摄、内化、认同这三个概念，来说明一个人对事物、观念、个性品质的认可以及变成为自身的一部分的程度。内摄就像外在的精神食物进入到胃肠道，内化就相当于到了血液中，认同则相当于成为自身器官的一部分，难以觉察、难以割舍了。

林之璇对上司对自己的攻击的认可程度主要在内摄，但也开始内化了；郭幼婷对丈夫的攻击的认可则达到了内化的程度；而李晞妍对她妈妈对她的攻击是完全认同了，完全变成了她自己性格的一部分。"我活成了我讨厌的妈妈的样

照顾好自己，好好为自己活。

子,每当我妈问我的孩子是否在班级里考了第一名的时候,我都很厌烦、愤怒。后来我发现,我对女儿的关注和焦虑,也主要是在学习上。不过,我最对不起的人,大概就是我自己了。处处为他人着想,总想着尽善尽美,已经得了抑郁症,还是竭尽所能地把事情做好、把别人照顾好。下半生,我要好好为自己活了。"李晞妍后来悲伤地反省并看清了这一切。

抑郁的特征性表现及应对

在"我抑郁了吗"这一小节里,我列举了一个人抑郁时可能出现的各种表现。除了悲伤这个核心的情绪,负性自我评价和负性自动思维、懒言少动、回避社交是抑郁时经常出现的思维和行为特点。

大家还记得我们在第7章的第二节里列的30条负面思维吗?当一个人陷入抑郁时,对自己、对关系和对生活的评价往往比实际的要负面很多,抑郁者对自己的负性评价可以归结为两点:我不可爱;我没有能力。而这两点的根本在于:我没有价值。抑郁的人容易被困在灰黑色情绪旋涡和绵绵不绝的思维迷雾中:心情不好导致想法负面,想法负面导致心情更糟,如此形成恶性循环。抑郁者就像被套在枷锁中,被不断地往下拉。觉察与识别负性自动思维、及时提醒自己"想法不等于事实",是解套良药。

> 我注意到自己在难过的时候,脑子特别容易多想,"我怎么这么没用""我又犯错了""我是不是好

不了了"……甚至有时候想,"如果得了什么绝症该多好啊,这样死了也不用有什么心理负担,而且是大家都知道的痛苦,不用像现在这样,一个人天天悲苦难受,身边的人难以理解,我也无处倾诉"……我注意到,我这样想的时候,心情就更糟糕了,更觉得自己孤单、可怜、凄惨,更想一个人躲在房间里,什么都不干,自哀自怜,做一点点小事都觉得困难和沉重……

现在我有悲伤情绪的时候,我会察觉到悲伤,让悲伤流动,也注意到随着悲伤升起的各种指责自己的、自我伤害的想法,同时告诉自己,这些想法不是事实。我觉得我没有像被卷进搅拌机一样卷入情绪和思维的旋涡中,我可以观察它们,有了点距离和空间。这让我觉得有点掌控感。而且我发现,即便我一直情绪低落,但是如果我尽量保持觉察允许自己难过,也许第二天情绪也比较低落,但是不会像前一天那么低落。我有时候还会把这个过程记录下来,记录完以后,我心里有种卸下了点什么东西的轻松感。还有,哭泣还挺好的,悲伤真的是可以随着哭声和泪水一点点流走的。我特别喜欢听"无拣择觉知"的音频,感觉有这个声音的陪伴和指引,我更能够和痛苦的情绪和思维共处,更能觉察对自己的负性评判,从而避免在自己痛苦时还给自己投刀子。

有时候到来的悲伤让我太痛苦时,我会关掉音频，提醒自己尽量投入地做愉悦型活动来照顾自己：养花、做瑜伽、给自己冲咖啡……做瑜伽能够让我感觉到自己的身体和身体的活力；自己研磨咖啡豆时，我的心很静，咖啡豆散发出来的独有的香味沁人心脾，平时我有点舍不得花这么多时间自己做咖啡。不过，也许，如果我平时也能够舍得花时间给自己做咖啡的话，我的抑郁症就快好了。现在做愉悦型活动，就像要溺水了给自己找的一根浮木一样；但是如果我平时就给自己创造、储存快乐，就能把快乐编织进我的生活。我期待这一天的到来，我相信有一天我可以做到的。那时候，阳光依然明媚，花儿依旧鲜妍。

——林夏，女，文艺工作者，39 岁

"想一个人躲在房间里，什么都不干，自哀自怜，做一点点小事都觉得困难和沉重"，这是抑郁时很容易出现的状况。但越是什么也不做，就越是感觉自己没精力、没能力、生活没有乐趣，同样也会造成恶性循环。有时身处抑郁中的朋友还可能觉得自己拖累了家人，成为"累赘"，于是更加自责和内疚。抑郁时人的精力减退，像蔫了一样，生命褪去色彩和活力。生命在于运动，运动带来活力。这里的运动不是指跑步、到健身房锻炼等比较剧烈的运动，而是保持最基本常规的生活活动和类似散步这样的活动。抑郁的确会让我们什么也不想干，觉得干啥也没意思、没意义。但是，大部分时候，在这种情况下，我们还是有行动的能力的，只是没有行动的意愿。一般情况下，不要"等我想做了再做"。我们要有意识地切断这个行动上的恶性循环："没有行动的意愿—什么也不做—自我评价、自我价值感更低—更抑郁、更什么也不想干"。前面林夏的分享，也给我们呈现了行动的重要意义：维持基本的生活活动。有意识地与悲伤、

> 抑郁的时候，我们容易失去行动的意愿，但并不缺乏行动的能力。

负性思维共处，调整自己的抑郁情绪，做滋养自己的事情能给悲伤的生活编织点亮色。

> 抑郁以后我天天早醒，从早上五点不到躺到八九点起床，有时候躺到十一二点，严重的时候甚至躺一整天，也感觉不到饿。即便起床了人也很没精神，下午会犯困，但就是睡不着。晚上入睡有时也要躺一两个小时才能睡着。我妻子早就叫我来看一下了，但是我想自己扛一扛，半年后实在扛不住了。我服用思诺思以后，入睡没有问题，但还是会早醒（注：他不愿意接受长效的助眠药）。后来，我醒来以后就带着狗到离家很近的公园跑步。每天清晨闻着带草木香味的清新空气，看着朝阳

> 日升月落，潮起潮落。我们都会有生命的低潮期，但不会一直这样。

升起时的霞光,感受着自己的身体和旁边的狗狗,我又感觉到了来自生命深处的活力,和狗狗、周围事物的联结。我能感觉到我整个人开始有动力、有愉悦感了,而且涌起了感恩之情,特别是看到朝阳升起的时候。日升月落,潮起潮落。"这段时间是我生命的低潮期,不会一直这样",我这样告诉自己。我跑完步出完汗,回家洗完澡,整个人感觉很舒畅。吃完早餐,大概9点就到公司了。而且自从跑步以后,我睡眠变好了。现在已经不需要服用思诺思,我听着身体扫描就会入睡。我现在从十点半睡到早上五点,中午再听身体扫描休息半小时,一天的精神还是可以的。

——齐桐,男,企业主,43岁

在很抑郁的时候,沉重的悲伤或者悲伤到几乎麻木的感觉真的会让我们觉得整个人都在被往下拽,就想一个人躲在、待在一个封闭的空间里,躺着,什么都不想做,什么都没有意义,没有任何动力。亲爱的朋友,这时候请提醒一下自己,不会一直这样子。为了你自己,为了你爱的人和爱你的人,在你能力范围内,尽量做点什么,哪怕躺在床上听点音乐或身体扫描也好,如果这时候你听身体扫描,没有办法把注意力集中在引导语让你关注的地方,那也没有关系。能做到什么就做什么,但至少不要让自己沉溺在悲伤

> 你是孤独的,也并不孤独。

中甚至溺毙。让一个外在的声音温柔地陪伴着你,能让你感觉自己没有那么孤独、寂寞……也许这时候你会觉得全世界你最悲苦,但是请提醒一下自己,有另外一群朋友,可能也在经历着这样的悲苦与孤独……

照顾好睡眠

很多抑郁的朋友都和齐桐一样,会出现入睡困难、早醒等现象,并常常为睡眠感到很苦恼。而有些抑郁的朋友,会在夜间感觉情绪好转,认为要好好享受一下夜晚的时间,常常活动到凌晨才睡,午后才起;或者,觉得夜深人静,可以独享一个人的空间,无须理会周围人对自己的看法和眼光,白天通过睡觉把难挨的时光过掉。结果常常造成日夜颠倒,既伤身体又伤精神,又是一个恶性循环。而且日夜颠倒常常容易致使家人为此着急、生意见,抑郁的朋友表面上和家人在这个事情上有冲突,但是他们内心有一部分往往也不认可自己这样的行为并暗暗谴责自己,也越发不认可自己。维持正常的睡眠节律和一定的睡眠时间,对走出抑郁非常重要。很多抑郁的人睡觉睡好了,整个人都有

> 照顾好睡眠是照顾好自己的重要内容。

精神了,人也愉快很多。所以,请一定照顾好自己,照顾好你的睡眠。

- 如果你入睡有困难,怎么做可以帮助自己改善睡眠呢?我想你已经想了不少办法了。我这里有几

点建议，也许对你会有帮助。

- 非睡眠时间，不要躺在床上或者在床上看手机、看书、使用电脑等，让睡眠与床形成带有条件反射性质的联结。
- 白天维持一定的活动量。睡觉是一个人获得能量的重要途径。生命要维持基本的运转，一定不会堵死自己的补给线，有消耗就会有相应的一些补给，白天适当运动，晚上会比较容易睡着。有些人觉得自己彻夜无眠，这不一定是真实的情况，而是主观性失眠。我想起我在做住院医生的时候，曾经有个住院的病人抱怨自己一直彻夜难眠，但是我们护士小姐每天晚上巡视病房的时候，看到那个抱怨的病人在打呼。第二天给病人反馈他有睡着的时候，但是他一点也不相信。后来，可爱的护士小姐等病人睡着时在他脸上画了个笑脸，第二天早上拿镜子给病人自己看，病人才相信自己真的睡着了。
- 夜间睡前一个小时不要做需要很多脑力活动的事情，不要持续讲太多的话。因为这样容易引起大脑皮层兴奋，不利于放松入睡。
- 留意你日常开始出现睡意的时间，差不多在这个时候上床睡觉。过了有睡意的时间，大脑皮层容易重新兴奋起来。
- 睡前适度的运动有助于放松和入眠。
- 睡前喝点温热的牛奶。就像婴儿晚上喝了奶满足地入睡一样，适度温热的牛奶给胃带来满足感，给人带来一定的安全和舒适感，有助于入睡。
- 泡热水脚。足底的穴位、经络通脏腑和四肢百骸，脚温热了，身体也会松弛、松软一点，也可以尝试在泡脚的水里加藏红花、姜、艾草等有助于去寒、疏通经络的中草药。
- 听自己喜欢、舒缓的音乐入睡，音乐包括大自然中鸟叫、海浪的声音。
- 对于"过度热爱工作"的抑郁的朋友，给自己设一个睡前要想的工作上的问题，往往可以起到帮助入睡的作用。因为"工作着"让自己感到安全、有价值，这带来放松，生命本然的需求会自然地带你入睡。
- 身体扫描。对很多人来说，身体扫描就像助眠神器一样。我身边戴手环监测睡眠的朋友和来访者告诉我，听身体扫描让他们更容易入睡，深度睡眠时间变长，睡眠质量大大提升。

最后一个，其实很便捷，但是是不少人一开始或者一直都很排斥的方法：根据专业的精神科医生的评估，遵医嘱服用助眠药。如果你自己曾经尝试的办法都不奏效或者效果欠佳，其实服用助眠药是一件很方便的事情。有不少人担心药物的副作用，担心药物成瘾以后戒不掉，觉得依靠药物是虚弱的表现，靠自己睡着才是有意志力的表现……经年累月每天辗转反侧、为睡眠苦恼、担忧睡不着，每日睡 4～6 个小时，甚至更少。这很伤身，而且很伤神。睡眠不好，情绪不好，精力不济，更加害怕自己睡不好，又是一个恶性循环。

现在很多助眠药的副作用很小，服用助眠药的副作用完全在身体的代偿范围内。一个人如果睡眠不好调节不过来，服用助眠药利大于弊。睡好了，能量足了，情绪改善了，自我的安全感和自信心也会增强，而且抑郁后生活和工作也做了相应的促进恢复健康的调整。慢慢地，睡眠改善了，助眠药也减少了，不少人不久后就能完全停掉助眠药了。

助眠药是否有成瘾性？会不会越吃越需要药性更强的药，量也越用越大？很多新的助眠药没有成瘾性，安定类的药物的确具有成瘾性。对大部分的来访者来说，安定类的药物服用两三个月，是不至于造成生理上的成瘾的。很多来访者在两三个月以后，抑郁情绪和睡眠都有所改善，服用的安定类药物也逐渐减少或者已经停药。如果需要服用助眠药的时间比较长，可以交替服用安定类药物和思诺思等新型药物。此外，成瘾有时候并非生理上的成瘾，而是心理上的依赖和担忧没有药物自己睡不着。正念的修习是一个很好的健心活动，可以帮助我们放松、获得对情绪的掌控感、重建自信，从而减少对药物的心理依赖。而且有些抗抑郁、抗焦虑药物本身就有助眠的作用。含有褪黑素的抗抑郁药本身也有助眠作用。这些药物都没有成瘾性。

吃药是否就是脆弱、无法依靠自己的意志力来解决问题的表现呢？在我看来，这个观念略微有些僵化。你已经想办法解决问题了且没有效果，现在有一个简单易行的方法，帮助你解决问题，使你不需要长期把关注点放在睡眠上并为此苦恼，无精打采，有何不可？

我经常在门诊和来访者举一个例子。如果我们因为腿摔了伤筋了、骨折动过手术了等原因，暂时无法完全依靠自己走路，你是想坐轮椅、拄拐杖让自己获得一定程度的行动上的自由，在腿脚不便期间也到外面晒晒太阳、欣赏美景，还是一直坐在屋子里呢？一直待在屋子里，错过了很多美景，就一定恢复得更快吗？抑或是更慢了？这个例子不只适用于睡眠不好的情况，也适用于抑郁、焦虑、愤怒等所有已经影响到你的身心健康并给你自己和周围的人带来苦恼的情况。如果你尝试了各种方法但仍然调节不过来，那么还是请寻找专业的精神科医生和心理咨询师的帮助，善待自己，莫要自苦。山重水复疑无路，柳暗花明又一村。往前走，会有一片新的天地。朋友们，这不是鸡汤，而是从我自己和我看到的来访者以及所有周遭的人的沉甸甸的生命故事中得来的经验之词。

微笑抑郁症

大家听说过微笑抑郁或微笑抑郁症吗？简便起见，我就直接用微笑抑郁症这个更为常用的词了。什么是微笑抑郁症呢？简单地说，就是内心崩溃的"正常人"。为了维护我们的社会形象和角色，在我们悲伤的时候，如果面对的是不熟悉的人、我们还要去完成自己的工作，或者我们不想让亲近的人担忧，或者我们不想把负性情绪传递给孩子……我们尽量隐藏自己的悲伤，并装出、表现出一副正常甚至"快乐"的样子。我记得很多年以前，我在一家泰国餐厅用餐，有一群人载歌载舞地来到每一个包间，很欢乐。其中一个人的歌声和舞姿特别打动我，我和他小聊了一下。他告诉我，他其实很悲伤，他的家人刚在海啸中过世了。我感到难过和错愕。他说为了生活，他得工作，然后继续载歌载舞地匆匆离去。生活的确有时候很骨感、让人很无奈。

我与他只有一面之缘，他在短暂的交谈中告知我他内心的悲伤。我想他也在通过这样的方式处理着自己的痛苦。对他而言，这是有帮助的。但是微笑抑郁症的朋友内心会长期处于抑郁之中，而让周围人毫无觉察，甚至"骗过"或几乎"骗过"专业的精神科医生或心理咨询师。

秦一桐27岁，长得非常漂亮。她来自一个内陆小城市，大学在某一线城市就读，第一份工作在另外一个一线城市，然后出国读了研究生，毕业后在上海从事金融领域的工作。第一次见面时，她说自己不开心，希望自己更优秀，但有点不想努力了。她和我说她现在的状态已经超出了父母对自己的预期，她也觉得自己算是很不错的，同学中有比她更优秀的，也有不如她的，在同龄人中她算是佼佼者。她一直在努力，想休息一下，也是可以理解的。我觉得她说的都很在理，也没有觉得她的情绪十分低落。我心想,她没什么大问题。后来,我邀请她跟着我的引导语做一下静坐呼吸。在这个过程中,她内在的悲伤开始慢慢地流露出来,而且越来越深。静坐呼吸结束后,我和她说:"你一直习惯一个人坚强,所以尽管你心里隐藏了很大的悲伤,你自己知道,但你还是很不习惯在另外一个人面前流露出来,是吗?"她眼泪一下子就流了出来。听了她后来的诉说,我才知道,她其实患有我们平时说的"微笑抑郁症",情绪低落很长时间了,没有任何愉快感和兴趣,也没有交往兴趣。"我都不知道如果我爸爸妈妈过世了,我活着还有什么意义。"

亲爱的朋友,如果你也这样,请给你的悲伤一个出路,不要把它压在自己心里了。你已经足够坚强、足够优秀、足够努力了。日复一日,这个被压着的悲伤,真的有可能决堤。每个人都有自己的难处,很可能生活中你身边能耐心陪伴、倾听你的人不多;也许你的伴侣、父母、朋友想帮助你,但是他们的方式让你感到失望,比如他们给你讲道理、出主意、叫你坚强、靠意志力克服等。因此,你更感到孤独和无人理解。但是请不要放弃!如果你愿意,一定能找到这样一个人,让你卸下伪装,只是真实地呈现你自己,你无须一直背负这个沉重的壳,在生活中踯躅前行或停滞不前。而且,在你独处的时候,你也完全可以卸掉伪装,给自己一个清理悲伤的空间。

> **你已经足够坚强、足够优秀、足够努力了。**

也许你还会担心：如果身边的人知道我抑郁了，是否会对我另眼相待，以及是否有人会拿我的抑郁症来攻击我？的确不是你身边的所有人都能够对你善良和包容，每个人都有自己的难处和局限性。在职场中，领导需要考虑你的胜任力、团队的合作与协调能力等。在我的工作中，的确碰到过这些情况：来访者在告诉家人自己得了抑郁症后，他的家人不相信、不理解；单位领导对罹患抑郁症的员工"另眼相待"。但这些是少数。大部分抑郁症的朋友在告诉亲人、单位领导或同事后，他们在生活、工作、情感上可以得到更多的照顾，抑郁症恢复得更好、更快，他们内心对罹患"抑郁症"的难以启齿的羞耻感也大大减轻了。所以，请一定不要自己把门关上：你出不去，别人也进不来，你独自一人被困其中，备受煎熬。

在正念课第二课的街头偶遇练习中，如果我和一个人打招呼而他不理我，我的行为倾向是要回去找他，问他为何不理我。这让我意识到，我内心是很害怕、不能忍受被拒绝的。这也是为什么，我没有告诉任何人我得了抑郁症。我觉得他们会觉得这是丢人的事情，因而有点看低我。这周我把这件事告诉了我老公、父母、闺密和单位里的一个要好的同事。他们的反应与我的想象完全不一样，我看到他们眼里的心疼和不解，他们不理解我为什么一点也不

> 请一定不要自己把门关上。

告诉他们，而且表面还装出一副很开朗的样子。我感觉自己卸下了一副重担。告诉老公的那天晚上我哭了，他抱着我一直陪我坐着。这是我抑郁两年来，第一次在内心深处感到温暖和不孤单。

——辛静，女，销售经理，36岁

欢迎被压抑的愤怒

我在前面谈过，抑郁的一个重要原因是把攻击转向了自己，因为攻击比自己强大的人，有可能给自己带来更大的麻烦。抑郁是生命中的低潮期，有时候抑郁就像触了底，让人绝望。有时候，绝望中又闪烁着那么一点希望或希冀，让人绝处逢生。在退无可退时，很多人也会迸发出生命本身所赋予的力量，绝境和抑郁或许成了改变和反弹的契机，就像林之璇愤而反击、起诉上司。在抑郁的缓解过程中，随着内在力量的觉醒和成长，被压抑的愤怒会不断涌动、冒头、释放，甚至有时候喷发出来，如果指向外界的愤怒被真实表达又能够得到一定程度的回应的话，又会带来自我力量的更新，以及与重要他人的崭新、更加真切的联结。

肖语桦的爸爸妈妈在异地工作，很成功也很忙碌，她主要由在家乡的奶奶带大。初三和高三，为了她的学习，妈妈各申请了一年回到家乡陪伴她。这对于工作狂的妈妈来说，已是非常不易。奶奶在她大学毕业那年因为心肌梗死突然离世。在与相恋3年的男友分手后，肖语桦抑郁了。与男友分离的悲伤、奶奶过世未曾好好处理的悲伤、自幼时起渴望父母陪伴特别是妈妈陪伴而不可得的悲伤和无助,阵阵向肖语桦袭来。"我原来是个很开朗、爱搞笑的人,但是现在经常不由自主地泪流满面,我也不知怎么了。""我爸爸妈妈是爱我的,我在物质上从来没有匮乏过,他们那么忙碌,没有时间好好听我说话,也是能理解的。""他们说要给我买房子,但其实我并不需要,我还没有想好要在国内还是国外、在哪个城市生活。""我记得在上幼儿园的时候,不知什么时候妈妈就来看我了。我很开心,很想她多陪陪我,但是她总是在我不知道的时候就不见了。后来,我就没有那么渴望她来,也不再担心她什么时候离开,不再为此难过。""我觉得我很生我爸妈的气,这是以前没有的。我奶奶一直告诉我,你爸爸妈妈在外面工作很辛苦,他们是很爱你的。我以前也是这样想的,但现在我很怀疑,他们真的很爱我吗?""我昨天生气地和我妈说了,我需要的不是你们的钱,你们不要总是用钱来关心我。我想要你们陪我!从小到大你们就没有好好听过我说话,从来不知道我到底需要什么,在想什么。现在我抑郁了,你们还要继续用钱来弥补我,这是钱弥补不了的!""我妈妈说要和我道歉,我爸爸也给我发微信,用他的方式表达关心和问候。我感觉心里和他们的隔膜被小小撕开了一个口。表达我对他们的真实的感受和需要,让我觉得和他们亲近了那么一点点。""我现在比以前有力量,也更坚定。对自己有更多的理解。我能从心里理解和接纳我爸妈,但是和奶奶那种融进骨子里的亲近,和我爸妈大概是很难有的。毕竟我已经不是小孩子了，时光不再。生活就是这样子的。"

肖语桦有她的伤痕，但她还是幸运的。她父母在她抑郁、表达愤怒以后，能够去反思、向她道歉，愿意尝试着以女儿需要的方式去给予，亲子之间的隔阂被打破。林之璇的起诉也得到了回应。现实生活中，有些时候曾经被伤害的经历，在心中反复翻腾、折磨自己，但是在现实层面，很难或无法为自己争取应有的权利或讨回公道，这种情况是存在的。"如果是现在，即便我当时被打死了，我也是要反击回去的。太窝囊、太羞耻了！""我真想扇他两巴掌，太过分了！""我就是想要他向我道歉！"……这些心声，不知是否也有打动你的地方？如果出于种种原因，我们无法在现实中表达自己的愤怒，那就在心中允许、充分地呈现这些愤怒，包括反击的幻想。你可以拿布偶、枕头、沙包、拳击柱等任何不会伤害到自己，也不会给自己造成真正的经济损失的东西，狠狠地摔、狠狠地打；你也可以想象这些东西是你的愤怒对象，把愤怒倾泻在这些东西上面。如果有适当的人，可以去向他倾诉、表达你所有的这些愤怒。这些都有助于你把郁结在心中的悲伤、愤怒、恐惧、委屈、羞耻等情绪给"引流"出来，给自己的内在留出一片清新、空旷的天地。一般来说，施害者容易忘记自己做过伤害别人的事，或者也没有意识到或认为自己

> 愤怒是心理旅程中的一部分，放过自己。

的行为已经对另外一个人构成了伤害；而被伤害者被伤害的经历却郁结心中，多年后依然念念不忘。所以，让这一切流动起来，流过，放下！放过自己，给自己一片新的天地。

此外，长期压抑、克制自己的愤怒，潜移默化地认同攻击者、苛求自己的人，对一开始出现的愤怒，可能会有些不适应，甚至担心自己"变坏了"。

李莹47岁，是传统的贤妻良母孝女，抑郁10年，没有让父母知道，依然尽心地体贴、照顾父母。"但我真的越来越受不了我爸妈了，他们从来不考虑我的感受，我为什么要处处先想着他们会不会不高兴，而不是我愿不愿意、我高不高兴？"有一次在梦中，她向父母开枪，这让她很吃惊。"吴医生，这是在梦中，我不是这样的人哦！""这次过节，我不想到父母家里去，我给他们买了礼物快递过去。每次回去再回来，我都会不舒服好几天。我这是不是不孝啊？我是变好了还是变坏了？""我父母生活得比我还好。他们吃得下睡得香，生活条件也很好。我去了他们是会很高兴，但是我也有自己的生活要过！""我终于清晰地感觉到了什么是自我边界，也学会了认真地去倾听我内心的需求和感受，并去满足自己。我也不期待父母会有什么改变，但是我可以维护好我自己的空间。我以前一直觉得自由是一个和自己无关的词，但

> 愤怒帮助我们明确自己与他人，特别是与重要他人之间的界限。

是我现在真的感觉到了内心的自在和自由。我从来没有想过,我的生命可以有这样的状态。"

在抑郁恢复的过程中,对伤害或曾经伤害自己的人感到愤怒,并去表达或者抗争,这是很重要的一个环节。但是如果这个人是我们的父母、伴侣或者生命中的其他重要的人呢?"难道我的成长要踩着妈妈的血泪往前走吗?我知道每个人都有自己的伤痕或者局限,妈妈已经很不容易了。但是当我想起小时候她那样逼迫我时,我真的忍不住又朝她吼了,我情绪平静下来之后又很后悔。这怎么办呢?"徐超,一个产后抑郁的白领女性,痛苦地询问。不知你是否也会有这样的困扰,想与亲近的人重建亲近、良好的关系,但是伤心往事涌上心头时,忍不住指责对方?

对于这种情况,在一段时间内一定程度的愤怒表达,几乎是难以避免的。怒火也是推陈出新、重建自己和新的真切关系的力量。但是对方是否能够承接得住这怒火,这真的很难说。很多时候,在这种情况下,你的指责、失控吼叫会让家人认为你是生病了,所以他们容忍你,而不能够认识到:你在发泄曾经受到伤害后被压抑的怒火,这个怒火有时候喷涌而出,你目前还没有能力清晰觉察、理解、消化它并以合适的方式加以表达。当一个人发泄完内心深处的愤怒后,经常还是会有这样的感觉:"我终于说出了我自己内心真实的

持续的愤怒无法真正解决问题。

感受，感到很轻松，就像笼子里的困兽被释放出来了。"但是，如果愤怒持续时间长、烈度大，你身边的亲人也会受不了。毕竟，像机关枪一样的怒火很有杀伤力。而且持续的愤怒无法真正解决问题。怎么办？

请为自己内心的安宁、稳定负起责任。作为成年人，能够一直陪伴、理解、照顾自己的，只有自己。当我们愤怒地指责的时候，除了表达自己内心真实的感受，往往还带

> 我们都要也只有我们自己能够为自己内心的安宁、稳定负责。

有你要为我现在这么痛苦负责的观念。这个观念让你把情绪的扳机点放在了他人的手上，你没有要去主动为自己的情绪负责、要学习掌控自己的情绪的意识，以及付出努力的有意识的主动实践。

当你决定了要为自己的愤怒情绪负责时，接下来要做的就是有意识地努力付诸实践。

第一步：提升自己对愤怒的觉察力。

你可能会觉得自己当时"完全失控""不由自主就吼出来了""如果不吼出来，就觉得憋得慌，很难受"。在一开始，很可能是这样的，但是随着你的正念修习的深入，你可能会发现，在你愤怒升腾到这个剧烈程度之前，已经有些预兆了：你心里觉得烦躁、血不时往上涌、心里有火苗在往上蹿……及时觉察到这些预兆很重要。

第二步：提醒自己，迅速离开让你愤怒的人或者情境。

根据你自己的情况，你可以通过运动（跑步、健身、

舞蹈、拳击等）、摔打枕头等软性物品、听三步呼吸空间的音频等来发泄、处理你的愤怒情绪，也可以做一些你喜欢的事情，来改善一下你的情绪状态。如果你正念修习的时间比较长了，内在的稳定性有所提高，也可以自己静坐，允许愤怒、自己陪愤怒待着，看着愤怒的情绪在你自己心里如何升腾、翻涌、自由来去，倾听愤怒想和你表达些什么。也许在愤怒下面，依然有着不甘和委屈、深深的悲伤与失望、对对方的渴望、对自己的心疼和悲悯、恐惧、对往事和现状的无奈……不过，能够这样静坐处理自己的愤怒情绪的人，往往也已经有能力不让怒火随意地倾泻而出了。

第三步：不断提升自己建设性地表达愤怒的能力。

我简要地将此步分为三个层次。第一层是，你被愤怒裹挟，不受控的机关枪似的指责和嘶吼，这往往是具有破坏性的愤怒表达方式。这时候的表达，还往往容易带上人身攻击。在这种情况下，你只是在宣泄情绪，没有给对方任何沟通的空间，对方要么在行动或心理上逃之夭夭（包括直接把你的行为理解成你生病了），要么隐忍受内伤，要么燃起战火。第二层是，你带着怒火指责对方的行为，一味地认为就是对方做了对不起你的事情，期待对方如你所愿地道歉、内疚等，但是听不进对方的话；或者对方不想、不敢、不愿意、害怕与你交流，你更为愤怒。被攻击会让人本能地引起对抗心理，这时候的沟通往往是无效的，愤怒表达过后，你往往会更伤心、失落。第三层是，你可以尽量平静地告诉对方，他在何时、他的什么行为让你感到受伤，受了什么样的伤，为什么会受伤，你希望从他那里获得什么；你也有空间去倾听他当时为什么那样做，现在他对当时自己的做法是怎么看待、怎么感受的。这样沟通既表达了自己的情感和需求，也有空间给予对方，看见真切的彼此。也许对方并不如你期待的那样对你有那么多、那么深的善意和歉意，也许你得到了一些，也会明白，有一些是你得不到的，至少现在从对方那里得不到了。你也慢慢学习接受局限性，并在认可彼此的努力、接受彼此的局限性的基础上，找到前行的方向并为此做建设性的努力。这三层写起来就一段话，但是做起来可能

> 我们都有能力学习把愤怒转化成建设性的力量。

需要很长的时间、反复的挣扎与纠缠。也许有时候，需要朋友、其他家人、咨询师等第三方的参与、帮助。

哀悼丧失

抑郁源于丧失，在走出抑郁的过程中，会有一个哀悼丧失的过程。哀悼是健康的心理功能，我们的一生会经历很多次丧失和哀悼。广义的哀悼是从我们感觉到自己的丧失开始，因此，抑郁是卡住了的哀悼，而哀悼是流动起来的悲伤。当我们播种悲伤的泪水的时候，我们收获喜悦。

狭义的哀悼则是指到了后期，我们体验

> 走过去，前面是一片天。

了刚开始经历丧失的种种情感休克、后续的情感爆发之后，我们在心理上开始接受丧失以后的体验的过程。哀悼时我们也会感到悲伤，但这个悲伤与抑郁时沉浸在悲伤中不一样。哀悼的时候，丧失前的美好时光、失去后走出抑郁旅程中的各种艰辛场景、暗夜里的各种血泪交织……像电影一样一幕幕地在我们的脑海里闪现、放映。我们哀伤地经历、看着这一切，看着曾经陪伴我们的他们，逐渐退出我们生命的舞台，渐行渐远，留下缕缕伤痕。同时，我们也感受着生命的沉淀与厚重、珍贵，感受着自己的心灵在历劫之后变得悲悯与宽广，感受着来自心灵深处的涌动的喜悦，感受着崭新的生命力量的滋生，感受着平凡生活的美好……走过去，前面是一片天。

和解与放下

伴随着哀悼的过程，和解也自然而然地在进行：与自己和解、与丧失和解；在内心与曾经伤害自己的生命中的重要的人和解、与命运和解；在现实中，与曾经伤害自己的人和解（保持距离或不再接触）。在内心和解，也算是放下、放过了自己，生命翻开了新的篇章。在现实中是否和解、以什么样的方式和解、和解到什么程度，因人、因实际情境而异。最重要的是你有选择的自由、不必勉强自己。

> 与自己和解，放过自己。

化解焦虑：无事一身轻

抑郁和焦虑经常结伴出现。情绪低落时能量不足，想做的事做不成，更容易焦虑，除非抑郁到完全放弃的程度了；焦虑的时候，人也很难愉快起来，不是吗？我把抑郁、焦虑、愤怒分开来写，但是这3种情绪常常不会单独出现，大家的个人经验是否如此？不愉快、焦躁的时候容易愤怒，愤怒之下，往往也有悲伤、恐惧等其他情绪。伟大诗人杜甫的一句诗"艰难苦恨繁霜鬓"，道出了这种情感的复杂性。

走出抑郁后，我们一起来看看如何化解抑郁的"姐妹花"焦虑。焦虑经常是由压力带来的，对吗？

有压力的生活是常态

当我们抑郁的时候，内心觉得自己无论做什么努力都毫无意义、无济于事，没有来自内在的动力。当我们焦虑的时候，往往是我们想努力达成或得到什么，但感觉力有不逮；或者我们得到了，又害怕失去。说白了，就是患得患失，而想努力又害怕得不到的情况多一些，无论想得到的是职位、金钱、健康、快乐、亲情、友情、爱情、尊重，还是自己成为足够好的父母，培养出身心健康、品学兼优的孩子……大家仔细想想，是不是这样呢？

想努力达成又感觉有点够不着的时候，我们的身心不由自主地处在一个压力（应激）状态下，我们感到紧张、担忧甚至

> 焦虑时患得患失。

第 9 章 穿越情绪苦海:从痛苦到喜悦

害怕,心神不宁;不由自主幻想各种不好的事情已经发生、正在发生或者将要发生;心跳加快、呼吸变短促、手抖、出汗、尿频、坐立不安、整个身体特别是头部感到沉重、失眠;记忆力、注意力下降等。这样的时间长了,我们可能会逐渐失去一部分生活的热忱,变得沮丧,对自己是否能够摆脱焦虑也忧心忡忡,所担心的事情又多了一件。

尽管焦虑让人不舒服,但是焦虑是维系我们生存的基本情绪。从婴儿时期开始,我们就有所畏惧和防范,以应对生存中可能存在的威胁。当婴儿醒来发现身边没有人的时候,会撕心裂肺地大哭,因为没有人照料,婴儿无法存活。所以这哭声里,就有恐惧和本能的求助,以呼唤他人来到自己身边。大部分刚入幼儿园的孩子对离开照顾者和熟悉的环境会感到不安,会哭闹、不愿意上幼儿园等。幼儿需要一段时间来缓解、解决分离带来的焦虑,适应幼儿园的生活。所谓无忧无虑的童年只是有所忧虑的成年人对童年的期待与幻想。古人云,"人无远虑,必有近忧""生于忧患,死于安乐"。也许我们的一生,都会伴随着一定程度的忧虑。

> 焦虑是维系我们生存的基本情绪。

在我们每个人的日常生活中,各种形式的压力让我们觉得有负担,或者有时让我们感到担忧和紧张,这是生活的常态。而且生活中还不时有一些预期得到或不期而至的重大压力事件,它们会让我们整个人处在紧绷的焦虑状态中，时间长了，我们会感到痛苦或者耗竭。无事一身轻，更多的并非现实中完全没有任何需要担忧之事，而是我们觉得自己可以应对或者化解，因此这些事不占据或者不会填满我们的心理空间。不过，容易担忧的人永远能够找到让自己担忧之事。因此，我们如何在纷繁芜杂的世事中安定自身，化解压力，逐渐获得宁静、轻盈和自在呢？如果我们觉得自己经常处于紧绷、过度担心中，永远有做不完的事情，又如何调整自己呢？

> 有压力的生活是常态，如何应对是关键。

日常生活中的压力及应对

事情好多：任务压力及应对

会给我们带来压力、紧迫感、焦虑的，经常是任务本身，特别是重要、有挑战性、有时限性的任务。如果任务是突发的，那更是要命。这些任务要么消耗时间和精力，比如工厂里的流水线作业，也许难度系数不大，但是有时限性而且要集中注意力，但因为是机械性的劳动，容易让人觉得没意思、没有成就感，以及缺乏工作的热忱；要么除了花费时间和精力，在现实层面或者心理层面有挑战性，让人因感到难以应对而焦虑。我们在生活中，都有可能碰到这样的情况，对吗？你平时是怎么安排和处理好自己的日常任务，让自己感到游刃有余的，而非满负荷或者超负荷运转？

第9章 穿越情绪苦海：从痛苦到喜悦

要完成任务，肯定是要投入时间和精力的，而效率也是完成任务时非常重要的因素。怎样可以高效率地完成自己的工作？

不知大家在生活中有这样的经历吗？如果任务太简单，我们容易觉得无聊，提不起兴趣，做完也没啥成就感，做起来也比较拖沓。但是如果任务的复杂度和困难程度高，我们需要完成也很想好好完成，还没有做，就有压力了，任务中轻松一点的工作，我们完成起来可能也没有平时顺畅。有时候尽管我们一直挂心这个事，但因为有畏难情绪等，我们可能会有意无意地拖延完成任务的时间。即便是去做了，做起来的效率和质量常常也让自己不是很满意。

生活中我们要如何解决这个问题来提高我们做事情的效率呢？对于简单的事情，如果你把这个作为自己的休闲娱乐活动，想怎么闲散怎么来，自然无所谓。但是如果你觉得是你不得不完成的甚至有点无聊的日常活动，不如给自己额外制定一个目标，比如设定在多少时间内、正念地完成这些事务。这样你做这些事情的时候就有了一个适切的压力，效率提升后，可以留出更多的时间给自己，而且这往往会给你带来额外的胜任感和成就感：我可以掌控好自己的时间、精力和任务，并能够调节自己的紧张度以适配自己所需要完成的任务。此外，保持觉察地投入到所做的事情中本身可以让我们心静、心定，在平凡的日常琐事中获得乐趣。

成年人经常和孩子说，你先把作业完成了，剩下的时间就是你自己的了,这么简单的道理你怎么就不懂呢。我们先且不说写作业是不是简单的任务,单就"把该做的事情做了"这点,我们成年人自己做到了吗?我们经常抱怨压力大,睡不够。请大家仔细留意一下,你晚上是否经常拖拉到很晚睡觉,早半个小时到一个小时睡觉很难吗?不时刷手机浏览不是非看不可的信息,又占用了你多少时间呢?你是否愿意留意一下,在什么情况下,你特别容易做一些像刷手机这样容易分心、降低效率的事情呢?你是否愿意提醒自己,对此做些改变?

> 我没有想到这个日常活动清单给我带来这么大的触动。长期以来我心里都在抱怨作为职业中年妇女负担重,天天生活在压力之下:工作不比老公少,上有老下有小,老公家里不顶事。我晚上都是过十二点半才睡觉。在我的概念里,是我弄好小孩后,还要工作才让我这么晚睡。这周我仔细留意了一下,发现这只是我脑子里想的。孩子十点半睡觉以后,我其实没有做什么工作。一个是太累了,另外一个就是心里有抵触情绪,讨厌自己的生活就是不停地在完成各种任务。大部分时间我就算把电脑拿出来了,基本上也没有做什么事。一会儿刷刷手机,逛逛淘宝买点东西,时不时找点吃的,和老公聊一些有的没的,洗漱完,两个多小时就过去了。但真正需要做的事情,我一个小时内完成绰绰有余。我老公和女儿经常嘲笑我发的誓:十二点前睡觉。但半

年里好像一天也没有做到。当我看清楚自己一直晚睡是怎么一回事时，我开始有意识地减少看手机的次数和时间，把洗漱、准备第二天上班的东西做好。这周十一点半之前我都能上床睡觉了，整个人清爽、愉快很多。

我以前只有在工作上有规划的习惯，没想到简单的日常活动，稍微规划一下，也可以很好地提高效率，增强对生活的掌控感和幸福感。另外我发现，老公没有我原来以为的那么对家里的事情不上心，只是他性子比我慢，做事情的节奏不在我的点上，记性也的确没有我好，但总体上他的生活比我要张弛有度。我对他的怨气减轻不少，这周我们的相处比之前和谐很多。

> 稍微规划一下简单的日常活动，可以增强对生活的掌控感和幸福感。

——徐颖，女，工程师，47岁

对于复杂而又困难的任务呢？一般情况下，如果这个任务大大超出你的能力，它不会落在你头上，你也不会应承下来。无论是你主动、半推半就，还是被动接手、不得不做的困难任务，多半是你有意识或不那么有意识地评估过，认为是可以做的。正念地觉察对评估非常有帮助。很多时候我们的评估是在思维层面的考量，这里我想说一下，你的身体和情绪对在你能力范围内、有挑

第二部分　正念改变

战性、超出你能力范围的任务会有不同的反应，每个人的反应可能不大一样，需要自己去体会和觉察。就我自身而言，如果任务在我能力范围内，我不会有什么特别的反应；有挑战性的任务会让我的身体特别是头部感到有些沉重，情绪在一段时间内有点焦躁。如果任务超出我的能力范围了，我要么头部和身体特别沉重，要么就是对此完全没有反应，那么我知道，我是不能也不想做这件事情了。当然，有时候也会有做不了但得硬着头皮上的时候，但真正完全没有选择空间的情况，还是很少的，大家仔细想想，是否如此呢？

既然评估过，也答应了要做，就会有一段有压力的时间。我们如何让自己尽量轻装上阵呢？

首先，"天下事有难易乎？为之，则难者亦易矣；不为，则易者亦难矣"，中学语文课本里彭端淑先生的《为学一首示子侄》中的这句话我一直铭记在心。去做了，困难的事情也变容易了。

> 为之，则难者亦易矣；不为，则易者亦难矣。

其次，困难的事情怎么做可以变容易呢？化整为零，切薄了做。对任务、自己的能力、时间、精力、可以使用的资源进行评估以后，分时间节点完成一定的工作量，即便是愚公移山，也是朝着目标不断迈进。这个道理看起来很简单，但是现实中碰到事情以后，我们中不少人很容易给自己画大饼，天天顶着完成整个目标的大山，或者每天想要完成的事情都超出自己的实际能力，整个人无形中被压得喘不过气来。这样既走不远，也走不快，甚至还会让人走不动。就好像如果我想这个星期把化解焦虑这一节写完，我感觉自己是能够胜任的。但如果我想这个星期还要把下一节调伏愤怒的火焰也完成，那我会觉得沉重、很有负担，效率会变低，写作时还容易分心，这个星期结束时，我可能连化解焦虑这一节也写不完。不仅不能无事一身轻，还天天背着债务似的感觉被乌云笼罩。

禄东赞为吐蕃著名政治家、军事家和外交家。相传640年，禄东赞携带众多的黄金、珠宝等，率领求婚使团，前往唐都长安请婚。不料，天竺、大食以及霍尔等同时也派了使者求婚，他们均希望能迎回文成公主做自己国王的妃子。唐太宗李世民为了公平合理，他决定让婚使们比拼智力，胜者便可把公主迎去，这便是历史上的"六试婚使"，又称"六难婚使"。拉萨大昭寺和布达拉宫至今完好地保存着描绘这一故事的壁画。

六试中的第三试为规定百名求婚使者一日内喝完一百坛酒，吃完一百只羊，还要把羊皮揉好。比赛开始，别国的使者和随从匆忙把羊宰了，弃得羊毛、羊血满地；接着大碗喝酒，大口吃肉，肉还没吃完，人已酩酊大醉，根本无法揉皮子。禄东赞让随行的一百名骑士排成队杀了羊，并有顺序地一边小口呷酒、小块吃肉，一边揉皮子，

> 化整为零，把困难的任务细化，分步骤、分时间节点去做。

边吃边喝,边干边消化,不到一天的工夫,吐蕃的使臣们就把酒喝完了,肉吃净了,皮子也搓揉好了。

即便是让人开心地大快朵颐,一下子吃喝太多,也容易让人消受不起,变成不可能完成的任务。但是有计划、有节奏地一点点消化,则能完成且有机会将其转化成乐事。

没有人能一口吃成胖子,通常情况下,也无法毕其功于一役。这道理一说,谁都知道。但容易焦虑的人,往往是急性子,碰到事情急于求成,目标定得太高,一直生活在压力下,最后效率和结果不一定如意,还把自己弄得挺挫败的。

> 欲速则不达。

> 我想在这个周末把标书写完。老婆已经提醒我:"不要把目标定得太高,你也要放松一下,老是把弦绷那么紧是不行的。"我觉得她说得对,但是心里还是很纠结。一方面觉得做完了我才能真正放松,自己是能够克服的,一方面又真的觉得写标书很难、很烦,我也很累了。结果昨天晚上我又打了三个多小时的游戏,连电脑都没有打开。事情没有干完我觉也睡不好,早上六点就醒了,精神又不好。唉!
> ——齐磊,男,地区销售经理,33岁

齐磊的情况你有过吗?如果你也有过,也许你会说,道理我也知道啊,怎么办?这里有几条建议,希望对你是有用的。

第一，接受和承认自己是个普通人，我们会累、想放松、想偷懒、有畏难情绪，一直绷紧的弦会断。我们一直说，要劳逸结合、张弛有度。生活中，应该有意识地给自己安排休憩、娱乐的时间。在疲惫状态下去挑战困难的任务，难上加难，在不得不做的情况下，偶尔为之、靠意志力克服可以；经常这样挑战自己，长期处于紧绷的压力状态，弦会断、人会耗竭。如果感到力不从心，反而会出现行为上的逃避，这也是有正常要求的自己在和苛刻的自己打架。

> 接受自己是有畏难情绪、需要放松、想偷懒的普通人。

第二，既然我们是普通人，那么我们每个人都有自己的局限和不足，也不可能把事情都做得完美或尽善尽美。给予小错误和瑕疵一些空间。在自己的能力范围内，做到自己能够做到的足够好就可以了。也许有人说，不再加把劲不行，领导不满意，KPI考核通不过。这诚然是一个现实，领导也要完成他的领导的KPI。不过总体上你有没有发现，只要你的确认真去做了，即便领导有微词，还是过得去的。回想一下，无论是工作还是日常生活，在大部分情况下，它们是在差不多或还可以的情况下往前走的，不是吗？抓

> 给予小错误和瑕疵一些空间。生活在差不多或还可以的情况下往前走。接受自己的局限和不足。

核心，其他的差不多就行了。凡事卡点、追求完美，自己过得紧张兮兮不说，也给身边的人带来压力。徐颖以前老是抱怨她老公，"是因为有我负重前行，他才能过得那么逍遥"。后来却发现，老公并非对家里的事不上心，只是做事情的节奏不在她的点上。他的生活比她的张弛有度。

不过，如果你长期努力，也发挥出了你的水平，你觉得自己的胜任力依然不足或者老板还是对你不满意，你也因此焦虑沮丧，并能够确定老板对你的不满意不是因为你过于敏感而是事实，那么你可以考虑换个适合你的岗位或者换工作。

第三，解决任务焦虑的根本还是要完成任务。抓重点，尽量清除完成任务的障碍。

> 这个周日晚上是提交季度报表的截止期限了。平时周末我要送女儿上课外班的，但是这周我让老公去送，饭菜他们自己解决，我也不烧饭了，让老公给我点我喜欢的外卖。我知道手机会让我分心，我干脆把手机关机了，放在厨房最高的柜子上，这样我也不方便拿到它。我让女儿做45分钟作业休息10分钟，我自己工作一个半小时休息15～20分钟。这样效率真的很高。我周日上午不到12点就做完了，而且也不觉得累。发送完邮件我心里真的特别高

> 专注于一事。

兴,很有成就感。以前都是赶着晚上12点前交差。工作的时候,一会儿想着老公到时间送女儿去了没有,他们吃什么,干得烦的时候就忍不住刷手机。自己搞得很焦躁,不断分心想着家里的事,他们也不领情,觉得我事多,我干得累,心也累,还堵。

——李雨秦,女,行政人员,46岁

第四,保证一定的休息和足够的睡眠。机器也需要休息,磨刀不误砍柴工。精神状态好,效率也能提高很多。关于睡眠,我在走出抑郁那一节里,写了很多建议。大家可以回顾一下。

成长的烦恼:角色压力及应对

我们不断成长、成熟,在人生中的角色也不断地在改变。成长和成熟带来了角色的改变,角色的改变又给我们带来了进一步的成长和成熟。我们从被照顾者到逐渐独立,变成照顾者:从为人子女,到长大寻找伴侣,走进社会自己谋生;结婚,变成妻子或丈夫;养育孩子,我们又变成了妈妈/爸爸;随着父母的衰老、生病,我们也承担起照顾父母的责任。工作上,随着经验的增加、能力的增强、阅历的丰富,我们的职位提升,责任也不断增加。角色的改变,往往带来责任的变化和生活内容、工作的变化。当我们对此还没有做好心理和现实层面的准备的时候,会感到焦虑,需要有一段时间适应这个新的角色。

一般来说,对新的生活角色所需要的技能的掌握,不是什么特别困难的事情，难的在于心理角色上的转变和转化。

朋友雅如在月子里一直没有办法入睡。家人为了让原来身体不大好的她"坐好月子把原来的小毛病带走，不要落下月子病"，由雅如妈妈照顾她的饮食起居，请了月嫂专门照顾刚出生的宝宝，钟点工负责家里的保洁饮食。宝宝晚上由月嫂带着睡，雅如只需要涨奶了用取奶器把奶取出来放冰箱就好。"什么也不需要我操心，但是我除了是个活奶瓶，什么也不会做，我很担心自己是否能照顾好宝宝。"但是月嫂走后两天，雅如发现自己给宝宝换尿片、洗澡、按摩、逗宝宝玩，晚上起夜照顾宝宝，一点都没有问题，还非常乐在其中。"我现在倒头就睡，一点烦恼都没有。"雅如很爽朗地大笑。

雅如很快就适应了她新的妈妈角色。每个人适应新角色的时间、内心旅程不大一样，对有些人来说，会更困难一点，有时候需要一些外界的帮助，包括专业帮助。

杨杰两岁时父母离异，他跟随爸爸长大，3 岁时他爸爸再婚，不到 10 个月继母生下了弟弟。忙碌的企业家爸爸很少有空在家，即便是在家的日子，杨杰的记忆里最多的也是爸爸对他的严厉管教、爸爸与继母的争吵。继母明显更爱自己的孩子。杨杰从小就非常自律，也聪颖过人。6 岁的他就能很好管理自己，看半小时电视就是半小时，这是爸爸对他的要求。大学一年级，他一边上学一边就创立了自己的公司，而且运营得很好；学业成绩也依然优秀，还积极参与学校学生会的活动。但是到了大四这一年，他却开始紧张、担忧、失眠，上学期有70%的科目不及格，需要补考。他的情况并不需要住院，他却主动要求住院。本质上这是他大四快毕业了，对要真正迈入社会成为独立的社会人感到焦虑。他内在的小孩从来没有得到过充分的照顾。他现在以生病的方式呼唤着照顾，以让他内在害怕失去妈妈、害怕失去爸爸的爱的小男孩重新得到成长的机会，以和他外在良好的功能衔接起来，助力他顺利踏入社会。

一个能够独立在社会上生存的人、他人的伴侣、妻子或丈夫、父母、父母的照顾者，这些新的生活角色和身份，需要我们有对自己和他人的承诺，以及对此长久的时间、精力、情感和经济上的投入。特别是养育孩子，成为很多父母特别是职业女性重要的焦虑源泉。因为在养育孩子、工作、维持其他事务上寻找一个合适的平衡，真的很考验一个人的智慧。当然，爸爸们也有爸爸们的焦虑；全职妈妈（全职爸爸，主要是妈妈）也有全职妈妈的焦虑。篇幅所限，无法细述。核心是，明确并承担自己的选择，并为自己的选择付出相应的努力。每个人也都在根据自己和孩子的情况动态地寻找新的平衡点。我曾经听到我的来访者讲过这样一段话，深以为然，与大家分享："人生就像爬山。有的人选择从南边的路往上爬，有的人选择北边的路。每条路上的风景都不一样。你无法比较哪一条路上的风景更美，因为

> 选择、走好自己的路，学会享受路上的风景。

人生的很多路是无法重来的。选择、走好自己的路，学会享受路上的风景就好。有些过程中的艰难，在回望时，也会成为人生中特别、浓墨重彩的风景。"

工作岗位、职场人际环境、工作地域等的变化有时候也会给人带来压力，因而需要有一段适应和缓冲的时间。想升迁或挣更多的钱而不可得常常让人感到焦虑，这个大家容易理解。想缓解这种焦虑，除了要继续努力，也需要调整一下自己的期待。工作上的升迁往往会给人带来快乐，但是带来焦虑的例子也并不少见。升迁为何会让人焦虑呢？责任更大、所需要处理的人际事务更为复杂、所要求的职业技能更高等，这些都会让人焦虑，这是正常的。很多人经过一段时间的学习、适应能够调整过来。但是人本主义心理学大师马斯洛提出的"约拿情结"，多指畏惧成功，与上述的适应升迁过程中的焦虑有所不同。

什么是约拿情结？约拿在基督教的概念里意为"鸽子"。鸽子的性情是驯良的，鸽子的工作是传递信息。约拿在完成了神托付的一件大使命以后，把自己隐藏起来，不让人纪念他，觉得自己名不副实。他似乎是不得已才去工作，是蒙了神的大恩才完成这些工作。完成后，他要把众人的目光引到神那里去。马斯洛在《人性能达到的境界》中首次使用了这个词，最初在他的笔记中称这种情结为"对自身杰出的畏惧"或"逃避自己的最佳才华"，但同时又对"成就杰出的自己"或者"实现自己的最佳才华"的可能性非常追崇。这种对成功既追崇又畏惧的心理，叫作约拿情结。它反映了一种"对自身伟大之处的恐惧"，这种情感状态致使我们不敢去做自己本来能够做得很好的事情，逃避发掘自己的潜能，本质上是对成长为自己的恐惧。

这里所说的"杰出""伟大"，并非你和他人相比而言杰出，也非在社会评定价值体系内的"伟大"，而是你把自己本身所具有的能力和潜能发挥、实现出来。在人本主义的观点里，每个人都有自己的天赋和潜能，都有自我实现的可能性。

只是去成为我们本来的样子，听起来似乎不难，其实并不容易。人在与环境的互动中形成和塑造自己，为了适应环境，我们需要有所妥协。但是年幼时的我们并非自觉、有意识地去妥协，而是自发地根据环境的要求来塑造自己，或多或少地扼杀或压制了一部分自己的天性。如果天性被扼杀太多，内在的小孩一直被封闭在内心的牢笼里，我们就不敢有自己的要求，也不敢踏出那座带来安全感的牢笼，成长也被阻滞了。

36岁的黎颖工作非常努力和出色，她在目前的销售主管的位置上已经做了8年，她带的团队是公司在全国的销售冠军。以她的能力和资历，完全可以升职。但是有升职的机会时，她自己从来不去争取。她对此也感到困惑和苦恼，故来接受咨询。黎颖来自一个非常重男轻女的家庭，哥哥得到了父母所有的宠爱。"我再怎么努力，也是比不上哥哥的，因为他是男的。"在咨询中，黎颖想起了童年的两件往事，并看到了一个画面。一件是她五六岁的时候,和妈妈说她想吃甘蔗,被妈妈当众骂:"不知羞耻,刚刚才夸你不贪吃!"另外一件事情是,过节的时候,喜欢她的亲戚叫她上桌一起吃饭,当时菜已经都做好上齐了。她鼓起勇气上桌后,被妈妈呵斥:"我一个人忙得团团转,你怎么好意思上桌坐在那里偷懒!""我觉得非常羞耻,也有些害怕,我觉得是自己做错了。从那以后,我从来不敢也不要求任何东西。我学习一直很好,学习之外所有的时间都在帮妈妈做家务和农活。她在别人面前也会拿我炫耀,但从不当面夸我。"黎颖流着眼泪说:"我看到了一个画面。一个苍白瘦弱的小女孩躲在一个漆黑的房间里,她不敢出来,也不让别人进去。她在那里待了很久了,好像漆黑、寒冷、破落的地方才是她配待的地方,那里也让她感到安全。"

为了避免体验羞耻感和害怕,黎颖不敢提要求,害怕升职——站在一个更加被瞩目的地方。随着咨询的进展,那个沉默的躲在黑暗中的小女孩终于能够开口说出自己想要有蜡烛来温暖自己并带来光明。她能够允许成年的黎颖进去陪伴她,能够说自己想要好吃的、想要漂亮的衣服。她的房间有了窗户,阳光可以照进来。最后,小女孩在成年黎颖和我的陪伴下,一起走出了那个保护她的牢笼般的房间。现实中的黎颖,在升职的事情上也变得积极主动,38岁时她成功地成为公司在上海地区的销售总经理。

约拿情结的本质在于过往沉淀于心的负性人际关系形成了内在的人际关系模式,延续到现在,阻碍了一个人内心的成长、成熟，并影响到了他在现实生活中的职业发展和人际关系。具有约拿情结的人真正畏惧的不是成功，而是成功所带来的潜在危险。

他（们）喜不喜欢我：人际压力及应对

生活中良好的人际关系环境让我们放松、如沐春风，而有些人际关系则让我们感到紧张、担忧。"他（们）喜不喜欢我？""他（们）会不会对我有什么看法？""他（们）对我有意见吗？""他（们）会不会嘲笑我？""他（们）会不会做什么事情针对我？"以上这些（或类似的）问题、想法是否曾经或现在依然不时萦绕你的心头？人际关系是否让你烦恼，感到很不自在，你甚至回避一些人际交往，变得退缩？这影响到你的正常生活了吗？

在某段不那么长的时间里，某段人际关系困扰着你，这很正常，人生本来就是在不断地碰到和克服各种烦恼中前行，增长经验和智慧。如果你长期被某些人际关系所困扰，并通过回避它们来让自己避免焦虑，但同时你也希望有所改变，以下这几个小贴士希望对你有所帮助。

- 如果你留意到，你脑海中又飘浮着别人会怎么看我的念头，紧张涌上心头，提醒自己深吸气，先安定自己的心神。留意你的想法、情绪和身体感觉，与所有这些共处一会儿。一般情况下，这有助于你安住于自身。然后问一下自己，你对自己怎么看？你理解自己吗？你愿意理解和接纳现在的自己吗？也许可以有一个更好的自己，有更好的表现，但是这对现在的你是不是强求？如果是的话，你对现在自己能做到这样子，是否接受？是否基本满意？如果是的话，那就很好了。不要奢望让别人都理解你、对你满意。这完全是自寻烦恼。

- 想一想，滚滚红尘，你最在意的人和真的很在意你的人有几个？这是你人际关系的核心，花心思照顾好这些关系。其他的，只要我们自己能与人为善，差不多就行了。
- 熙攘人世，大部分人都只关心自己的一亩三分地，很多你所担心的，比如别人怎么看你，别人基本上是没有空来想你的。
- 不用担心是否有人不喜欢你，一定有人出于种种原因不喜欢或不那么喜欢你。你觉得自己不错，大部分人也觉得你不错，就已经很好了。如果你希望或认为人人喜欢你，那有可能是哪里搞错了，或者你把自己搞得很累，活得不自在，自己反而不那么喜欢自己。
- 每个人都有自己的能量，每个人身上也都会自发地散发出能量场，能量高的人悦人悦己。总体而言，大家都喜欢身上散发正能量、能给自己带来能量的人。如果你很多心思花在想着别人怎么看你并为此忧虑上，那是在自损能量，白白占用你的心智空间和时间，而且不会有建设性的成果。为何不把这个时间花在如何增强和提升自己的能量上，让自己开心呢？持之以恒的正念修习可以提升你的能量。你若盛开，蝴蝶自来。如果你为"伊"消得人憔悴，这个"伊"很可能根本不知道，也不在意呢。
- 作为成年人，与其等待别人看到和确认自己，不如在行动中发掘、肯定自己。求人不如求己，为什么要绕弯子呢？

我以前特别在意别人对我的看法，总是要尽量去满足他们，搞得自己也很疲惫。但是上了这个正念课，让我更清楚照顾好自己的重要性。就在上课前我看到一个来电，对方是我们业内的一个大佬，也是我们公司的甲方。如果是以前，我一定是会去接电话的，不接我整节课都会不安。但是我现在心定了，马上要上课了，这是我给自己的时间，我不知道他电话要打多久。而且这是周末，不是上班时间。我想：我安心上完课，再给他回电，也不为过。这样的方式，让我有力量感和自主感。我感觉回到了自己的中心。

> 你若盛开，蝴蝶自来。与其等待别人看到和确认自己，不如自己在行动中发掘、肯定自己。

——林博晞，男，设计师，32岁

/ 第二部分　正念改变

亲爱的朋友，以上的六点，有没有哪一点触动到你了呢？这六点都是在自己身上下功夫，核心是通过正念修习，觉察、安定、接纳现在的自己，改变认知，付诸实践，在行动中增强自身的力量。

作为一个社会人，人际相处依然是重要且不可避免的。如果有些人际关系让你困扰，以下还有几个人际相处的小建议，希望能够对你有所帮助。

第一，区分与选择。内心强大的人可以在复杂的人际环境中磨砺、提升自己，不过我们大部分人都是普通人，都需要感到被接纳、被认可，才能够放松、心安。所以如果你对某些人际关系感到紧张，一开始你可以在物理上或者心理上减少与这些人际环境的接触。物理上减少，就是在可以的情况下，暂时脱离这个环境，这样心理上也减少了人际环境带给你的忧虑。如果因为种种原因你在物理上无法回避这个环境，那你可以在这个环境中专注于做你需要完成的事情，比如你的工作或者学习，减少环境中的人际关系给你带来的影响。选择你喜欢也喜欢或者接纳你的人，尽量坦诚、多相处。真正的心与心之间的人际联结会给你带来内在的力量感和愉悦感。切记不要把自己封闭在一个与人隔绝的空间里，孤独的你容易继续往下坠，也会让关心你的人担心。

第二，自我反思或咨询比你有社会经验、值得信赖的人，相对客观地看待你所处的职场人际压力。如果困扰你许久、让你担忧的工作上的人际关系主要是由对方特别是你的上司带来的，如果可以的话，尽量离开这个人际压力源。如果暂时离开不了,那就在现有情况下尽量寻找让自己尚且过得去的一个平衡状态。职场上人人有压力,每个人从自己的立场出发,都觉得自己做的有道理。其他人没有义务照顾你的感受和情绪,这是你自己的责任。如果这个人际压力有相当部分是你自身的原因,寻找资源提升与修正自己。正念修习、接受心理咨询、上一些正规的自我提升的课程,都是资源的一部分。

第三,如果是亲密关系中的困扰呢?剪不断,理还乱,别是一番滋味在心头。这个话题可以说的东西很多,限于篇幅,我只说最核心的一点:提升自己,是解决所有亲密关系矛盾的关键。内疚、委屈、悲伤、失望、愤怒……所有这些复杂情绪是亲密关系冲突中常见的体验,但是反复陷入这些体验解决不了问题。解决的根本还是提升自己,这样才能够重建有界限、有弹性、有活力、有理解、有包容的亲密关系。否则我们会纠缠在对对方的渴望和对方不能满足自己期待的种种失望和怨怼里,不得安宁。即便是能分开且分开会是更好的选择的伴侣关系,也只有通过提升自己,才能真的在现实和心理上厘清界限,真正分开。

第四,逐步投入到让自己紧张的人际环境中,接受这个过程中身心体验到的艰难,与艰难相处,接受想法、情绪、身体上的种种焦虑反应,从而释放自己,化解焦虑。一开始你可以只是在想象中进入这样的人际环境,逐步到能够自己调节想象中的人际环境带来的各种不舒服的反应后,进入到真实的人际环境中去。

群里的小伙伴们你们好,我也来分享一下我最近上正念课的感受。感受最大的是认知和思维的变化。以前的我总爱否定自己或者会被别人影响,过于关注别人会怎么想。正念教会我专注于自己当下的感受,这种感觉很好,感觉体验到了很多之前自己感受不到的生活中的细节和美好,通过觉察也更加地了解了自己的身体。

前天课上的三步呼吸空间给我带来的帮助是最大的。我之前焦虑的原因主要来自不敢和陌生人尤其是陌生异性接触,容易紧张。具体表现就是上不来气,我会忽然胸口一紧,然后紧张焦虑到不行。这个东西困扰了我很久。

昨天在家自己修习三步呼吸空间时,我尝试着以开放的态度接受那种不舒服的感觉,以前我总是会想办法逃避或者转移注意力,结果,越想摆脱那种难受的感觉,越深陷其中。这次我尝试着告诉自己,它来了就来了吧,我欢迎。会感受到胸口那里还是很紧绷、不舒服,但这次我试着去觉察它,去感受身体的不舒服,虽然这个过程很痛苦,但我尝试着去感受它,然后告诉自己,它来了就来了吧,我接受,也欢迎,并将呼吸带到那里,就像一股风吹进了我的胸膛,是一种自由、舒服、非常解放的感觉,感觉身体也不再那么紧绷了。真的很神奇!当我试着去接纳它,不去反抗,就让它待在那里,感受它时,它反而慢慢就会离开了。

因为我之前总是习惯抗拒、讨厌、逃避这种感觉，所以我要慢慢调整自己，换一种开放的姿态来面对它。并且我学会了对它友善，对自己友善，虽然可能过程有些痛苦，但我相信通过不断的修习，一定会越来越好的。

小伙伴们的分享和感悟也给了我很多信心，正念让我重新面对自己、善待自己，并觉察自己，接受自己的一切，顺其自然。希望接下来的课程我能更好地领悟和体会到正念给我带来变化。

——章小萍，女，文秘人员，26岁

小伙伴们，我今天要和你们分享一件让我很开心的大事。我一直很喜欢露天音乐节，但是从来都是坐在最后面，这样我就不用和任何人接触了。但是上周日，我去参加露天音乐节了，而且冲到了最前面。在一开始，我还是体会到自己的胸口很紧张，呼吸急促，心里害怕。我站在那里，告诉自己深呼吸，和这些感觉在一起。做了几个深呼吸以后，我就不那么紧张了。后来我完全投入到音乐节带来的快乐中。我周围都是人，包括我一直逃避的陌生异性。试着去接纳它而不去反抗，它反而慢慢就会离开了。但是整个过程中，我都没有在意这个。这对我来说，实在是个巨大的突破。特别想分享给大家。

——章小萍，上次分享之后的两周

秋风秋雨愁煞人

人生中难免碰到多事之秋,让人焦头烂额、应接不暇,整个人就像被拉满的弓,非常紧绷和沉重,心烦意乱。所谓的"债多不愁",其实是愁得没力气愁了。只要还有力气,焦虑是难免的。在这种情况下,我们怎么尽量缓解自己的焦虑呢?

人生的这些时候,为了处理这些事情,我们需要投入很多时间、精力或者金钱等,这些本身就会给我们带来压力,引发焦虑。而这些事情会激发我们的各种心理反应(比如担忧、沮丧、烦闷、无助等),这些心理反应也往往带来相当大的压力。在这种情况下,建议你拿出纸和笔,把你目前所碰到的现实问题和心理困扰,列出一张清单,以厘清思路。同时请把让你思虑最多的事情,标注出来,以明确焦点问题。下表可以作为你在记录时的参考。

问题及相应处理

具体内容	是否需要解决	是否目前可以解决	已经采取的解决措施	是否还需要采取进一步措施	进一步措施的内容
现实问题 1					
所引发的心理困扰 1					
现实问题 2					
所引发的心理困扰 2					
……					

姚晶的妈妈今年已经是第三次住院了：肺癌手术、搭心脏支架、腰椎间盘突出手术。长期陪护照顾妈妈给她的身体、心理和经济压力，以及这些对工作、家庭带来的负面影响，外加担忧妈妈的病情、心疼妈妈的痛苦、害怕妈妈过世……这一切让姚晶愁肠百结、夜不能寐、憔悴不堪。"我自己也都要崩溃了。"姚晶被卷在现实、情绪和各种思绪的旋涡中，这些压力把一个原来精明能干的记者给压扁了。

在咨询过程中，姚晶列出了下表，明确了在现实层面，她已经做到了给妈妈寻找、提供能提供的最好的治疗。给她带来最大心理压力的，是妈妈不断的愁苦抱怨和她对妈妈可能过世的害怕。"原来感觉自己就像被裹紧的粽子，一下子松了绑，有了点空间感。""我做到我能做的，就可以了。她的痛苦，很多也是需要她承受的，不是我能解决的。妈妈一生都在愁苦抱怨，也并不只是因为生病和治病而感到痛苦。""妈妈是爱我的，以她的方式。我以前没能从妈妈那里得到的母爱，以后也得不到了。"姚晶有些哀伤。"我感觉自己从这个旋涡中后退了一步，可以看见自己如何被裹挟进这个旋涡中了，也和生病中的妈妈拉开了点距离。我又有了那种自己是完整、聚拢的感觉，不像前一阵子，觉得生活得支离破碎，自己也被各种事情、情绪拉扯得支离破碎。"

问题及相应处理

	具体内容	是否需要解决	是否目前可以解决	已经采取的解决措施	是否还需要采取进一步措施	进一步措施的内容
现实问题 1	妈妈短期内各种疾病和手术治疗	是	是	寻找好的医疗资源治疗相应疾病	不需要	无
所引发的心理困扰 1-1	害怕癌症复发，害怕妈妈过世，害怕自己永远得不到所渴望的妈妈之爱	需要	一定程度可以	自己寻求心理咨询，觉察到这种害怕	需要	进一步觉察与接受不确定性（复发）和丧失（生命中有些很渴望、很珍贵的东西，就是得不到）
所引发的心理困扰 1-2	妈妈不断的愁苦抱怨让自己心烦、恼火、内疚、心疼	关于妈妈，自己不要期待她改变什么，但自己对此的态度可以改变	一定程度可以	觉察和接受，把这当作对自己的一种修炼；去见妈妈前，先做一遍三步呼吸空间	不需要	无
现实问题 2	自己筋疲力尽	是	可以	请保姆照顾妈妈，自己多休息	需要	恢复上瑜伽课，一周去 1～2 次
所引发的心理困扰 2	能量不足，急躁焦虑，不时失眠	是	可以	现在妈妈手术帮做完了，自己有所减轻了。身体扫描可以帮助调节情绪和睡眠	需要	恢复上瑜伽课，一周去 1～2 次

(续)

	具体内容	是否需要解决	是否目前可以解决	已经采取的解决措施	是否还需要采取进一步措施	进一步措施的内容
现实问题3	这一年在孩子身上用的心思少,孩子成绩下滑	是	可以	自己调整好状态,可以多陪伴一下孩子,也管一下孩子的功课	不需要	无
所引发的心理困扰3	有点内疚	不需要				
现实问题4	经常请假,影响到工作,领导后来有不满,两人关系有点紧张	领导的反应可以理解和接受	可以	妈妈病情稳定后,重新开始认真工作		
所引发的心理困扰4	无					
现实问题5	就医、请保姆经济支出多,自己因为经常请假收入有所下降	在可承受范围内,不需要				
所引发的心理困扰5	明确在可承受范围后,无心理困扰					

在喧嚣世界中获得安宁

红尘纷扰，生活不易。各种欲望和诱惑，都容易让我们因为心系外在的人、事、物而浮躁、烦乱，此心不得安宁。

> 明确问题，知其可为而为之，知其不可为而不为。

心安处是家，这是一个切切实实的真相。正念正是让我们回归到自身、安住于自己和当下。通过呼吸，我们可以与自己内心深处广袤的宁静、喜悦之海相联结，在这份安宁中，我们可以觉察自己内心想法、情绪和身体层面的各种波澜，于安定中觉察和体验各种不安定，并在接纳各种不安定中消融这些不安定。海面波涛起伏，映衬着天光云影，但是海洋深处，是宁静，亘古不变。

> 于安定中觉察、接纳、消融各种不安定。

大家下午好，我们的团体咨询课程过半，我也来分享一下心得体会吧。

我是一个资深焦虑症患者，静坐、冥想或三步呼吸空间一直是我很抗拒的练习，原因在于：练习过程中我必须允许诸多负性想法和情绪的自由入侵和蔓延。在日常生活中我的防御机制已根深蒂固：面对我害怕的可能引发我焦虑的想法、事件、人物和情绪等，我一定会选择逃避和转移注意力。但既然决定参加这个正念认知的团体咨询，就已经跨出了勇敢的第一步,我只需要告诉自己:再勇敢一点就行!所以我尽量努力完成课中和课后的练习,哪怕每次只有一小步,每次多一点勇敢,耐心和坚持就行。

几周下来,上周六在课堂上做静坐练习时(老师每次都会循序渐进地引导),我渐渐有了些不一样的体验:①态度上虽然还会不自觉地抗拒,但经过有意识的调整,学会了带着更接纳、友好、开放、好奇的态度勇敢地把自己放在那里,真正体验当下的感觉和感受。虽然不能马上治愈自己,但从抗拒到接受再到坚持,这样的改变让我获得了良性的动力。②练习中,从觉察想法、情绪、身体感觉,到觉察到自己在觉察这些,我慢慢可以做到,但通过呼吸把气息送达不适的身体部位,目前我还是做不到。在课堂上我提到了是否可以使用视觉想象作为辅助方法,和老师探讨后选择暂不使用,还是会专注于有真实体验的正念练习。③这次循序渐进的正念练习,加入了负面事件和人给自己的想法-情绪-身体感觉带来的影响的觉察,

> 完全没有任何帮助的负面加工,其实已经和原来的事件和情绪无关了。当我选择允许和接纳自己的"不应该"时,我感受到了轻松和释然。在我和我自己的相处中,我说了算,我可以有选择权!

我发现原来之前自己所有的一触即发，很大部分是因为我在不断负面评价、打击和摧毁自己的负性想法和负性情绪。"不应该""不可以""应该"，这些完全没有任何帮助的负面加工，其实已经和原来的事件和情绪无关了。这次当我选择允许和接纳自己的"不应该"时，我感受到了轻松和释然。原来在我和我自己的相处中，我说了算，我可以有选择权！突然对自己的控制感回来了，这可是焦虑症患者打败失控感的利器呢！

选择团体咨询课程的初衷就是：一群有共同烦恼的伙伴可以在安全和被接纳的环境下一起分享、陪伴和共同成长。希望我们每个小伙伴都能在吴老师的专业指导下，渐入佳境，学会和自己更好地相处！

——凌欣晨，女，运营总监，49岁

愿我们每个人，都可以成为自己内心世界的主人，有能力调控自己的情绪，包括调伏愤怒的火焰。

调伏愤怒的火焰

街上春泥踏始开，山人忽同供奉来。
老奴行迟报我晚，怒气欲挨庭中槐。
闻说道心调伏久，等闲休要起嫌猜。
——〔宋〕梅尧臣，《吕山人同荆供奉见过》

原来诗风平淡、关切底层百姓生活的北宋大诗人梅尧臣，也有因为年迈的仆人走路缓慢禀报迟了，而大发雷霆到要把院子里的槐树给拔了的时候。亲爱的朋友，你是否也会觉得自己气性大，或者在和某些人相处时，特别容易发火并为此苦恼呢？梅尧臣坦然地面对并接受了自己的愤怒，并把调伏愤怒作为自己修心养性的一部分。你是否也愿意为了自己心灵的祥和，为了不让愤怒的火焰继续烧灼、破坏你在意但变得有点紧张的关系，做些什么改变呢？如果你愿意，那我们就继续一起往下看吧。

愤怒之下的期待与情感需求

朋友，你是否发现，愤怒的时候，往往是因为对方或现实中某些事情的结果比自己期待的要糟糕，或者对你来说不愉快的事情出乎意料地发生了，你感觉受到伤害、被冒犯，或者觉得不合理、不公正、不应该，于是怒火就腾腾往上蹿。大脑开始自动运转，"简直是太过分了！不可理喻！到底怎么搞的？怎么会有你这样的人！和你说过多少遍了，你怎么还是这样"……或者你大脑一片空白……你的脸色变得凝重，流露出不耐烦或者鄙夷之色；皱眉，眼神愠怒、目露凶光；胸口发闷甚至觉得胸口要爆炸；身体发紧、发热，感觉血往上涌，身体发颤……如果你觉察到自己神色不悦了，那还好一点，觉察本身，就有调伏的力量和调伏的空间。有时候，你还没有觉察到自己的愤怒，就不由自主地指责、抱怨、嘶吼、在言语上攻击对方甚至人身攻击、摔东西，严重时甚至动手打人……往往事后你要花很多时间和心思平复自己的心情，以及处理被战火烧灼过的战场，而这个战场上最核心的，常常是你与愤怒对象的关系。

许霞和丈夫殷骁因为夫妻关系矛盾吵得不可开交而来就诊。许霞满脸怒意，殷骁则是带着冷漠的不耐烦。许霞责备殷骁除了挣钱，"对家里半点用处都没有"。她为了带好双胞胎女儿，把原来高薪但繁忙的工作给辞了。"我原来很有自我的，生活也多姿多彩，现在天天在家当黄脸婆！"殷骁觉得自己为了让家人生活幸福，作为网络公司的产品研发经理，工作努力且辛苦，回家天天看许霞给自己甩脸色，还不时摔摔闹闹，也觉得心累、心灰意冷。"她自己说爱孩子，也不想想，老是当着孩子的面这样吵，会影响到孩子吗？"许霞就在诊室，但殷骁用了"她"。"我没法直接和她沟通，我们几乎到了一点就爆的程度。"

低于期待的人、事、物让你愤怒。

许霞的确是很用心地在带孩子，从她给我看的孩子的照片来看，两个9岁的孩子活泼可爱，和妈妈关系很亲近，一家人在照片上看起来其乐融融。当我给她反馈时（"你很不容易，为了培养两个孩子要花费很多心思、精力和情感，一点都不比上班轻松甚至更累。放弃工作对一个职业女性来说，是很大的丧失"），许霞一下子就哭了。"我并不后悔自己的选择，但的确很怨恨他。他是典型的大男子主义加'钢铁直男',觉得女人在家把孩子带好是天经地义的。从来不问问我心里有什么感受,也不觉得我是在为家庭做出牺牲。"我问殷骁是否有什么想直接对许霞说的。"我也觉得你把两个孩子带得挺好,是挺不容易的。我也听到了很多带孩子不容易的事情,我并没有觉得你所做的是理所当然或天经地义。说是牺牲,我倒是不认可。这本来就是我们说好的家庭合作,谈不上什么牺牲吧?你说我不关心你,那你也没有关心我。我回家你没有给我好脸色,我怎么关心你?"

从许霞和殷骁的故事中,我们会看到,他们的争吵、相互攻击的背后,是双方对彼此关心的渴望、失望,以及辞职后的许霞期待从殷骁那里获得更加明确的价值上的认可。但是愤怒指责、抱怨,往往不仅把沟通渠道给堵住了,也把柔软的渴望和离心更近的情感给隔绝了。类似的关系情境,不管是伴侣还是亲子、好友之间,在你的生活中上演过吗?

许霞和殷骁之间的争吵此起彼伏地持续了五六年,没有得到缓解不说,反而愈演愈烈,双方都想到了离婚。双方都期待着对方改变而不可得,内心越来越受伤、失

> 愤怒的外壳下,往往流动着柔软或者被视为脆弱的其他情感。

望,表面越来越愤怒,只是两个人表达愤怒的方式不同。许霞越吵,殷骁"加班"就越多,回家就越晚,恶性循环持续经年。朋友们,如果你也有类似的关系困扰,你

不希望任由关系这样吧?那我们可以做些什么呢?

改变自己是王道

人在愤怒时是有力量感的。你能够对对方发火,总体上你觉得自己的位置并不比对方低,你也不怎么害怕发火会破坏掉或让你失去这份关系,而且你对对方怀有期待。你期待他们成为你想要的人,或者期待他们的行为符合你的要求,给予你想要的情感或物质上的满足。因为他们没有达到,所以你愤怒了。在这一点上,可以说你还是有力量的,否则你根本愤怒不起来。有时候只是不敢表达愤怒,有时候甚至内心也体验不到愤怒,但是有悲伤、害怕、委屈等其他感觉,或者是干脆把感觉都屏蔽掉,因为这样就不会痛苦了。

李溪45岁,原来是接线员,工作要倒班,收入也不高,两年前因为要照顾生病的父母而辞职。一个偶然的机会,她去找在一家旅店当前台的前同事,却看到丈夫和一个女性很亲昵地在这个旅店开房。她不动声色地回了家,如常地给丈夫和孩子做晚饭。"你不生气吗?"我忍不住问。"我只要他不和我离婚就可以。"李溪貌似平静地说着,我却深感悲哀。

李溪在父母生病后罹患了抑郁症。原来就觉得自己不如丈夫,现在没有工作、罹患抑郁症的她更是只求生存、保住家。卑微的她害怕生气会让丈夫与自己离婚,于是她很"拎得清"地装聋作哑,内心连生气的力量都没有。

但是一味地期待对方改变来符合自己的期待,不如自己的意就无节制地发泄怒火,这也是一种虚弱的表现。因为你弱小,你无法做到让自己保持基本平稳、愉悦且知足的状态,你无法接受对方和关系的局限并根据自己的条件和需求做出明智的选择,你无法容纳、消化自己的怒火,而是让这堆怒火灼伤自己、灼伤对方、灼伤你们之间的关系。

> 愤怒是一种有力量又虚弱的表现。

我以前一直觉得他多关心我、多理解我,我们的关系就会改变。原来我的方向搞错了,一味地吵闹和索取,结果只会把他推开,我也觉得心灰意冷。只有我自己成长,能够自己调节情绪并照顾好自己,才能看到、体会到他的不容易和他的需求,我们反而开始走近。现在回过头来看,我以前和他争吵的时候,很多时候是活在自己的情绪和需求里。我也有点好奇,我和其他人的关系都不这样,为何与老公的关系会这样呢?这个是我要继续探索的。

> 争吵时我们陷入自己的情绪与需求,越吵,陷得越深。只有自己成长,有能力照顾好自己,才能真正看到对方。

——刘宇亭,女,空姐,31岁,
MBCT 八周课程结束后

每个人都渴望被关心、被理解、被认可,我们常常倾向于从他人身上获得这些,得不到,情绪就开始起伏不定。诚然,从他人身上得到这些也是重要的。但是作为成年人,我们如果把关注点先放在别人身上,是不是如刘宇亭所说:"我的方向搞错了?"我们是否可以先关心、理解、认可自己?是否可以先照顾好自己的情绪呢?求人不如求己,改变自己才是王道。下面是一个焦躁妈妈通过正念自我探索、成长的例子,希望能够给大家带来启发。

"妈妈,你变温柔了":焦躁妈妈成长记

徐希如来就诊的原因是控制不住对8岁的女儿发火,和丈夫也曾经常争吵,"现在是表面处于和谐状态"。我第一次见她时,43岁的她依然英姿飒爽,身材高挑匀称,衣着简洁时尚,天然的长卷发,五官很立体,脸部的线条比较硬朗。"我很担心这个情况会恶化,我觉得这和我小时候的成长经历有关。再这样下去,我会成为我讨厌的妈妈的样子,我也不希望女儿经历我童年的经历。"

徐希如的爸爸妈妈是恢复高考后的第一批大学生,爸爸是高级工程师,妈妈原来为高校教师,后来辞职自己创业办公司。"爸爸脾气温和,对我挺好的,但是妈妈强势,在家里简直就是横行霸道,什么事都是她说了算。我小时候她经常打我,爸爸只能在她打完我以后安慰我,否则他们两个人又要吵,最后吵赢的永远是我妈。我从小就恨她,青春期特别叛逆,经常和她吵架、对着干,

甚至离家出走。离家后我发现自己没有钱不能独立生存，最后还是联系爸爸回了家。但自那时候起，我就想考上大学后离开家，离开上海，永远不再受她控制。"

大学毕业后徐希如在另外一个一线城市的外企公司做运营，能力强，做事雷厉风行，很得董事长的赏识，很快做到了运营总监。35岁时徐希如因为准备要孩子不方便和在上海的老公长期两地分居，再加上爸爸生病，所以她回到上海，岗位也调整到公司在上海比较清闲的后勤部门。36岁她如愿生了女儿。"在孩子上幼儿园之前，我觉得生活节奏放缓一点也好，我可以多陪陪女儿。"为了带好女儿，徐希如看了不少育儿书籍，还考取了二级心理咨询师的证。在孩子上幼儿园之后，好强的徐希如希望"重出江湖"。但是职场环境已经变化了，原来"身居高位"的她要回到公司在上海相应的位置很困难，这样的位置在其他公司也不那么好找，虽然她收到了不少猎头的其他 offer。"而且我觉得凭我的能力和原来对自己的预期，我可以做到比运营总监更高的职位。"对自己的这些高期许和现实之间的差距让徐希如焦躁、失落。"女儿上幼儿园以后，教育的责任其实更大，但是我没有那么多时间陪她，我让阿姨、课外班老师和家教来分担这些事情。我内心深处是有遗憾和内疚的。"这段时间开始，徐希如和丈夫也不时争吵。"他工作比我还忙，家里的事情也不上心，装修房子、搬家都是我在弄，挣的钱还没有我多。而且，我严重怀疑他脑子是不是少根筋，一点都不懂得体贴人。有时候想和他说点心烦的事情，他总是大道理一堆。这些道理难道我不懂吗？他越说我越气，最后两个人又吵起来了。现在我们两个人的交流变得很少，各管各的，我看着他心里就来气。我怎么成了我自己都讨厌的怨妇？"

时间过得很快，女儿已经上小学三年级了，徐希如的工作也很有起色，尽管糟心的事也不少。"她怎么那么点功课都搞不好？为什么做事那么拖拉？这实在让我无法理解。我对她越来越不耐烦。那天让她在5分钟内整理好书包，在我的监督下，她居然还用了15分钟才做完，我突然就扇了她一耳光。我当时怒气还没有消，但是我看到她害怕的眼神，这个眼神一下子触痛到我了。""我不知道自己怎么会这样子，这些和我对自己作为妈妈的期待很不一样，和我对家的期待也很不一样，现在家里的气氛十分紧张。不能再这样下去了，我希望自己能够有所改变。"因此，徐希如参加了正念课程。以下是她对课程给她带来的深刻触动的分享。

> 第一个深刻打动我的是吃葡萄干。我从来没有那么慢地吃过一颗葡萄干，也从没有好好看过一颗葡萄干。当随着吴老师的引导语把葡萄干拿在空中观察时，那颗翠绿半透明的葡萄干在阳光下，刹那让我觉得像被雕琢的美玉在柔和地散发着光芒。那次观赏给我带来的美感和愉悦，让我似乎进入了另外一个世界，顿时所有烦恼都被抛诸脑后，当下就是那么美、那么美好！咬葡萄干时感受它的甜和美

味,咀嚼葡萄干时感受汁水的流出,感受葡萄干进入到食道滋养自己身体的过程,这是我以前从来没有体验过的。我真的就处在吃葡萄干的当下,真的就只是在吃葡萄干。我感觉葡萄干在滋养我的身体,也很感谢它变成我身体的一部分,我能感觉到我与葡萄干的联结。平时我吃东西很快,现在也很少有什么东西让我觉得特别美味。但是课堂上吃葡萄干的过程,真的是一种很特别的享受。我还想:我需要那么多东西吗?是否少即是多呢?平时过得匆匆忙忙,怎么可能安静下来好好吃饭呢?

第二个特别触动我的是身体扫描。一开始我觉得身体扫描挺烦的,要做那么长时间,也不知道是什么原理,有什么帮助,而且我和团体里其他人不一样,我不会睡着。有一次,在做家庭作业(身体扫描)之前,我意识到我心里在冒火:我为什么要听你(吴医生)的?我觉得这个感觉和我以前(包括现在偶尔和我妈妈对抗)的感觉特别像。那一刻,我真切地看到和妈妈的关系给我的性格造成的影响其实持续到了现在,让我在生活中难以接受别人与我不同的一些东西,包括接受老公、女儿与我的不同。我以前知道自己在工作中强势,我认为这是工作需要。我老公曾经说过我在家里也强势,我自己并不这么认为。我觉得是他温暾,总觉得这也可以、那也可以,我才不得不凡事拿主意。但在这次之后,我发现生活中我似乎还真的是挺独断专行的。比如旅游、周末去哪里玩、在哪里吃饭，都是我定的。我以前的概念是我在为家庭付出，我选择的这些也是他们感兴趣的或对他们好，但是我并没有事先征求他们的意见。或者说，我还没有意识到我应该尊重他们的感受。在那以后，我会有意识地询问他们的意愿。尽管我希望自己不要像妈妈那样，但是我是在她的身边长大的，我会不由自主地变得"强势"，我有点悲哀也有点欣喜地看到这一点。我现在很喜欢午休的时候做身体扫描，我多少会睡一会儿，做完以后，精神很好，情绪也平和、愉悦很多，这样一个下午我的精神和情绪都很好。

第三个特别触动我的时刻是在课堂上做无拣择觉知的静坐修习的时候。那天我原来还挺平静的。在觉察完呼吸、想法之后，吴老师引导我们去觉察情绪，我觉察到了恐惧。我很久没有体验到恐惧了，我第一反应是回避这种情绪，这种情绪让我很不舒服，也让我觉得自己弱小。但是这段时间的修习提醒我去接受任何出现的情绪，我就尝试着与恐惧相处。我大概9岁时被我妈妈扇耳光并踢了一脚的场景突然出现在我的脑海里。那时候，我又恐惧又委屈，还不敢哭，哭了会继续被我妈妈责备、嘲笑。但是那天我回忆起那个场景的时候，又恐惧又难过，我是一直流泪做完那次静坐修习的，哭完以后，心里特别舒坦。我完全没有想到我会在修习过程中想起以往的事情，我以为这些都过去了。我12岁的时候身高就到了160厘米，比我妈妈还高。从那时候起，我开始顶撞她，如果她打我，我会还手，很恨她。我不知道是我真的打不过她还是我不敢真的用尽力气去还手，反正赢的人是她。才15岁的时候我和她争吵后离家出走。不过在那之后，她也就不再打我了。这次的体验让我理解为什么我很讨厌女儿哭，虽然我看的育儿书籍也在说理解、接受、共情孩子的感受，但是在我原来的观念里，哭是弱小、示弱的表现，是会被人嘲笑的。愤怒让我感觉自己有力量，一部分是我的确有力量，但是一部分愤怒的背后，隐藏着悲伤、委屈、恐惧和羞耻。

第四个给我触动很大的是写出自己的日常活动清单。我清晰地看到，自己现在的生活中，工作占的比例太大了。回家经常已经很晚很疲惫了，没有什么心理空间给孩子、给老公。因为事情不断，紧张、焦躁的状态也很难避免，所以我也在重新思考怎样化解掉一部分工作、如何平衡工作和家庭生活。以前女儿会问："妈妈，你有没有在听我说话？"后来她也不怎么主动找我了。我留意到在我和她相处的过程中，经常脑子还在想工作上的事情，我没有做到我秉持的时间有限但高质量陪伴的理念。在这个过程中，我还看到我以为不管家的老公，其实他真正陪伴女儿的时间比我多，而我现在反而是管得多、要求得多。老公不是不拿主意，而是他包容度比我大。难道我在重复我妈妈对待我的方式和我的原生家庭模式？我也找了一个脾气温和的老公？

我女儿说我最近一个月都没有发过火，她还要再观察观察我。但是现在我回家她会开心地来给我开门，和我讲学校里的事情和她看的课外书，睡前让我陪她讲故事或聊天。有一天睡前，她和我说，妈妈，你变温柔了。那一刻，我怔住了，心里暖暖的也带了一点点酸楚，我亲了亲她的额头，和她说："宝贝，晚安！"

课程结束三个月了，现在我把正念修习当作我生活的一部分。我的心态比以往轻松很多。相由心生，我看到镜子中的自己，脸部似乎也柔和了不少。其实我知道自己是个"刚硬"的女人，而我柔软、感性的部分，正在慢慢滋长。我希望自己是个刚柔并济的女人，也许我本来就是，只是这个柔软部分的成长空间被压制了而已。

路漫漫其修远兮。我将带着觉察继续成长前行！

每个人都有自己版本的故事，也都会因为各种烦恼引起愤怒等情绪。愤怒本身只是一种情绪反应，并不一定是破坏性的，无节制地发泄怒火，才会带来伤害。重要的是，觉察、涵容、理解、消化升起的愤怒，看到愤怒背后的诉求，并通过愤

> 愤怒本身只是一种情绪反应。调伏愤怒的火焰是一趟修心养性、提升自己的旅程。

怒，在自己生命故事的脉络里理解自己。有了自己的心灵空间，才能够真正地看见他人；有了与他人沟通的空间，才能化干戈为玉帛。自己内心和谐，才能与他人和谐。由此，愤怒也将成为一种建设性的力量。调伏愤怒的火焰，成为我们修心养性、提升自己的旅程。

让愤怒成为建设性的力量

温和的脾气自己受益终生，温和并不等于没有气性和血性，而是有能力对此加以调伏，大家同意吗？毕竟愤怒的时候我们不只会在外面燃起战火，自己的身心系统也会处于烧灼的状态。所谓"杀敌一千，自损八百"。而且大多数时候，我们并不想伤害自己身边的人，对吗？修心养性，是个日积月累的过程。"时时勤拂拭，勿使惹尘埃"，这种渐进之路，对大部分人来说，更加适用：有道可循，自己也可以逐步提升对愤怒情绪的掌控感，促进自身内部的和谐以及与他人的和谐，从而增强自信、找到愉悦感和真正的力量感。

> 在做三步呼吸空间的时候，引导语开始说觉察念头的时候，我没有什么特别的念头，说到觉察情绪的时候，我想到了最近发生的一件事，有怒火在我心里升腾，当说到看着情绪的河流在你面前流过时，我看见愤怒的火焰被包裹在水里。接下来是觉察身体，我感觉到整个胸口、胃部都非常胀，气炸了这个词真的很形象。到第二步集中在呼吸上时，呼吸让我安定了下来，一开始是安定与怒火共存，

后来心情慢慢平静了下来。第三步拓展，去觉察整个身体，并把气息送到感觉不舒适的身体部位，我觉得送到胸部和腹部的气息有点像把怒火给浇灭的水，胸部、胃部胀的感觉减轻了，剩下胃部还有点不舒畅。后来引导语又说觉察自己的全身、觉察周围半米内的环境、觉察所在的整个空间，我看见在这个大空间背景下，我自己的情绪是如何起伏和波动的。练习结束后，感觉很清爽，好像释放掉了一些情绪垃圾。

——梁悦，女，人力资源，48岁

生活中总有一些意难平之事让我们感到愤怒，愤怒本身不是问题，只要我们能够给愤怒找到适合的出口和排解渠道。我们容易把愤怒与破坏性联系起来。有时候愤怒也是我们砥砺自己、建设美好生活的力量源泉。如果愤怒在你内心像文火慢熬般消耗你自己，或者经常在你内心燃烧并在你的生活中引发与其他人的冲突，这时候愤怒就会具有破坏性。如何转化愤怒的破坏性，把愤怒的力量导入到建设性的轨道上来，让愤怒成为维护我们自己的界限、强化自我力量、建设更加适切自己需求的人际关系的力量，这对我们来说非常重要。

如何让愤怒成为建设性的力量呢？在走出抑郁里的第六点里，我介绍了调伏愤怒的三个步骤：提升自己对愤怒的觉察力；提醒自己离开让你愤怒的人和情境；提升自己建设性地表达愤怒的能力。因为篇幅较长，我在这里不再重复。无论是对于原来被压抑、在自我力量提升后爆发出来的愤怒,还是对于本来就比较容易不受控制地喷发出来的愤怒,这三步都适用。对于后者,在如何调伏愤怒上,我想增加两点小建议。

凡事预则立:提前做好心理建设

请反思一下,自己在何种情境下容易愤怒,并记录下来。对自己可能碰到这样的情境有所预期,并提前做好心理建设。

徐希如发现自己在工作完很疲惫的情况下陪伴孩子,孩子如果不如自己的意,就特别容易暴躁且发火。"如果我真的很疲惫了,我就不陪她了。以前我会像执行任务一样,规定自己一定要去陪伴她。其实这种充满焦躁气息的陪伴根本不是陪伴,就算我不发火,我在那里营造的氛围也并不好。""觉察自己的状态变成了我日常生活的一部分。我也会有意识地在回家后,把工作的事情放一边,用心地和家人在一起。下车后正念步行回家,是我调节自己状态的一个很好的时间段。"

降低你对他人、对自己、对事物的期待

不如意是愤怒的核心,我们是否可以把自己的期待往下调呢?几乎没有人能够完全符合另外一个人的期待,我们自己也并不完全符合自己对自己的期待,也不时懊恼、指责自己,不是吗?如果你自己经常处在别人对你不

> 适切的期待引领我们前行,过高的期待反而成为前进的绊脚石。

满、愤怒的炮火下,你会有什么感受和反应呢?徐希如降低了对自己的期待,把自己照顾好,与孩子的关系也变和谐了。适切的期待引领我们前行,过高的期待变成无形的精神压迫,反而成为前进的绊脚石。

"取之于上,得之于中;取之于中,得之于下""不满是向上的车轮"……这些古训或名言或多或少地浸润在我们的精神骨血中,激励我们不断进取、追求美好生活。与此同时,"接受人和事物的本貌""知足常乐",这些千古流传的智慧,也在不断向我们传递宁定和愉悦的心要。而我们在学习接受和知足中,不断前行……

绿叶承托着绽放的荷花
蝶儿飞舞
一如
我们的身心

第10章 身体是心灵的殿堂

老去身犹健,秋来日自长。
——〔宋〕陆游,《小室》

身体健康是第一大财富

没有身体,就什么都没有了;身体是革命的本钱;感冒都能把人整得蔫蔫的;一两天睡不好觉,人都会精神不济、紧绷或焦躁起来……这些都是基本的生活常识;没有健康的身体,就谈不上拥有幸福愉快的生活。身体健康是第一大财富,你同意吗?

也许,面对这个问题的时候,你是同意的。但是,似乎我们中很多人对身体健康的重视,没有对名利的追逐来得热衷。只有当身体发出警告、生病甚至是威胁到生命健康的时候,才哀呼:我要这些有什么用啊!有些人会在身体抱恙后改变生活方式以促进身体健康;还有不少人，身体稍加康复，就好了伤疤忘了疼，依旧会投入到原来的追逐中，时间一长，维持、改善身体健康的生活方式便不见了踪影。在你身边、在你自己身上，有这样的现象吗？如果有，你对此感到困惑和好奇吗？

我们似乎或多或少有这样的倾向：对自己拥有的东西不够珍惜，也没有好好享受已经拥有的。我们的时间、精力、心血，更多地花费在自己想得到的事物上；我们的精神空间，似乎也大量地被欲望和计划所挤占。为什么呢？除了"生活所迫"不得不忙碌、除了我们渴望不断提升完善自己，停不下追逐的脚步，很大一部分原因是我们或多或少活在比较里，活在他人的眼里而不是自己的心里。为了获得社会的认可和金钱，我们的身体，在某种程度上也成为我们追逐目标的工具，而不是我们最亲密的朋友。身体健康，被我们视为理所当然，不是我们要维护、追求

> 我们花大量的时间追逐欲望，却忘记了好好珍惜、享受自己所拥有的。我们或多或少活在比较里，活在他人的眼里而不是自己的心里。

的目标。因为大部分人都拥有，我们也就不把健康的身体当作自己最重要的财富。

课堂上让我触动最大的事情之一是吴老师讲的樱花树的故事。她说："你意识到你喜欢的是樱花，不是樱花树。你只在3月樱花开放的时候会特别喜

欢、关注樱花，因此也留意到樱花树。但是不管你关不关注，樱花树都一直在那里，兀自鲜妍。"我突然意识到，不管别人看不看我、怎么看我，我都是我，我就是我。我以前的很多烦恼都是在担心别人怎么看我，也因此不敢拒绝别人、不敢麻烦别人，搞得自己心理负担很重。现在我可以和别人说"不"，而且也不需要一直扮演快乐天使的角色了，我不开心的时候也可以没有心理负担地去找人倾诉了！

——米雅，女，大学生，20岁

我曾经认识一个人，他无论是专业能力还是组织领导力，都非常出众，生活中也是个热心、非常受欢迎的人，但他却让人痛心地因为癌症不到40岁离开了人世。其实

> 身体成为我们追逐目标的工具，我们并没有把维持身体健康当作生活的目标。

他在确诊癌症之前的半年就查出身体有异常，医生让其随访，他忙得一次也没有去。从确诊癌症到离世，只有不到一个月的时间。他的爱人说，他常年每日只睡4个小时左右。

逝者已矣！我想到他，感到很哀伤和痛心，也很困惑是什么力量可以支持一个人长年累月地违抗身体的本能需求，不断地燃烧自己。我想起了2011年于娟的抗癌日记，记得里面有一段话，大意如此：有谁会在意你在多少时间内完成论文？为何要挑战自己的身体极限去

达成目标?"我们其实很幸福,我们所谓的烦,根本不叫事,只要活在世上,有什么理由让自己不开心呢?"这是知乎上的一篇文章《一个癌症患者19个月的抗癌日记》的题记。

是的,生死事大,与死亡相比,其他的都是小事了。当我们身边的人,特别是年纪不大的人罹患威胁到生命的重疾或者因各种原因过世时,我们会悲伤、唏嘘感慨一阵子,可能也会联想到自己也是会罹患重疾的,要多加爱护身体才是。不过有些人只是一闪念,有些人会有所行动,时间或长或短。总体上,大家都祈愿健康,但似乎觉得重疾和死亡还是离自己很遥远,是吗?大概率是的,但是小概率碰到了,在自己身上就是百分百。大家愿意认真想一想这个如果吗?如果花了时间,认真去想这个可能性,你内心会有什么感受呢?

> 我的中学同学中有一个人在两年前生病过世了,当时那件事给我的冲击不小,但这个冲击很快也就过去了。我所从事的工作压力很大,之前我也有过血压高的经历,但是没有像这次冲到180以上,也没有眩晕得摔倒。我真的在想自己会不会脑出血,如果真的就这样"挂"了,实在太对不起自己了。上次医生要我服用抗高血压药,我没有吃,现在我开始服用了。而且我每天走大概8千米路,再配合健康饮食,这一个月我瘦了5千克。我也不再熬夜,十一点半前就睡觉,最晚十二点。现在我的精神和

第10章 身体是心灵的殿堂

身体，都清爽了不少。以前老是说要健身、要减肥，但是总是做不到。核心还是在于有没有把这件事当作一个重要的目标。而且这样做了以后，我对自己的自信心也提高了。

——于雷，男，金融行业，36岁

"核心还是在于有没有把这件事当作一个重要的目标。"于雷说到点子上了。如果我们觉得某件事情很重要，自然是可以找到时间、投入精力的。我们是否可以在没有死亡的危险或威胁的时候，就把照顾身体、维持身体健康作为一个目标呢？诚然，每个人都会有因为工作任务、家庭事务等缠身需要过度消耗身体的时候，但是如果你长期处于"一天下来已经很累了，没精神也没力气锻炼了"的生活状态，你觉得，这是你想要的生活吗？如果你觉得不是，但是短时间内还无法让自己的生活有一个大的变动，那么在目前的生活框架下，你是否愿意空出一些时间来增加一些照顾身体、维持身体健康的行为呢？

> 你愿意把照顾身体、维持和促进身体健康当作一个生活目标吗？

我想起在一个冬日中午，我去热饭，看到楼道的清洁阿姨坐在沙发上，双脚泡在热水里，满脸的惬意。冬日的阳光透过窗棂，在地上印下些许斑驳。那一幕，甚是祥和、美好。只要我们有充分的照顾自己的身体的意识和意愿，相信我们都能够找到时间和适合自己的活动，包括饮食和睡眠的调整。投桃报李，你对身体好，身体也一定会对你有所回馈。因为，身体对我们最忠诚。

身体最忠诚

身体不说谎

这个小节标题来自精神分析师爱丽丝·米勒（Alice Miller）出版的一本书《身体不说谎》（*The Body Never Lies*）。这本书讲述了一个人在童年期所遭受的伤害，到了成年期后如何在身体层面通过疾病等各种方式呈现出来。很多事情，我们的头脑已经忘记了，但是身体却从未忘记，它们以某种方式被编织、沉淀在我们的身体里，作为一种隐形财富，或多或少地影响着我们现在的生活，等待着我们去拾取、去修通。

> 我以前总是很怕冷，冬天都要穿两件外衣，我以为就是自己怕冷，现在才明白，其实是心里缺爱、很恐惧。现在我穿衣服和大家都差不多了，我心里的那个一直被我隐藏的小女孩，也长大了一些。
> ——郭婷，女，行政管理人员，35岁

> 我做身体扫描的时候，感觉自己左脚踝突然很疼，这种疼一直持续到扫描结束。我也不知道为什么那里会疼。后来我想起来，在我大概八九岁的时

候，有一次我的左脚被绞到自行车的车轮里了。当时左脚踝很疼，我以为都好了，这么多年我也忘记了。没有想到，身体还记得，还有些疼痛没有被清理完。

——李晴，女，心理咨询师，32岁

我今天白天头脑昏沉，整个身体笨笨的。我感觉有点不对劲，但是也不知道发生了什么。我想，等等吧，如果要发生什么，会自己跳出来的。到了晚上，我开始觉察到自己心里冒出一丝丝的害怕。随着这个害怕的感觉变得清晰，头脑的昏沉感反而开始减退。原来我是在担心股市暴跌，以及我在股市的投资该如何决策。我一直认为自己对情绪感知比较敏锐，没有特别多的身体感觉。原来不是没有，只是我以前不够关注而已。而且我还发现，我一直有一个观念：那些对情绪感知不敏锐的人才需要通过身体来表达，我不需要。原来我还挺自恋的。当我开始更多地关注身体以后，我发现如果我有情绪反应，其实也一直都是有各种身体感觉的，这种时候想法也很多。觉知三角（想法－情绪－身体感觉）是联动的，果然如此。原来我的确对情绪感知比较敏锐，但也很容易卷入到情绪里，现在终于能够退后一步，看到全貌了。

——杨意莹，女，财务，心理学爱好者，45岁

当我有意识地去觉察身体的时候，发现我的整

个身体一直是紧绷的,我的头一直处于紧张、发涨、闷闷的状态。我以前很适应这种高速运转的状态,现在能够松弛下来,所以可以感觉到紧张。我曾经听到部门领导说过这么一句话,能够留在上海打拼并过得不错的人,其实都挺不容易的。我当时心里挺不以为然,我觉得自己奋斗得还挺欢,也得到了自己想要的,谈不上什么辛苦。现在回过头来看,工作量远不止"996",虽然谈不上"007",但是也差不多了。脑子不断地在琢磨各种事,生活在不停地转圈圈,加班熬夜是常态,能量不足就吃各种垃圾食品,肚子上的肉一直也减不下来。现在我可以感觉到疲惫了,也可以退一步去看之前的生活:紧张、兴奋,一直在高速运转的战斗状态。

——胡磊,男,地区销售经理,40岁

我爸爸一年半前生病过世,我从不愿意主动和别人说起这事,也不喜欢周围的亲人朋友和我说这事。在做湖的冥想时,忽然很多儿时和爸爸一起在湖边跑步、玩水漂、抓鱼、游泳的情景都浮现了出来。愉快、柔和、温暖、悲伤……都化作了眼泪。听着引导语,"让我们邀请湖与我们融为一体,与我们的身体共存,这样我们的身体就变成了湖本身",我的身体、我的眼泪都和湖水融合在了一起。随着练习,我感觉自己慢慢地沉到了湖底,深静、平和、哀伤却也舒适,泪水依然静静地流着……随着结束的铃声响起，我又慢慢浮出了湖面，好像洗去了点什么，身体和心理都比练习前舒展、松弛。爸爸是走了，但是这些美好，也永远在我心里。我能够和大家说这些，也是开始愿意让爸爸走吧——在心里。

——俞宏波，男，设计师，32岁

我们的身体，蕴藏着我们从出生到现在的所有的信息，它通过所有的身体渠道，告诉我们关于自己的生活和生命故事。我们的身体在与环境的互动中生存下来，并经过亿万年的进化才形成了今天的模样。它比我们的大脑更为古老，与环境的联结更为紧密和直接，它有时甚至超越了大脑的判断。所谓姜还是老的辣，你是否愿意学习如何重视自己的身体智慧，让身体智慧帮助我们做适合自己的选择呢？

重视身体的智慧

因为职业关系，我很早就接触到了"身心智慧"这个词。但是对身体智慧的好奇，始于约2015年参加李明老师的一个"正念伙伴聚焦"的工作坊。在这个工作坊中，倾听者能够在身体层面感受到聚焦者的身体感觉，这让我觉得挺神奇的。2016年，我参加了聚焦取向疗法的系统培训，并在之后的3年跟随李明老师的学习中，更加体会到身体的智慧。聚焦疗法是人本主义疗法中的一种，其基本理念是：人生而向上，我们的身体在与环境的复杂互动中蕴藏着深刻而丰富的智慧。我们可以学习让身体体验流动起来，学习倾听、表达身体体验，并应用身体的智慧创造性地解决生活中的问题，引领我们朝着生命自身选择的方向在生活中前行。正念聚焦的创始人大卫·罗姆（David Rome）著有一本书《你的身体知道答案：用你的感受解决问题、影响改变、释放创造力》（*Your Body Knows the Answer: Using Your Felt Sense to Solve Problems, Effect Change, and Liberate Creativity*），讲的就是当我们面临让自己纠结的选择时，如何应用身体的智慧去创造性地回应生活的挑战。

是的，在生活中，我们经常处在选择和被选择中。在一般情况下，我们会有自己的主观意愿、情感倾向，并用头脑去思考各种选项的利弊，从而做出选择，是不是？在我们一直以来的参考项里，身体的智慧似乎被提及得不多，然而身体作为我们生命存在的基石，有着最为原始、古老，以及可能也是最适应生存、最为本能的智慧。

在我上高二的时候，我在家里用高压锅煲粥，当时用的是液化煤气罐。我像往常那样把抹布围在高压锅的锅盖上，却不小心把抹布盖在了喷气孔上。当时我在边上切菜，准备炒菜的时候，脑子还没有完全反应过来到底发生了什么，撒腿就朝通往客厅的过道上跑。过道是东西方向，在我跑到客厅的时候，高压锅爆炸了，锅盖和锅体带着强大的力量往南北方向飞，把橱柜的木头都给削了下来。客厅离煤气灶有七八米，粥沫依然溅到了我的腿上，皮破了还起了泡。爆炸声消失之后，我冲过去把液化煤气罐给关了，整个人站在那里被吓傻了。

我跑的时候,脑子并不知道发生了什么,完全是一种身体的本能反应。当然,当时以及事后很多年,我并没有想到身体的智慧这个概念。我写到这里的时候,不由自主地想到了那件事,虽心有余悸,还是很感谢身体的本能智慧救了自己一命。

我们不需要等危急时刻到来才动用身体的本能智慧。身体的智慧一直都在,身体感觉所传递出的对我们所处环境、情境的反应,以及身体的选择,一直都在我们的日常生活中发生着。只是我们对此的觉察和有意识的应用,也许还有很多提升的空间。

> 我很纠结要不要去参加这个周日晚上的音乐会。我和同伴们一个月前就约好了时间,我之前也很期待。但是这两天我得重感冒了,身体不舒服,可也没有不舒服到不能出门的地步,我不想爽约,更何况这个聚会还是我发起的。周六,去或者不去在我脑海里缠斗了一个晚上。周日上午,我静静地坐着,感觉了一下我的身体。头昏昏的,喉咙还是疼和紧,整个身体乏力,还有点沉重。我让选项"不去"进入我的身体感觉一下,我发现如果不去的话,我的身体会轻盈很多,好像负担减少了一些,但是爽约被同伴们责怪的担忧浮现了出来;让选项"去"进入我的身体,我觉得身体更沉了,而且有恶心感,似乎身体在反抗,说自己承受不了这个活动。主要是办音乐会的地方有点远,不堵车也要一个小时才

能开到。想法不等于事实的念头冒了出来,我想:同伴们不一定会怪我。我把感冒的情况在微信群中说了,我特地用语音说,因为我嗓子哑了,这恰好说明感冒的确挺严重。她们说有点可惜,让我好好休养,就不要跑那么远了。这件事情带给我两点启发:一是要根据身体感觉来明智地做自己真的想要的选择;二是对自己有了新的理解。最早我一直觉得自己是个很有信用的人,后来发现自己的坚守是不是有点刻板了。这次我发现,我坚守的背后其实有担心别人责备我的成分。或者说,我有点过度在意别人怎么看我了。这个情况在我的人际关系中似乎蛮常见的。关注身体,也帮助我回到自己真正的需求上,这给了我回到自己中心的力量感和踏实感。

——于瑶,女,人力资源管理,42岁

倾听身体的信号

只要有耳朵,我们就能够听到声音,只不过每个人天生对声音的敏感度有所不同。通过学习,我们也能够掌握一门外语,并用它来进行沟通。我们每个人都有能力倾听和听懂身体的语言,只是有时候需要一个学习的过程。

三个基本的正念技术(静坐呼吸、身体扫描和正念伸展)都有助于培养我们对身体的觉察能力,并听懂身体在告诉我们什么。

李昕在刚进入到正念减压八周课程的时候,问我为什么其他人都能够准确说出自己身体哪个部位有什么感觉，她对自己身体的觉察却很迟钝。我和她说，跟着这个课程，保证你八周结束的时候，对身体觉察的敏感度会提升。她每日做两次身体扫描，主要是因为她发现身体扫描对她入睡很有帮助，不管是晚上入睡还是早醒后再小睡一会儿。两周以后，她很开心地在团体中分享："我能说出哪里不舒服了。一个月前，我摔了一跤，我当时只知道自己整个背部都疼。两周前，我还是觉得背部有一大片是不舒服的，但是说不出是哪里不舒服、怎么样的不舒服。但是昨天，我突然感觉，是在我腰椎右侧的一小块地方，像拳头那么大，还是有些钝疼。我真的是太开心了。"慢慢地，在做正念伸展站姿山式的时候（我带领的时候是左右胳膊先分开向上伸展，再一起向上伸展），李昕反馈，她做完左胳膊的向上伸展后，感觉左胳膊轻盈，左半边身体也很轻松，气息和能量在身体内特别是左半边身体流动。继续做右胳膊，右胳膊和右半边身体也会有这样的感觉。左右胳膊都向上伸展，则会感觉到整个人的挺拔、延展和松快。我问："你有没有发现，你对身体的感知力也已经很细腻敏锐了呀？"李昕粲然一笑："是哦！"

在我的教学经验中，李昕在这方面的进步飞速。每个人在不同的方面的进展速度不一样。就好像大家都去学英语，每个人能够听懂多少英语单词也不会完全一样。但同一个人，方法得当，越是花时间用心投入，收获也越大。我们学习倾听身体的语言，也是一样。

有时候，我们能够听懂身体的信号，但是太忙了，没时间听。就像如果我们要用心倾听一个人的话，是一定要有时间和心灵空间的。倾听身体的信号，也需要给自己留出空间。

> 我最近在赶论文，经常对着电脑查阅文献到深夜。我知道颈椎会有不舒服，但是感觉不出来。今天练习静坐呼吸时，前面的部分让我整个人放松了下来，到觉察身体、觉察身体有什么地方疼痛或紧绷的时候，我觉察到我的肩膀酸、颈椎酸痛、腰椎也有点疼，疲倦感突然向我袭来。我现在还是很困，但比那种打鸡血的状态要舒服。
>
> ——杨惠姗，女，医生，28岁

当然，身体给我们传递的信号很丰富，它也会带给我们喜悦、舒展、力量、稳定、延展、开阔等各种美好的感觉。身心一体，当我们感觉自己身体舒适、有活力的时候，一般心情也不错。心情不错时，我们也会更喜欢、珍惜和照顾自己的身体。

> 今天格外晴朗，在窗边做正念伸展的时候，灿烂的阳光洒到我的身上，我感觉我就像一棵沐浴在和煦阳光中的大树，两只脚深深地扎进大地，深深地呼吸让我和周围环境融为一体，随着身体的伸展，全身的血液加速涌动，这棵身体的大树也慢慢地复苏，焕发活力。向上伸展的两只手就像想要接受更

多阳光滋养的枝叶。

——赵静，女，心理咨询师，27 岁

身得安适

三个基本的正念技术中的两大技术——正念伸展和身体扫描，就是动静结合地直接在身体层面工作，让我们回归属于自己的最基本的生命存在形态、安住于身体、感受身体的能量、聆听身体的倾诉。在静坐呼吸练习中，呼吸可以帮助我们安定、放松，联结到内在的宁静祥和与喜悦，给我们带来能量。此外，觉察想法、情绪和身体感觉是静坐呼吸的重要内容。正念对身体的重视，可见一斑。回归自己，从回归身体开始。

> 回归自己，从回归身体开始。

回归身体，从好好吃饭开始。饮食男女，吃饭是我们平凡生活中最基本、最重要也最容易获得快乐的活动。可惜，我们吃饭的时候经常不专心，而是在想事情、说话、看手机，常常食而不知其味。MBSR 八周课程和 MBCT 八周课程第一课的第一个课堂练习，都是吃葡萄干。

> 以前我吃葡萄干都是抓一把，塞到嘴巴里嚼一嚼，然后就吞下去了，我不知道大家是不是这样。从来没有这样吃过葡萄干，这种体验给我带来了一点惊喜。我从来没有认真地看过葡萄干，所以当我

翻过一面,发现葡萄干另一面的色泽和条纹还有点不一样的时候,心里还是有点惊讶的。当时心想:对哦,葡萄虽然是圆的,但每一面并不一样。把葡萄干放在嘴唇上碰触的时候,我留意到口水在分泌,而且马上有张嘴要去吃它的想法。咬下去很甜,满口香气,汁水从口中流下食道,很有满足感。整个过程很投入,很少分心,蛮享受,也很放松。在老师说感恩葡萄干带来的滋养的那一刻,我第一次有了这种感觉:感谢从播种,到收获、制作、包装,一直到快递员帮我把它送到家里来这整个过程中的每个人。

——胡培,男,技术经理,38岁

人吃五谷杂粮,总有头疼脑热不舒服的时候。到综合性医院接受

> 回归身体,从好好吃饭开始。

正规的医疗诊治,在排除了器质性疾病的前提下,正念对我们重新获得、促进身体的安适,非常有帮助。接下来,我主要与大家分享正念在日常生活中如何帮助我们改善失眠、缓解疼痛、从疲惫中恢复身体能量。

失眠

对于非器质性疾病引起的失眠,或多或少是由各种原因带来的心理困扰及其引发的焦虑、抑郁等情绪引起,一般不会有没有任何缘由的失眠。正念如何助眠呢?

有觉察地安排自己的日常生活和工作任务

这一条似乎很简单,但在我自己的生活和工作经历

中，发现真正这样照顾自己、安排好自己的生活和工作，并不容易。很多时候，我们被事情架着走，而不是我们在掌控着事情和自己的生活。工作任务安排得满满当当，人难免焦虑，头脑一直处于紧绷状态，睡眠自然欠佳。我们在刷手机中用掉了大量的时间，过了最佳入睡时间以后，大脑反而兴奋起来，不容易入睡。我们一直在对孩子说，要养成良好的生活习惯，自己却经常不能以身作则。不知道你会不会也有这样的情况呢？

养成习惯，每日有意识地清洁我们的心智

我们每日都会洗漱，定时洗澡更衣，不是吗？我们的心智也会蒙上尘埃。如果我们养成了每日整理自己的思绪、情绪、身体感觉的习惯，我们不但清洁了自己的心智，也在逐渐扩大我们的心量。一颗强韧而愉悦的心和一个强健的体魄，是抵御生活的风浪、享受甜美睡眠的有力保障。"吾日三省吾身"，是儒家的修身养性之道。静坐呼吸、身体扫描、正念伸展都是正念的修身养性之道。

睡前正念伸展

正念伸展有助于放松、带来愉悦感，可以帮助入睡。

身体扫描

身体扫描简直就是助眠神器。我的很多来访者、参加正念培训的学员、我周围的朋友、我自己都很爱身体扫描，最重要的原因是身体扫描可以帮助入睡，睡醒后神清气爽。即使睡不着或者主观上认为自己没有睡着，做身体扫描本身，也是对自己身体和精神的滋养。因为当我们有意识地去觉察身体的时候，除了在关爱身体、

与身体建立亲密的联结，也在用觉知净化身体，修通身体内所蕴藏、尚未舒展的各种生命故事。

> 早上好，吴医生，自从上次你说过以后，我便重新开始做身体扫描，已经做了半个多月了，终于感觉到了身体扫描给我带来的好处。它对睡眠帮助很大，以前越是累的时候越睡不着，头昏脑涨，睡不好第二天脾气也暴躁，现在睡前做身体扫描，感觉脚还没扫描完就已经睡着了，等我醒来都已经6点多了，但我感觉就一会儿的时间。醒了以后一身轻松，脑袋也清醒，整个人神清气爽。我现在都不需要刻意去坚持，每天睡前播放音频，比安眠药都有效！
>
> ——李颖，女，出纳，32岁

接纳

> 我一直都知道接纳这个词，但是今天在家里做无拣择觉知的静坐时，我真正明白了接纳的内涵。我挺悲伤的，但同时也感觉到了来自内在深处的松弛和释放。所有的不甘和挣扎，在那一刻化为眼泪，不停地往下流。我没有放过的，原来是我自己。
>
> ——杨涵淑，女，医生，42岁

真正的接纳有心灵的厚度、广度、温度和力度做支撑，有时还带着对自己和世事的理解、尊重和悲悯，并非妥协，也不是自欺欺人的自我安抚。在接纳的基础上，我们可以带着平和的力量前行，有所改变。当我们不乱于心、不困于情、不畏将来、不念过往并且全然活在当下时，好眠时光也会不期而至。也许你会问，我也想要接纳，但是接纳不了呀，怎么办？我想说，真正的接纳是自然而然发生的，不是一个可以预设时间节点的心灵目标。但是好好练习，带着觉知生活，终有一天，它会不期而至。

> **真正的接纳是自然而然发生的。**

疼痛

卡巴金老师1979年在马萨诸塞大学医学院的地下室创立减压门诊的时候，他接待的很多是在综合性医院各大科室轮转就诊过但依然饱受慢性疼痛之苦的病人。当时，其他医生带着疑惑把病人推荐到刚成立的减压门诊，却意外地发现，正念减压的方法，可以有效地缓解病人的疼痛并且改善他们的生活质量。

> 前面通过呼吸，我觉得心安静了下来，身体也比较松弛了。引导语说把觉察力带到身体上，并看看身体哪个部位有疼痛、紧绷或者其他的不适，我这才察觉到自己头部发涨、头顶两侧有点闷疼。吴医生说把呼吸带到感觉不舒适的身体部位并看看这些部位的感觉是否有变化。我留意到我脑子马上蹦出的念头是：啊？把呼吸带到头部，这怎么带？能

有什么用？不过，我还是根据引导语做了这个尝试。我感觉是带到了，吸气时气息往头上蹿并弥散开的感觉是有的，也许气息本来就是这样流动，只是我现在注意到了它而已。神奇的是，我有意识地把气息往头上带以后，我发现原来发涨、闷疼的感觉逐渐消失了，做完以后头部轻松、清醒了很多。这种清醒不是有任务要做时带着张力的警醒，而是一种放松、舒服的感觉。

——邬一鸣，男，研究生在读，25岁

这是我们在课上做完与痛苦相处的静坐呼吸练习以后，邬一鸣与大家的分享。通则不痛，痛则不通。呼吸和觉知，带着自身的能量，会慢慢熨平我们的身体和心灵被卷起来的皱褶。不过，我们在生活中或多或少会有这样的体会，就算身体或情绪有些不适，如果有任务在身需要完成，我们就感受不到这些不舒服了。只有给予自己空间松弛下来，身体才能舒展开来，和我们倾诉它所承载的不适，并去洗涤、释放这些不适。

杨怡今年61岁，退休前是职场达人、贤妻良母。她被诊断为抑郁症15年了，长期服药。在杨怡知道自己抑郁之前的两三年，她会莫名号啕大哭、浑身疼痛。在被诊断为抑郁症之后，杨怡能够感受到自己在情绪低落前，她的背部就像晴雨表一样，总是会出现剧烈的疼痛，而且硬得就像一块板一样。"如果承受不了的剧痛是10分的话，这些时候至少是7～8分。正常的时候，背部有 4～5 分的疼痛、有点僵，我就很满意了。我习惯也接受就一直这样子。"我建议她每天做身体扫描。一年以后，她告诉我："我现在的疼痛大概是 3～4 分，在非常少的情况下，会是 1～2 分，这是我以前所预想不到的。更重要的是，我感觉和自己身体的关系非常亲密，而且开始享受吃饭等这些有烟火气的日常的乐趣。以前不管吃什么，对我来说都是一样的。"

身体扫描是我从事心理健康服务工作 22 年来，找到的性价比最高的缓解非器质性原因导致的各种身体疼痛的自助助人的方式。2018 年 4 月，我参加卡巴金老师在上海举办的"身心医学中的正念：正念减压经典体验"工作坊时，曾经问过卡巴金老师，身体扫描的作用机制是什么？他反问我，你是科学家吗？我说不是。他问我为何要知道作用机制？我说，好奇。他没有给我答案。也许卡巴金老师想传递的意思是：去体验，发现这样做对身心有帮助就好，继续去体验、去探索，不要上脑。我很希望身体扫描能够给有需要的朋友提供帮助。我在这里特地以杨怡为例，一方面是想告诉大家，坚持做身体扫描能够缓解困扰自己多年的疼痛，对一般的疼痛的缓解更为明显；另外一方面是想强调耐心的重要性。杨怡是在我推荐了她身体扫描大概半年后才开始做的。她刚开始做身体扫描的过程并不舒服。"我做的时候没有什么特别的感觉，有时候疼痛好像更明显一些，我也不知道这样做有什么用。我不像其他人会睡着，因此挺不耐烦的。"出于对我的信任，她坚持了下来。"慢慢地，身体扫描成了我生活的一部分,我也喜欢上了身体扫描。"

疲惫

感到疲惫几乎是我们忙碌生活里的常态。对相当多的人来说,更重要的不是疲不疲惫的问题,而是是否有空歇息、是否歇得下来、是否有合适的方法给身体充电。

每个人都有自己缓解疲惫的方式,缓解疲惫最好的方式就是休息,每个人休息、放松自己的方式不同。大家平时都是用什么方式来缓解自己的疲惫呢?运动也是一种休息,不过,真的感到很疲惫的时候,可能就没精神、没力气运动了。睡觉,长时间的深睡眠,大概是缓解疲惫的最佳方式。

白天我们要上班、学习、做事,正念的三个基本技术都可以在短时间内有效帮助我们缓解疲惫。缓解疲惫的结果可能是你又变得清醒、有力量、有活力了。但是也有可能是你感觉到困了,因为压力大、过于疲惫的时候,我们不由自主地处于紧绷状态,反而不觉得累。对每个人而言,偏好用什么方式,那是"青菜萝卜,各有所爱"。我个人很喜欢正念伸展和身体扫描。在我的正念教学过程中,每当我在教授正念伸展的八步放松操的时候,很多人都会觉得欠了自己好多哈欠。我在教的过程中,也常常是一边教,一边在打哈欠。一开始我为此还挺不好意思的,后来也接受了。曾经有学员把这套八步放松操称为快速醒脑操。做 3～5 分钟,可以释放身体压力、让头脑变得放松而清醒,这是我和很多学员的体验。亲爱的朋友，你要不要现在就试一试呢？下方二维码里附有八步放松操的视频。

注：八步放松操练习视频。

身体扫描既然是助眠"神器"，肯定是有助于缓解疲劳的。即便是睡不着，你用心地关爱一遍身体，身体也会由此得到休养。

> 大家好，由于各种原因，我很不幸地于2014年有了焦虑症的症状，于2016年确诊。其间6年，我时常会觉得心慌、呼吸不畅，严重时出现了二氧化碳中毒，当时全身肢体抽搐、内脏痉挛，感觉自己正处于死亡边缘。这些使我对自己的身体健康状况产生了巨大的担心和恐惧，生活质量严重下降，我开始在生活和工作中感觉力不从心。
>
> 在求医的道路上，我除了遵守医嘱，也放慢了自己的脚步，试着慢生活。在两三年的时间里，我似乎感觉焦虑已经慢慢离我而去了，于是遵医嘱慢慢停了药。
>
> 但近期又一次的急性发作让我再次跌回焦虑症的深渊。这一次我就诊的吴医生除了提供药物治疗，还介绍给我一种新的疗法：正念认知疗法，里面有

身体扫描的练习。我按照身体扫描的步骤一步步做下来,起初并没有什么感觉,但我依然每天坚持。一周以后,我感觉这种让身体深度放松的方法,让我的身体有一种重新获得能量的滋养的感觉。重要的是不要用力放松,让身体顺其自然,头脑放空,此刻整个世界只有你,只是感觉自己的身体和均匀的呼吸。让自己的身体仿佛深陷床垫,又好像悬浮空中。这个要自己慢慢体会和寻找,给自己半小时放空的时间。过一段时间我开始有不一样的感觉:一种重新找回以前的自己,或者发现一个全新的自己的感觉。

以上是我在做身体扫描的一些感受和心得,希望跟大家分享,以期共勉。

——丰霞,女,私营企业主,48岁

亲爱的朋友,相信你原来就有缓解身体疲惫的能力和方式,而正念的这些技术,会给你的储备添砖加瓦。愿我们都能够过得身心丰盈。

爱自己,从关爱身体开始

"如果我都不爱自己,那还怎么去爱别人?""我都不接受自己,却期待着别人来接受我,这似乎很可笑,但我的确就是这样子的。"很多学员在上课过程中会有类似的来自内在的觉醒和领悟。

以前的我对自己非常苛刻和严厉，我不能接受自己的缺点，疯狂地想要改变它们，如果做不到的话，就会用一些自我伤害或者自我贬低的方法"惩罚"自己，我还会告诉自己："我不允许你这样""你不配得到你拥有的一切"。但是现在，我学会了不再不停地自我否定，我也总是在做喜悦式拥抱时拥抱自己，并且对自己说很多以前不敢对自己说的话，比如"你真的已经很棒了""你真的很辛苦""对自己好一点，好吗"。在我更加温柔地对待自己之后，我感觉到我更了解自己了，我开始慢慢地学会爱自己，拥抱自己，成为自己最好的伙伴。我也发现：原来当我开始友善地对待自己之后，我不会变坏，事情也不会变得糟糕，反而会变得更容易。这些是我以前没有想过的。

——言晓帆，女，大学生，20岁

做抱婴式的时候，我哭了。我会这样充满爱意、温柔地去注视和拥抱我的孩子，但是我从来没有想过我可以这样对待自己、对待自己的身体。非常感谢这个练习，真的非常感谢！

——梁虹，女，行政管理，50岁

我们已经花了很多时间、精力来关注外部的世界了，是时候让我们带着更多的爱意和友善来对待自己、回归自己。爱自己，从关爱身体开始吧！"我看青山真妩媚，青山看我应如是。"这个"青山",可否是我们自己的身体呢?

我在写"身得安适"小节时,觉得那样写比较侧重在正念技术的"术"的方面。其实,正念的"道"蕴藏在每一个"术"中,蕴藏在生活的每一个片刻里。而最根本的道,在于自己以什么样的状态,生活在这个世界上。

> 当我自己改变时,我和周围的人的关系也变了,我和生活、和这个世界的关系也变得亲近友好起来。我体会到了"我在"的感觉,丰盈有力、充满宁谧!
> ——黄晓婕,女,工程师,40岁

第三部分 正念改变之道

心境、心性的改变、转化要有路可循。在前面的各个章节中，我们或多或少了解到了正念修习的具体技术，包括正念的三大基本技术：静坐呼吸、身体扫描、正念伸展。本部分将集中介绍九个正念修习的方法，这些方法的作用以及应用这些方法的注意事项，同时会附上相应的音频和视频，以供大家修习。

正念的修习方法，超越了"术"本身的范畴。它既是术，也是道；不仅是强心之术，修心之道，也是生命奥秘之道。这道，蕴含在正念引导语美丽的隐喻之中，在你我日复一日的修习实践之中。

在此，我想引用附录中学员闻涛的分享。"日复一日的练习并非代表着重复，而是一种对情绪、对自己日新月异的认知。例如在'山的冥想''湖的冥想'等练习中，我对于自身与山水融为一体的感知越发强烈，这种感知让我感受到了空前的宁静与轻盈，也使得我对于练习的愉悦感越发强烈。因此，当正念练习成为生活的一部分时，那么它便不再是一种任务，而是一种不断更新的体验，是生活的一部分。"

愿本就在我们每个人生命中的繁花，盛开在我们的日常生活中！

此刻是一枝花

第11章 日常生活中的正念之道

梨花院落溶溶月,柳絮池塘淡淡风
——〔宋〕晏殊,《寓意》

月色下,庭院里的梨花在微风中轻轻摇曳,时而飘来柳絮,月色映入池塘,波心荡。水的清凉和浮动的暗香,让人沉醉于这静谧的美景中。日升月落,四时景致既变化又恒常。只是我们步履匆匆,不时困于任务或情绪所带来的烦恼,又有多少时间和精神,去留意到身边无处不在的美景呢?虽说"安禅未必需山水""心静自然凉",但如何修得心静,却也并非易事。正念给我们提供了很多与烦恼共处的修心之道。有一些,我在前面的章节都有谈到。在这一章中,我把常用的用以修心的正念之道与大家一起分享。我们健身要花时间、精力,会流汗,但只要方法得当,持之以恒,同时健康饮食、规律睡眠,我们的身体素质是一定会提升的。健心亦是如此。

正念饮食：好好吃饭

吃饭是我们最重要、最基础的日常活动之一。只要能吃、能睡、能拉，我们活着就没有问题。吃饭是我们获取滋养和能量的重要来源。在这个物质丰裕的时代，我们不愁没有饭吃，但也并不在意吃饭了。大部分人吃饭的时候，心思并没有在吃饭上：我们在看手机、在说话、在想着其他"更重要"的事情。或许，没有完全到食而不知其味的程度，但能够让我们吃得感到开心的饭菜，也越来越少了，是不是呢？

> 这是我第一次留心自己吃饭时的状态。我是不说话了，但是发现脑子里的想法真多，一个接一个，忙个不停。我一直没有觉得饭菜有多好吃，却也一直吃得很多，搞得体重减不下来。今天我才留意到，吃饱了是什么感觉，当时盒饭里的饭菜大概还剩下三分之一，我原来会像完成任务那样全部吃完。
>
> ——李翔，男，工程师，37岁

朋友们，类似的情况你有吗？现在我想邀请大家，找一样你身边能够拿到的食物，比如饼干、水果、坚果、巧克力等，任何固体食物都可以。留出大概10分钟的时间，扫描下方二维码，边听吃葡萄干练习的音频边品尝你手上的食物。

注：吃葡萄干练习音频。

你品尝完,有何体验?是否觉得从来没有这么慢地品尝过食物?是否从中品尝到了以前所没有体验到的丰富感受,比如形状、颜色、香气、味道等?是否感受到了食物以及品尝食物给你带来的快乐?是否感受到了与食物有更深的联结?是否感到当自己完全投入到吃的过程中的时候,大脑更放松?也许,你还会感恩食物,感恩生产、运送食品到你手上这整个过程中你没有见过或者见过的所有人。我们在课程中第一课的第一个练习,就是吃葡萄干。很多学员表示,平时都是一把一把地吃葡萄干,但是慢慢、细细地品尝葡萄干所得到的丰富感受和享受,常常超过了一把一把地吃葡萄干所带来的乐趣。很多时候,少即是多。我们都在寻找快乐,但是一日三餐,并不只是填饱肚子,也是我们快乐的重要源泉。成年人容易忘记,是吗?接下来,我想和大家一起回顾一下学员杨琦做完吃葡萄干练习后的分享。

第一次以这么慢的速度去体验葡萄干,跟着老师的引导语一步一步观察、触摸、仔细品尝,平时不爱吃的葡萄干都变得好吃了一点。

第一次发现,阳光下的葡萄干是有一点透明的。

当我触摸它的表皮时,我觉得它仍然是有生命的,像老人的皮肤那样干、那样皱。我拿起它放到耳朵旁边,听挤压它的声音,我突然有个奇怪的想法,我觉得葡萄干会难受,担心它会不会疼了。葡萄干闻起来没有什么气味。我放进嘴里含着也没尝到什么味道,可能就只有一丝丝甜味吧。第一口轻轻咬下去,尝到了酸甜的味道,还有葡萄干特有的香气,混合着唾液,慢慢在口腔里蔓延开了。这是一丝幸福的味道。第二口就更浓郁了,是之前酸甜葡萄味儿的三至五倍。我感到幸福、愉悦。原来我不爱吃的葡萄干也变得好吃了。还有,我竟然感觉我和那颗葡萄干产生了联结,我不确定那是不是情感连接,吃下去我感到很幸福,但也感受到了它的消逝。

——杨琦,女,外企职员,32 岁

原来米饭本身就有香味,在嘴里嚼的时候很软糯,有股清甜。吃饭本身就是一种享受!

——华雪,女,医生,50 岁

我们往往对已经拥有的东西习以为常,失去或得不到的时候才懂得珍惜,包括食物。我

> 少即是多。吃饭是平凡生活中感受快乐的重要源泉。

很长时间认为食物、很多服务是我花钱买来的,钱是我挣来的。直到有一天,我花钱也叫不到车,买不到我想要的食品,我才意识到,也要有人提供,我才能享受到,

尽管,我们并不知道彼此的存在……

吃饭时吃饭,睡觉时睡觉,这就是修行!这是我们每日的功课,也是每日的享受!

静坐呼吸:心灵 SPA

总体而言,对一个健康的普通人来说,不吃饭,我们可以活 20 天,不喝水,我们可以活 7 天,但如果呼吸停止 4～6 分钟,我们就会发生脑死亡。我们说"人是铁,饭是钢",却没有讲呼吸有多重要。呼吸无时无刻不在自动进行着,给我们的生命源源不断地提供能量、排出代谢产物。生命来到这个世界的第一个标志性动作是吸气,离开这个世界的最后一个动作,就是呼气。呼吸对我们的重要性无与伦比。但我们容易对自己所拥有的最珍贵之物没有感觉,包括呼吸。平时,如果不是因为各种缘由呼吸不畅,可能我们也不大会去注意自己的呼吸,是不是?

回到呼吸是我们回归自身的重要途径。呼吸是通往广袤存在本身的重要窗口,那里,是我们每个人内心平静、喜悦的源泉。静坐呼吸是正念的三大技术之一。静坐呼吸可以是简单的几个深呼吸,也可以是 MBSR 和 MBCT 中约 30 分钟的无拣择觉知的静坐。MBCT 中的一个核心静坐呼吸技术称为三步呼吸空间。比较完整的静坐呼吸一般包括觉察呼吸,以及对想法、情绪、身体感觉(觉知三角)的觉察。在无拣择觉知的静坐中,还包括觉察周遭的声音。当然,空气中的味道、空气抚触身体或皮肤与衣服的接触等,这些也可以是静坐呼吸中觉察的内容。一般而言,在 MBSR 和 MBCT 中,我们建议做静坐呼吸练习的时候,尽量保持眼睛微闭,这样有助于收摄心神,把觉察力专注于自身。

大家可以尝试一下,轻轻闭上眼睛,做自然深长的呼吸,一吸一呼算一个,自己在心中默数 8 个,做完以后,大家有什么感觉呢?是否觉得心稍微静下来一点?

在这里,我附上几个音频。大家可以根据自己的时间、喜好,扫描下方二维码,播放音频,跟随引导语,做静坐呼吸的练习。

- (基础)静坐呼吸(音频,4 分 55 秒):主要是对呼吸的觉察,让呼吸帮助我们安住于自身。
- 完整静坐呼吸(音频,7 分 59 秒):包含对呼吸、想法、情绪、身体的觉察。
- 无拣择觉知的静坐(音频,23 分 9 秒):包含对呼吸、想法、情绪、身体、周遭声音的觉察。
- 三步呼吸空间(常规版音频,8 分 41 秒):分为三步,同样包含对呼吸、想法、情绪、身体的觉察,可以作为日常练习。当你的情绪因为某件事而起伏不定时,可以练习三步呼吸空间回应版(音频,10 分 8 秒)。回应抑郁情绪的三步呼吸空间、回应焦虑的三步呼吸空间和回应愤怒的三步呼吸空间(均为音频),可以分别在你情绪低落、焦虑和愤怒时练习。

注：静坐呼吸练习音频。

注：完整静坐呼吸练习音频。

注：无拣择觉知的静坐练习音频。

注：三步呼吸空间练习音频。

注：三步呼吸空间练习（回应版）音频。

注：三步呼吸空间练习（回应抑郁）音频。

注：三步呼吸空间练习（回应焦虑）音频。

注：三步呼吸空间练习（回应愤怒）音频。

在来上课的路上，我前面的车突然刹车，我也赶紧刹车，但车头还是碰到了他的车尾。我几乎看不出他的车有什么剐蹭痕迹，但是对方要我赔偿2000元，要么就叫警察来处理。我看他就是个无赖，实在不想和他浪费时间，就直接给了他钱私了，但心里面很不爽和鄙夷。做三步呼吸空间的时候,第一步是觉察想法、情绪和身体,我看到了一个画面——自己在骂他,觉得他很无耻,怒火在心中升腾,心跳加速,身体发热,挺想扇他一巴掌;第二步是觉察呼吸,我察觉到随着呼吸,我的心渐渐平静了下来,又基本恢复了平静;到第三步拓展的时候,我看到自己为了这样的无赖和小事生这么大的气,还让它占据我的心理空间,觉得有点不值得。生活中有更有趣的事情值得我去关注,就当破财消灾吧。整个练习做下来,就像做了一次心灵SPA,这件事过了,心里面也松快了很多。其实,我刚开始上课的时候,对这些练习对自己能有什么帮助,一直是存疑的。几次课体验下来,真是还挺不错。

——林芝瑛,女,高管,45岁

总体而言,静坐呼吸的练习,有助于我们通过呼吸来安顿身心,提升对自身想法、情绪、身体感觉、周遭环境的觉察能力,增强情绪调节能力,帮助我们放松与获得平静。当然,有时候在做练习的过程中,一些或近或久远的事情涌现心头,引起情绪波澜。只要我们学会与这些情绪相处,这些心湖上的波澜,也会慢慢地又平静下来。

静坐呼吸的练习,还有助于我们看到想法如何随着情境生灭,想法与情绪、身体感觉是如何联动的。通过呼吸,我们还可以缓解身体的疼痛、情绪上的不适。我们每个人,都可以在自己的练习实践中,对这些加以体会。

至于静坐呼吸是坐在椅子上还是瑜伽垫上,你可以根据自己的情况采取适合自己的方式。当我带领地面的正念课程时,学员上课几乎都是坐在瑜伽垫上,尽管教室也提供了椅子。上线上课的时候,尽管学员在家也准备了瑜伽垫,但上课时坐在椅子上练习的人更多。从自我情绪调节的角度,我没有看出坐在椅子上和坐瑜伽垫有什么区别。但是对于刚开始正念练习的学员,通过静坐呼吸去体验到呼吸本身可以缓解非器质性疾病引起的身体疼痛。总体而言,坐在椅子比坐在瑜伽垫上要好。因为坐在瑜伽垫上,坐久了脚疼,呼吸很难送到脚部。而且脚部的疼痛会占据学员的很多注意力,反而很难去觉察其他身体部位原来就有的疼痛。如果你有身体特别是腿部的不适,那坐在椅子上更合适。对于练习有一定时日的朋友,我建议在瑜伽垫上练习。

身体扫描:助眠神器

我现在一天做两次身体扫描。一次是晚上用来帮助入睡,另外一次是在中午。中午做的时候我比较不会睡着,那时候能感觉到扫描过后的身体部位酥酥麻麻的,整个人沉在床上,享受到了很深的放松。扫描完以后,精神很好。在扫描过程中,有时候我也能感觉到有些身体部位有点疼痛,比如颈部、肩部,但一个月下来,我的颈部比以前舒服很多。以前有一种被吊着的感觉,现在没有了。我有一天

> 下午连续做了两次身体扫描，回家后阿姨还以为我去做了脸部 SPA，她说我整个人容光焕发。
>
> ——薛婷，女，私企老板，42 岁

我在书中分享了很多身体扫描的体验。我在正念课堂上、培训中，让大家做身体扫描的练习的时候，很多人会睡着。我引导的身体扫描，在一开始没有"请不要睡着"这句话，也没有在当中提醒学员不要睡着。我认为睡眠非常重要，如果身体扫描能够那么好地帮助入睡，对大家来说，不就是福音吗？如果会睡着，说明身体真的累了，需要睡眠。

根据我的临床经验、自身练习的体验、周围朋友练习身体扫描的经验，身体扫描有如下作用。

- 帮助入睡、延长睡眠时长、提高睡眠质量
- 帮助放松
- 帮助改善情绪，做完身体扫描后心情比较平静、愉悦
- 提高对身体觉察的敏感度
- 练习把身体作为锚点来安住身心
- 释放蕴藏在身体中的深层压力
- 长期练习，缓解慢性非器质性的身体疼痛
- 净化身体，长期练习可使气脉通畅
- 提升对自己的接纳度

在这里，我附上三个身体扫描的音频。第一个是坐

着的短版的身体扫描（音频，12分11秒）；第二个是躺着的、没有提醒不要入睡并配有音乐的身体扫描（音频，25分21秒）；第三个是配合呼吸、提醒了不要入睡、没有配乐的躺着的身体扫描（音频，28分18秒）。大家可以根据自己的时间和需求，选择适合自己的练习。

不过，在做躺着的长版身体扫描的练习的时候，有以下几点注意事项。

- 刚开始做时，有可能觉得无聊、烦躁等，没有耐心跟着音频做完。建议多尝试几次，实在觉得很困难，可以先做坐着的短版身体扫描，或者选择其他更合适自己的正念练习。
- 在做身体扫描的过程中，内在的焦虑、抑郁、愤怒等情绪有可能释放，或者你可能察觉到自己杂念特别多，保持觉察，只要是在自己能够承受的范围内，继续做这个练习，会慢慢改善。如果超出了自己的承受范围，请关掉音频，做一些可以帮助自己舒缓情绪的事情。
- 有过身体创伤的人，在没有心理咨询师或医生的指导帮助下，请慎用长版的身体扫描练习。
- 对于非器质性疾病的慢性疼痛人群，做长版身体扫描的过程中，有可能出现身体疼痛加剧的现象，只要是在自己承受范围内，保持觉察，继续做练习，会慢慢改善。如果超出了自己的承受范围，可以先停下来。下次继续在自己的承受范围内练习，一点一点地释放、缓解身体的疼痛，拓展自己的承受范围。

身体扫描的使用方法很简单，具体如下：

- 请根据引导语，选择一个安静不被打扰的地方，躺下来或者坐着做。
- 根据你的时间，可以选择长版或短版身体扫描。可以在午间休息、睡前做，或者任何你觉得合适的时间。

注：坐姿身体扫描练习音频。

注：躺着的身体扫描练习（没有提醒）音频。

注：躺着的身体扫描练习（有提醒）音频。

正念伸展：身体轻盈挺拔

我每周去一次瑜伽馆做瑜伽练习。吴医生带的正念伸展很慢、很舒缓，这让我对身体部位、能量流动的感知，更加清晰。正念课上的运动量没有瑜伽馆一节课的运动量那么大，做的整个过程很放松。我现在睡眠质量不大好，所以做的过程中还不时打哈欠，也算是放松下来释放疲劳吧。做完以后很轻松，身心清爽、舒展、愉悦。在我情绪低落的时候，这样的节奏更加适合我，让我觉得有活力、能量大增，又不累。

让我印象最深刻的是喜悦式呼吸这个正念伸展的动作。我在瑜伽馆也做过，当时就是做了，没有特别的感受。但是课上做这个动作的时候，也许与课堂氛围有关系，随着吴医生说"感受自己的拥抱"，我觉得那么温暖、踏实。听到"请记得，你可以随时拥抱自己"时，我想：天啊，我怎么从来没有想过这个，这是多么容易的事情。引导语又在说，"拍拍自己的肩膀，告诉自己：你辛苦了，你已经很努力、很棒了"，我一开始的想法是，这样说是否太矫情了。我突然意识到我又在评判自己了，一下子流了眼泪。我好像从来没有这样对自己说过，我一直怪自己太脆弱，仿佛温室里的花朵经不起风雨，就像我爸爸对我说的那样。我感到很辛酸，内心深处有一个声音出来：我真的已经很辛苦、很努力了，我是抑郁了，但是我还是做得不错的。我感觉到愤怒从心里升起，这是我第一次发现自己的声音，与爸爸不一样的声音。

我从来没有想过一个喜悦式拥抱的正念伸展动作，可以给我这么深刻、丰富的感受，我重新发现了自己，并找到了好好爱护、照顾自己的途径。也祝愿大家都能真正找到自己内心的声音，好好拥抱、爱惜、照顾自己。在我看来,这是健康、美好生活的关键。

——梁钰琪,女,财务,28 岁

抱婴式这个动作好似把自己的腿当成婴儿一样怀抱。自己怀抱自己的腿的感觉比双臂环绕自我拥抱更像是妈妈在抱我,有一种第三视角和第一视角的重合。看着自己抱自己的感觉,很奇妙。

——古致,女,文秘人员,30 岁

自从课上练习正念伸展之后,我每天睡前都会做一遍站姿山式、喜悦式拥抱,然后再做站姿山式,我做得慢,三组动作每天大概 10 分钟。一个月下来,加上身体扫描,我的睡眠改善了,整个身体也变得挺拔、轻盈了。

——王恒,女,企业中层,42 岁

在此附上两个简短的正念伸展的视频:八步放松操(视频,5 分 17 秒)、正念伸展(视频,23 分 40 秒)。愿我们都能深深地拥抱自己,用双手、在心底,像珍惜婴儿一样,温柔地对待自己。

注:八步放松操练习视频。　　注:正念伸展练习视频。

记录对想法、情绪、身体感觉的觉察：给自己做心理咨询

MBSR 和 MBCT 第二课的家庭作业是，接下来的一周每天记录一件让自己愉悦的事情：包括发生了什么事；事件发生时，自己的情绪、想法、身体感觉；记录时，自己的觉知三角（想法、情绪和身体感觉）如何。第三课的家庭作业，则是在接下来的一周，每天记录一件让自己不愉悦的事件，记录内容同上。在此基础上，我增加了一点，事件发生时，记录自己的言语和行为。为了节约篇幅，我把两个日志表合在一起了。

很多事情发生时，我们只是经历，没有充足的时间来觉察和体验。当我们给予自己足够的时间去体味、记录的时候，给了自己一个充分体验、整理、反思的空间，特别是记录令人不愉悦的事件，整个过程等于是在给自己做心理咨询。而对愉悦事件的记录，不只让我们看到喜忧参半的平凡生活中的亮色，可能也会促使自己反思，并带来进一步的抉择。

> 我发现我这周记录的愉悦生活事件，大部分和孩子的互动有关，而我 90% 的时间是在工作。我为什么会花这么多时间在工作上呢？
> ——邓侠，女，企业中层，37 岁

侯莉因为工作上的不愉快辞职在家，与妈妈和男朋友一起生活。在记录完一周的愉悦事件和一周的不愉悦

事件以后,她说:"让我开心的是这两个人,让我不开心的也是这两个人。原来辞职是想开心一点,现在想想,还不如上班去。"侯莉是个爽快的女孩,说干就干,两周以后就入职了。

> 我从初中到大学一直就有写日记的习惯,觉得写日记是个整理自己的好机会。工作以后,这个习惯慢慢就没有了。上课期间记日志,好像促使我把这个习惯重新捡了起来。每日一记,每日整理一下自己的生活。这周三,我因为丈夫对孩子发怒(我认为没有必要),又和他当着孩子的面吵了起来。我当时的想法是这个男人太过分了,孩子会被吓坏的。我自己也是怒火中烧,当时没有察觉到自己身体有什么反应。我怒声阻止他,然后我们俩就吵起来了,最后不欢而散,谁也没有说服谁。我在记录时,发现自己的怒气还没有消,手在发抖。平静下来后,我也看到了整个过程。这不是我们第一次为这样的事情争吵,以暴制暴,解决不了问题。他曾经说过不要在他教育孩子的时候干涉他。我想,我要注意觉察自己的愤怒,只要他不超过底线,事后和他沟通,也许效果更好。
>
> ——徐敏,女,人力资源管理,43 岁

觉察愉悦（不愉悦）事件的日志

（说明：每天觉察一件愉悦/不愉悦的事件，之后把体验记录在下表里）

发生了什么事情	当事件正在发生时				当你记下这些时，你现在头脑里有什么想法？情绪感受如何？身体感觉如何
	你所觉察到的情绪是什么	你所觉察到的想法是什么	你所觉察到的身体感觉是什么	你当时的言语和行为	
星期一					
星期二					
星期三					
星期四					
星期五					
星期六					
星期日					

慈心禅：心安处是家

有相当长的时间，我对"慈心禅"的感觉是高山仰止。慈心禅第一次带给我强烈震撼时是2016年，在最后一次的正念减压师资培训课上。鲍勃老师说，他的学生第二天要上慈心禅的课了，不知道怎么上。他告诉这个学生，不需要准备，说出你心底最诚挚的话语，这就可以了。然后鲍勃老师让我们去寻找自己的伙伴，把心中想对对方说的最诚挚的话、给予对方的祝福，直接从心里说出来就可以。那天晚上，在上课的蒙古包教室里，爱与能量，不断地流淌、荡漾，充溢着每个人的心。所以慈心禅的修法非常简单：就是真诚地进行慈心祝愿！

慈悲，慈是予乐，悲为拔苦。二者密不可分，又有所侧重。后来，在我接触慈悲聚焦疗法时，了解到慈悲的另外一个定义：有勇气去面对、感受自身和他人的痛苦，并致力于缓解与预防痛苦。我想，我的工作，不就是一直在行慈悲之事吗？我们每个人，努力面对、解决自己身心的困扰，让自己过上健康、美好的生活，不也是在对自己慈悲的同时对他人慈悲吗？慈悲，就在我们的日常生活里。

在狭义上修习慈悲，有一个简单的方法。邀请大家先拿出一只手放在胸口上，感受一下，当你的手放在胸口上，你的心脏、身体会有什么感觉。你也可以把另外一只手，盖到这只手上。感受一下，当两只手都放在胸口上时，感觉又是如何。比较了一只手和两只手都盖在胸口上的不同以后，你可以选择让你感觉更为舒服的方式，从心里发出、嘴里说出如下祝福语。

> 愿我平安！
> 愿我健康！
> 愿我快乐！
>
> 愿我爱的和爱我的人平安！
> 愿我爱的和爱我的人健康！
> 愿我爱的和爱我的人快乐！

当你这样做了以后，你有什么感觉呢？

> 把手放在胸口上，我一下子感到笃定、踏实，心中泛起爱意！从心里说出这些祝福语，暖流流过我的整个身体，到达四肢百骸，连脚指头都感到了暖意。心灵无限地扩展，又很静谧。
> ——吴启帆，女，教师，42岁

> 吴医生，这些祝福语就是我现在最想说的话、最渴望得到的。孩子让我心里一直不安，我也不知道自己怎么做才能真的帮到她。这个练习让我心里踏实安定一些。也许天天这样祈祷，我自己心里安定一点，对孩子也好。
> ——李平，女，医生，50岁

心安处是家。说出我们心底对自己和对他人最诚挚的祝福，无论祝福语是什么，都会让爱在你身上、在你与被祝福的人之间流淌。

正念行走：好好走路

我从来没有这么慢地走过路，一开始很不习惯，走起来难以保持平衡。我看了一下四周的同学，有和我一样的，也有还挺稳的。之后我就专注于自己的练习了。有两点感觉特别深刻。一是重心的变化。我体会到了行走过程中身体重心是不断变化的，我联想到在生活中前行，重心也是需要根据情况变化的。二是脚落地时与地板接触的感觉。这让我特别踏实、特别有被支撑感。我一直觉得我是依靠自己的努力走到今天的。在我感觉被支撑的那一刹那，我有一个联想：是不是有些支持，我没有注意到？就像以前我从来也没有觉得自己被地板支撑一样。我的思绪还是有很多，但基本都围绕在走路上，觉察力也能一直跟着行走的身体，这种体验挺好。

——马鑫，男，博士研究生，27岁

之前课上有一次正念行走的练习，我没有特别的感觉，之后我也没有做正念行走的练习。但是止语日上的正念行走练习，让我印象特别深刻。我感觉自己和身体是如此亲密，全然投入到行走练习中，那种忘我、静谧、空灵，以及只是行走，是我从来没有体验过的。老师说只是体验与觉察，无须执着与评判。我还是觉察到自己会很想留住这种体验，脑子自动在想，为什么会出现这样的体验？是否因为今天一直在做练习，我的心比较静，练习得比较深入，正念行走是让我吃饱的最后一个包子？觉察到自己是个有攀缘心的人，也不错。我也允许自己有攀缘心。

——林意，女，教师，39岁

我最喜欢的是散步，感受脚底与路面的接触，能让我感觉到与大地的联结。再有微风拂过，特别惬意。

——肖海，男，技术员，32岁

在这里，我附上正念行走的练习视频（10分4秒）。只找好一个安静的地方，准备两平方米大的一块空地，就可以了。同样是正念行走，每个人、每次的感觉都会不一样，保持初心即可。

注：正念行走练习视频。

湖的冥想：湖底的静谧

正念的引导语，经常蕴含隐喻，湖和山的冥想，更是充满了美丽的隐喻。我们的身心,会因着外界的变化,随境而动,而又逐渐恢复心湖表面的平静。但在内心深处的宁谧安详,却也时时刻刻陪伴着我们。在做湖的冥想的过程中,我们可以体验到这样的过程。也许不是每次,但当我们带着初心去做湖的冥想的修习,会给我们带来不同的感受,也不断地更新着我们。

我最喜欢的湖,是初中春游时去过的淀山湖。我回忆起当时的情景:我在湖边玩耍,把心爱的手表掉进了湖里。我下水去捞,可惜失败了,但我看到了湖面的层层涟漪,阳光在湖面上折射,光影叠加的画面显得非常奇特、非常好看,我被吸引了,注视着也享受着这个光影给我带来的视觉效果。我的脸也被光影照射着,感觉到一阵阵暖意,暖得我产生了睡意。

在做湖的冥想时,我的脑海里时不时会浮现当年那种光影效果给我带来的视觉享受以及脸上暖暖的感受。湖是平静、安全的,因为她不会掀起太大的浪。我试图让自己和湖融合在一起,我会游泳,所以我丝毫不用担心自己的安全(如果不会游泳,我会放个很大的泡沫垫在湖上,我依旧可以安全躺在湖上面)。我想象到了自己躺在湖面上的姿态:头枕在双手上,跷着二郎腿,脸上带着舒适且惬意的微笑。有时候湖面纹丝不动,我也纹丝不动地躺着;有时候湖面泛起涟漪,我跟着涟漪的节奏慢慢晃动;当湖面有起伏的波澜时,我也跟着波澜动了起来;

当湖面下雨的时候，雨水打在我的脸上，但是我依旧在湖面上微笑地躺着不动。冬天，湖面上结冰了，我依旧一如既往地躺在冰面上。当湖面上产生涟漪、起波澜、下雨、结冰的时候，我想看看此刻湖面下的样子，我翻身潜了下去，我发现下面的湖水依旧纹丝不动。我们的生活就像湖面一样，荡开涟漪、波澜、下雨、结冰，经常遇到，让自己安全地躺在上面，和这些困难融合在一起。平静也是触手可及的，只需要翻个身，透过浅浅的一层水，下面就是一望无际的平静和安宁。

——刘宇波，男，管理人员，40岁

湖的冥想是我最喜欢的正念修习之一。不知你是否也想尝试一下？如果你不曾有过落水的经历，或者没有过在水中憋得很难受的经历，那我还挺建议你找个安静舒服的地方，躺着或半躺着试一下的。如果你有与水相关的不愉快经历，建议你一开始慎重选择这种修习方式。你可以尝试，如果不愉快的体验很快在心头涌现，给你的身心带来很大的压力，就把音频关掉。修习有很多条路，这不是唯一的路。如果你知道如何处理过程中的不适，也想通过这个修习修通、放下自己曾经与水相关的不愉快经历，建议你先站着或坐着做这个练习，逐步释放不愉快的经历、逐步消化、逐步脱敏。站着、坐着的身体姿势本身也会带来力量感和支持感。无论是什么情况，波澜永远在湖面上，无论这个波澜在一开始看起来有多汹涌。湖底,永远静谧,在你我的心中。

这里附上湖的冥想的音频二维码(7分2秒)。

注:湖的冥想练习音频。

山的冥想:坚如磐石

山的冥想与湖的冥想有异曲同工之妙,充满了美丽的隐喻:四时变化,山色随之变化,但山自岿然不动。正如我们内在最深的地方,也是如如不动。2013年,我去参加卡巴金老师和萨奇老师教授的"七日身心医学中的正念"的课程时,感觉整个人就沉浸在苦海中,而山的冥想的修习,让我感受到了来自内在的稳定、坚定和力量。有一瞬间,我真的感觉自己就像山一样挺拔和秀美。这种感觉,让我看到了希望。

我最喜欢的大山,是家乡的一座大山,她的主峰大概250米高,山顶上有一座宝塔,我也不知此塔有多久历史。小时候,每年春游都要爬这座山,我和同学们在山顶上欢快地笑着、跑着、做游戏、数宝塔的层数……我每天都会观察这座山和山上的宝塔,我会远眺她奇特的外形,因为在不同的时间和季节,她的样子是截然不同的:晨起的时候,大山映衬的天空是淡蓝色的,有时候还可以看到山上的月亮;落日的余晖,红彤彤的太阳依偎在山顶上,我会仔仔细细观察那种红,那种美妙的画面;刹那间,太阳到了山后,天空瞬间黑了下来。春天,大山是浅绿的,夏天的大山是墨绿的,秋天的时候有点斑斓,冬天的大山多了几分黄色,每年冬天,都会下几场大雪,整座山都被裹上了厚厚的白色。随着老师的引导语,我静静地坐着,慢慢和这座大山融合在一起,我的头化作山顶,我的臀和盘坐的腿就是整个山底。天气千变万化:有时候大山会被烟雾笼罩;有时候下雨,雨水噼噼啪啪地打在各种树木的树叶上;有时候乌云压顶,掀起狂风,折断山上的树枝;有时候山顶上响起隆隆的雷声,黑夜里,闪电划过天空,大山默默地承受着闪电的攻击,纹丝不动……任何伤害都动摇不了大山,大山永远稳当地在那里,以不变应万变。我希望自己能成为一座真正的大山:不管是经受烈日炎炎还是冬寒絮飞,不管是承受狂风暴雨还是电闪雷鸣,拥有大山那样的品质,我自岿然不动。

——刘宇波,男,管理人员,40岁

这里附上山的冥想的音频二维码(11分40秒),愿我们都能够吸收到山的稳定和坚定的品质,感受到静默的智慧。让这些,与我们内在本就有的坚定和智慧相应和,并逐渐融为我们自身所拥有的特质,尔后静看云卷云舒。

注:山的冥想练习音频。

生活处处皆正念:繁花盛开的日子

生活是最好的老师,真正融入我们生命中的知识和智慧,来自每个人真切的生活体验。所有正念修习的方法,都是抵达同一个地方的不同的路。最终,我们希望能够把充满爱意的觉知融入自己的日常生活。

马祖道一禅师有云:平常心是道,无造作,无是非,无取舍,无断常,无凡无圣。只今行住坐卧,应机接物,尽是道。

愿我们都能用心栽种自己的心田,在某一刹那间发现,"接天莲叶无穷碧,映日荷花别样红"的美景,并不仅在盛夏的西湖,还盛开在你我的心田。

尽日寻春不见春,芒鞋踏遍陇头云。
归来笑拈梅花嗅,春在枝头已十分。
——〔唐〕无尽藏,《嗅梅》

附录

学员分享

附录A 敲开幸福的那扇门

初识闻涛是在门诊,当时他给我的感觉是个"傲娇"、帅气、有涵养、有才华、秉性温和的年轻人。他和美丽大方能干、善解人意的女友坐在一起,就是一对璧人。记得第一次我和他说:"你们俩的角色有点反差,你比较容易耍小性子,好好珍惜你女朋友。"后来闻涛参加了MBCT的课程。他在课堂上的分享,让我讶异于他被点拨后的觉察力之敏锐、洞察力之深刻。我既欣喜地见证了他如何走出抑郁、找到幸福的旅程,也看到了他成长为成熟的男人的过程。在第一次邀请闻涛写学员分享的时候,他诚挚地分享了大概有7500字的肺腑之言,让我非常感动。限于篇幅,后来我邀请他精简一下分享,内容包括所列的6点即可。闻涛后来就以问答的形式，分享了他的故事和他的感悟。

愿我们每个人，都能够找到并敲开属于自己的幸福的那扇门。

1. 问：你的身心当时出现了什么状况？

答：如果一定要回答我当时的身心出现了什么状况，其实很难下一个准确的定义，倒不是有意或无意回避问题，而是因为这些年自己身心健康的变化呈现出弥散式渐进发展的态势，即在不知不觉之中陷入了抑郁症的旋涡，但自己却并没有警觉到身心状况出了问题。等真正了解并面对自己的病情，已是近一年之前的事情。

现在回想，我在2015年留德学习期间便出现了抑郁症早期征兆，最典型的便是失眠。时逢与相处7年的前女友分手，那给我的思想带来了冲击，加上欧洲小镇阴郁的天气与静谧的环境，滋生了诸多剪不断的思绪。但由于当时学业压力不大，症状时有时无，即使失眠也只是到凌晨两三点就能入睡，因此并没有引起重视。

时间来到2016年夏天，撰写毕业论文、实习、找工作等诸多现实问题接踵而至，高强度的加班成为常态，加上自己"不为人后"的心态，我几乎不给自己任何休息时间。高强度工作带来的是身体健康状况的严重衰退，此时失眠越发严重，尤其每逢工作节点，整夜失眠成为常态，第二天又强撑着继续上班。最严重的时候三天两夜连续未眠，精神几乎崩溃。即便如此，我依然不给自己喘息的机会，对自己的要求越发苛刻，加上与自己的直属领导观念不合，精神压力越来越大，以至于渐渐感觉他人的随便一句话都非常尖锐。整个人也变得沉默寡言，尽量避免和人交谈或对视，似乎这种逃避能让疲惫的自己得到一丝喘息。现在回想，自己彼时已进入明显的抑郁状态。

身体状态的崩溃也慢慢腐蚀着精神状态，在日常生活中，我开始习惯性地用消极的思维方式。彼时的我不断更换女友，对每一任女友都心怀不满，对自己、对他人都充满了挑剔，认为什么事情都很糟糕，而这些糟糕都是对方造成的。任何事情我都会预想到它最坏的情形，甚至安慰自己说："最坏的情况自己都能承受，那还有什么是不能承受的呢。"

就这样，在之后几年里，我几乎每天都是在这种晚上失眠、白天疯狂工作的轮回中煎熬着，反反复复直至身心逐渐麻木。慢慢地，我感觉对任何事情都提不起兴趣，无法理解周围的人为何能那么有精神，一些看似很枯燥的事情别人为何如此享受。浑浑噩噩成了我生活的日常状态。

2. 问：你是如何接触到正念的？

答：接触正念并非偶然，也是经历了一段时间寻医问药后的结果。从 2019 年开始，为了治疗失眠，我先后尝试了西医、中医、心理咨询等一系列治疗方法，先后服用了喜普妙、度洛西汀、中草药饮剂等药物，前后持续了 2 年时间。但彼时糟糕的身体状态使得抗抑郁药的副作用在我身上体现得尤为明显，刚开始服用便出现小便刺痛、浑身无力、神志恍惚，我甚至想一走了之。由于忍受不了这种副作用，我最终放弃了服用抗抑郁药，转向服用阿普唑仑、思诺思等镇静类药物，以保证自己的睡眠质量。

到了2021年夏天，一次偶然的机会，有位朋友善意地提醒我可能有抑郁症倾向，这是我第一次接触到抑郁症这一概念。眼看我的病情反反复复，女友急在心头，她辗转打听到上海精神卫生中心吴艳茹医生在治疗抑郁症方面口碑甚佳。抱着一丝不能放弃的心态，我跟女友来到了吴老师的门诊，也就是在此时，我正式接触到了正念这一疗法。

3. 问：刚接触的时候，你有什么疑虑吗？

答：在我一开始接触正念的时候，并没有对它抱过多的期望，因为经历之前的诸多治疗，失眠一直未得到根治，以至于自己对借助医疗力量走出泥潭没有信心。此外，之前自己也尝试过采用"伯恩斯新情绪疗法"来改善情绪，但最终也收效甚微，以至于当老师推荐正念疗法的时候，直觉告诉我这不过是另一种形式的认知行为疗法。抱着死马当作活马医的心态，我还是报名了这一课程。

4. 问：你是在什么样的契机下接纳和练习正念的呢？修习正念给你带来了什么样的改变？你印象深刻的改变有哪些呢？

答：从老师的MBCT八周课程开始，我正式接触到正念练习。由于一开始不抱期待，倒也让自己没有了工作上那种苛求自己一定要取得某些成果的压力，上起课来甚是轻松。渐渐地，每周六的课程成了我名正言顺放松自己的机会，在这个时间里强制自己不被打扰。这种环境为我构建了一个舒适的保护圈，在这里，自己是安全的、不受侵害的。现在回想，正念课程要求学员不被外界打扰这一设定是有道理的。都说抑郁症患者是善良细腻的人，当内心受到冲击之后，应激反应使他们往往选择回避、躲藏，这时候强制要求他们承认自己得了抑郁症的事实往往适得其反。只有当患者感觉安全、舒适时，才有更多的精力关注自己的状态。

在这种放松的氛围下，身体的感知力逐渐开始回归。"吃葡萄干""偶遇陌生人"等情景练习慢慢地唤醒了自己的感官，我开始摆脱自动导航模式，将更多的注意力集中到对日常事物本身的观察上。渐渐地，我注意到自己的愉悦感在增强，对于食物和花花草草有了更多的兴趣，对于空气、色彩的感知力也在提高。生活中发生了一些让自己感兴趣的事情，而对这些事情的兴趣正是以前发生在周围人身上，自己却不能理解的一个部分。

在精神上，我也逐渐建立起了自我认知的概念。印象最深刻的是，在每天固定的身体扫描练习中，一方面我不断感知着身体，另一方面心智又会不由自主地游离到白天所发生的事情以及它们所产生的情绪之中，而后老师的引导语又会提醒我回到自己的身体感知上。在这种游离与回归之中，我清晰地认识到原来自己的一天之中滋生过如此之多的情绪，而自己在忙忙碌碌之中，却忽略了它们。也就是这种逐渐成长的自我觉察能力，让我越发清晰地感知到每时每刻情绪的变化。这种能力对我来说是至关重要的，在我每次经历剧烈情绪波动的时候，我都能清晰地跳脱出情绪的旋涡，开启"上帝之眼"去观察自己、观察他人。

至此我才意识到自己不论是工作还是感情上，都长期深陷他人的评价体系无法自拔，并以此不断地异化自己来满足外在社会的要求。当"自我"与他人要求的"那个我"渐行渐远时，内心的矛盾不断涌现，而这种矛盾正是诸多痛苦的来源。正念认知疗法让我回归对当下、对自我的温和的觉察。它让我回归自己体内本就蕴含的无穷能量，并借助这些能量成长为"真正的自我"，可以说正念练习是我踏上幸福之路的起点。

5. 问：你在未来的工作和生活中会继续修习正念吗？如果修习，会以什么样的方式进行呢？

答：无论是过去或是现在，我一直在坚持修习正念。事实上"坚持"一词是无法准确形容练习正念时的状态的，因为当正念练习成为掌握自我情绪的工具时，我们也获得了情绪上的相对自由。日复一日的练习并非代表着重复，而是一种对情绪、对自己日新月异的认知。例如在"山的冥想""湖的冥想"等练习中，我对于自身与山水融为一体的感知越发强烈，这种感知让我感受到了空前的宁静与轻盈，也使得我对于练习的愉悦感越发强烈。因此，当正念练习成为生活的一部分时，那么它便不再是一种任务，而是一种不断更新的体验，是生活的一部分。

6. 你有其他想与本书读者分享的内容吗？

在我看来，鉴于物理和时空的局限性，我们对世界的认知注定是片面的，这就意味着基于个人认知的评判与定义也必将是片面的。"我很聪明""我很愚钝""我很善良""我很卑劣"——诸如此类的评价不过是那精神片面的构造物。与之类似，他人对于自己的评判亦是如此，一个时刻赢了，下一个时刻又输了，生活总是在这种矛盾中反反复复。

然而不幸的是，我们总是深陷这些比较与评价，努力让自己看起来"是对的"，然后阻止自己再往"不对"去变化。但这注定会失败，不同价值观的取舍意味着永远都没有绝对的对错，因此如果我们深陷他人的评价体系无法自拔，就注定会导致无穷的痛苦。

当我们认知到对自己、对他人进行评判的局限性与无意义时，也就能将自己从情绪的自动导航模式剥离，犹如站在河边静静地看待自己情绪的河流，有时汹涌，有时平静，但这都只是你或他人的情绪本身，并不能代表真正的自己，没有任何的评判能真正代表自己。自我评判的减少、自我觉察的增加，以及对自己完完全全的接纳，是减少愤怒、痛苦、矛盾的关键所在。

作为农村长大的孩子，从小便喜欢站在自家小院，看那银河流动、斗转星移、月相盈亏、云起雨落，明白世界之永恒变化，所有事物都相互依赖，没有什么是独立存在或是永恒不变的。我们的生命作为自然的一部分，亦是如此，我们从自然中来，终究也会回到那一缕黄土，用有限的生命去追求无限的幸福是不切实际的。反之，痛苦也不会是永恒存在的。那么生命的意义便不在于追求绝对与永远，而在于流动的生命本身。能够觉察世俗或相对事实本身，比如我们想要的健康、安全、爱和保护，以及我们之所以为人本身，才是活着最大的意义。

写下这些，一方面是对个人抑郁症治疗的记录与盘点，另一方面也想借此感谢吴老师与她传授于我的正念认知疗法；也感谢我所遇到的每一个人，无论你们是所谓的"善良"或"邪恶"，都带给了我关于人生的丰富多彩的体验，帮助我成长为更知足、更丰盈的那个我。此时此刻，我感到无比幸福与丰盈，也希望将我的幸福传递给更多的人。通往幸福的门有千千万万，我找到了属于我的那一扇，而无论你打开的是哪扇，你都值得成为最幸福的那个你。

附录B
正念之旅：从阴暗到明媚的日子

我第一次见到杨妍，42岁的她因为学校的工作压力、人事纠纷、女儿的教育问题而焦躁且愤愤不平，注意力都集中在"别人背后怎么看自己、说自己"上，五官端正的脸庞呈现出一副苦大仇深的模样。第二次见她的时候，她除了焦虑，还有点蔫了——因为情绪低落而对一切兴味索然。在MBCT的正念课堂和随后的门诊中，我看到了她一路的蜕变。正念课程结束后，她有一次略施粉黛地来到我的门诊，整个人显得柔和，眼中有光、心中有爱。其实她本来就是这样的人，只是一时的情绪乌云遮蔽了这份光芒。她告诉我，她生病前在当班主任的时候，毕业时给班级最"差"的学生也颁发了奖状。

这深深地打动了这个学生，他后来考上了大专，表现积极、活跃，现在还经常来看望她。

愿我们都眼中有光，心中有爱！乌云终会散去，即便乌云尚在，我们也可以提醒一下自己：不畏浮云遮望眼。以下是杨妍正念之旅的自述，或许她的心路，也会对你有所启发。

提起笔写这篇文章之前，我心中有太多的感慨，这些感慨可以汇成千言万语，诉说我两年来的心路历程。

我是一名人民教师，从教20年来，我一直兢兢业业，努力把自己的工作做好。在我的努力下，工作也给了我回报，我所教授的课程都受到了同学们的一致好评和欢迎，领导见到我，也说："杨老师，大家都说你很不错嘛！"所以那时候的工作顺风顺水，但人生总是会遇到这样那样的挫折和困难。8年前，我从高职学院跳槽来到一所中职学校，为的是离家近和有编制，刚来到这所学校时，领导就安排我做班主任的工作。在之前的高职学院，我不用坐班，也不用做辅导员，上好自己的课就可以了。但担任班主任就不一样了，除了上课，更重要的是学生的管理和思想教育，还有其他杂七杂八的琐事，再加上我本来也不是那种交际能力很强、很会与人沟通的人，所以一开始我很不适应。但既来之则安之，我开始努力适应这样的工作内容和节奏。经过一段时间的适应，我也可以做得很好，但心中始终对这样的工作内容非常排斥。有时心想：班级里的事情能少管就少管，眼不见心不烦。所以有时也会与领导在班级管理方面有矛盾。有一次,我们班因为学生外出实习,没有打扫卫生而被领导拍照发在群里,在开会的时候,又批评了一番,虽然没有指名道姓,没有公开说是哪个班级,但大家都心知肚明。所以那一次,我很郁闷,再加上疫情来临,我只能待在家里上网课,无法出门,所以更加心情焦躁和低落。那个时候的我,做事无法集中精力,之前感兴趣的事情也无法让我开心,总是既怨恨又忧心忡忡,无法接受自己,总是在想我到底哪里做错了,会遭受这样的批评。这种思维反刍每天侵蚀着我,我就像行尸走肉一样,吃饭、上网课、睡觉,体会不到人生的乐趣和意义。有时在大街上骑着电动车,明明晴空万里,但对我来说却阴暗无比,我不知道这样的日子什么时候是个头。

　　幸运的是,我是老师,平时会接触到一些有心理问题的学生,学校也有专门的心理老师,这些都让我意识到我可能焦虑或抑郁了,于是我毫不犹豫地来到上海市精神卫生中心寻求帮助。第一次就诊后,我预约了吴老师的心理咨询,就是在这次心理咨询中我第一次听到"正念"这个词。当时我对正念不是很了解,所以没有报名课程。后来的一系列事件让我越陷越深,焦虑和抑郁症状更加严重,医生建议用点药,但我对服药总是很排斥。这个时候,我想起了正念这个课程,平日里,我也会看一些有关这方面的文章,了解了药物治疗和心理治疗相结合效果比较好,所以我在吴老师的建议下,规律服药,并且报名了正念课程。

在课程开始之前，吴老师把正念认知疗法创始人的演讲发到群里，这个演讲给了我不一样的看待问题的视角。一直以来，我们在谈到焦虑症、抑郁症时，都会感到很可怕。自己得了，也会想方设法把它彻底去除，彻底从生活当中抹掉，最好是不留一丝痕迹。但是往往事与愿违，越是想摆脱它的困扰，就越陷越深，无法自拔。这个演讲告诉我，对抑郁症的治疗，并不是要完全摆脱它，有时可以接受它，和它和平共处。这个看问题的视角是我以前没有意识到的，也给我的心灵带来了一丝震撼。同时吴老师还把八步放松操、三步呼吸空间、身体扫描的音频发在群里，让我们每天练习。我第一次接触到这样的练习，除了觉得新鲜，还忍不住感慨现代科学的伟大。

由于疫情，MBCT 8 周课程是网课。虽然是网课，但每一次课我都认真学习，认真分享自己的心得，认真倾听同学们的感受。每一周的课程我都很期盼，期盼吴老师那温柔甜美的声音，期盼同学们畅所欲言，期盼课堂上那些颇具深意而又不失活泼的练习和活动。我和同学们"同是天涯沦落人，相逢何必曾相识"，我们同病相怜，每周的课程就是我们云端的相聚。在这 8 周课程中，我们开展了一系列有意义的活动，比如吃葡萄干、街头偶遇、愉悦（不愉悦）事件记录、滋养型（消耗型）活动记录等。我们做了很多有助于提高觉察力的练习，比如身体扫描、三步呼吸空间、八步放松操、正念伸展、正念行走等。我们还学习了很多主题，比如觉察与自动导航、活在头脑中、容许与顺其自然、想法并不等于事实等。这些活动、练习和主题的学习让我改变了很多。我了解到，当我们遇到挫折或失败时，一味地去思维反刍，按照自动导航模式去处理情绪问题，只会越来越糟，只会让自己更加意乱情迷，只会让自己更加疲惫不堪。我明白了，想法并不等于事实，如果一味地跟着自己的想法走，只会让自己疑惑重重，身心俱累。我体验了，每个人都有愉悦的事件和不愉悦的事件，当这些事件发生时，我们容许它们进入我们的生活，就像是我们人生旅馆的客人一样，让它们顺其自然地来，也顺其自然地走。我学习了，每个人所做的事情中有滋养型活动也有消耗型活动，当我们觉察到自己的情绪变化时，可以通过增加滋养型活动同时减少消耗型活动来缓解焦虑和抑郁的复发。总而言之，通过8周的学习，我变得比以前更爱自己、更能接受不完美的自己，也能接受自己周围不完美的人或事，我不再那么钻牛角尖，而是变得宽容大度了很多。对于已经发生的事情，我不后悔，尽量关注当下，尽自己的能力做好每一件事。对于未来任何不确定的事情，我也坦然接受，就算是天塌下来，那也有个子高的人顶着，还轮不到我这个小矮个儿。总之，只有好好照顾自己，才能好好照顾身边的人。

在今后的生活和学习中，我会继续练习正念，每天至少练习半个小时，可以在办公室里，也可以在家里，甚至可以在任何可行的场合练习。最重要的是，把正念带到生活中去，将正念融入生活，提高自己的觉察力。

在文章的最后，我想说，在这个世界上有很多像我们这样有情绪问题的人，千千万万，万万千千，我们绝不是孤军奋战。曾经看过一个笑话：一个人认为自己太不幸了，仿佛走投无路了，于是从高层跳下，结果在自由落体的过程中，他看到20层的夫妻在吵架，看到17层的女孩在桌前哭泣，看到10层的租客因为租金问题在愁眉不展，他突然意识到，原来自己还不是最不幸的人，他后悔从楼上跳下，但是已经来不及了。所以，亲爱的读者，不要把自己看成是世界上最不幸的人，每个人都有自己的不幸，相信科学，接纳自己。这个世界上除了生死，都是小事，共勉！

参 考 文 献

[1] 卡巴金.多舛的生命：正念疗愈帮你抚平压力、疼痛和创伤[M].童慧琦，高旭滨，译.北京：机械工业出版社，2018.

[2] 卡巴金.不分心：初学者的正念书[M].陈德中，温宗堃，译.北京：中国华侨出版社，2014.

[3] 卡巴金.正念：此刻是一枝花[M].王俊兰，译.北京：机械工业出版社，2015.

[4] 威廉姆斯，蒂斯代尔，西格尔，等.穿越抑郁的正念之道[M].童慧琦，张娜，译.北京：机械工业出版社，2015.

[5] TEASDALE J, WILLIAMS M, SEGAL Z.八周正念之旅：摆脱抑郁与情绪压力[M].聂晶，译.北京：中国轻工业出版社，2017.

[6] POLLAK S M, PEDULLA T, SIEGEL R D.正念心理治疗师的必备技能[M].李丽娟，译.北京：中国轻工业出版社，2017.

[7] 马吉德.平常心：禅与精神分析[M].吴燕霞，曹凌云，译.上海：东方出版中心，2011.

[8] 兰甘.正念生命中重要之事：佛学与精神分析的对话[M].董建中，译.上海：东方出版中心，2011.

[9] MCWILLIAMS N.精神分析诊断:理解人格结构[M].鲁小华,郑诚,等译.北京:中国轻工业出版社,2015.

[10] TEASDALE J, WILLIAMS M, SEGAL Z. The mindful way workbook: an 8-week program to free yourself from depression and emotional distress [M]. New York: The Guilford Press, 2014.

后 记

活着本身就是一件悲怆而又幸运的事情。有些人竭尽全力，只是为了活着；你的视而不见，是他人的求而不得。活着，就有希望好好地活着。我们都要并在努力过好这一生。

也许我们是因为痛苦结缘。艰难岁月终有时。只要我们循着正确的方向，追光而去，总有柳暗花明又一村的时候，即便路上惴惴不安。生命本是一场欢笑，生活在其中泛起渣滓。自我的修行就是不断涤荡这些渣滓的旅程。"问渠那得清如许？为有源头活水来。"源头活水，就在我们每个人自己身上。我们都是生而完整又带着缺憾的存在，我们每个人都是独立的个体，但又在生命深处紧紧相连。我们并不孤独。

愿你在被打击时记起你的珍贵，抵抗恶意。在迷茫时，坚信你的珍贵，爱你所爱，行你所行，听从你心，无问西东。你值得被如此珍爱！

天地悠悠，白驹过隙。与君共勉！

吴艳茹

2023 年 2 月 19 日于上海

轻舟已过万重山。